EPR机组防停机能力研究

台山核电合营有限公司 编

中国原子能出版社

图书在版编目（CIP）数据

EPR 机组防停机能力研究 / 台山核电合营有限公司编 .
北京：中国原子能出版社，2024. 12. —ISBN 978-7
-5221-3978-4

Ⅰ. TL421

中国国家版本馆 CIP 数据核字第 2024XP0099 号

EPR 机组防停机能力研究

出版发行	中国原子能出版社（北京市海淀区阜成路 43 号　100048）
责任编辑	张书玉　张问博
装帧设计	北京华联印刷有限公司
责任校对	刘　铭
责任印制	赵　明
印　　刷	北京华联印刷有限公司
经　　销	全国新华书店
开　　本	787 mm×1092 mm　1/16
印　　张	18. 25
字　　数	400 千字
版　　次	2024 年 12 月第 1 版　2024 年 12 月第 1 次印刷
书　　号	ISBN 978-7-5221-3978-4　　**定　　价**　120. 00 元

发行电话：010-88828678

《EPR机组防停机能力研究》
编委会

序　言

台山核电站一期工程采用第三代核电 EPR（欧洲先进压水堆）技术，建设两台单机容量为 175 万千瓦的核电机组，是世界上单机容量最大的核电机组，于 2019 年 9 月全面建成并投入商运。项目投产以来两台机组保持安全稳定运行，已累计上网电量达 1 000 多亿千瓦时，为粤港澳大湾区能源供应提供了坚实的保障。

在国家积极实施双碳战略和加强能源安全保障的双重背景下，核电因其清洁、高效和稳定性的显著优势，正日益成为国家能源结构中的关键组成部分。随着核电站数量的持续攀升，核安全的重要性愈发凸显，确保核安全“绝无一失”成为核电发展的重中之重；同时随着核电在能源供应体系中所占的比重逐渐增加，确保其安全稳定运行，防止出现非计划停机停堆事件，对于保障能源安全供应和保障电网安全具有至关重要的意义。在这种形势下，构建核安全、能源安全和电力安全“三位一体”的核电安全体系成为核电从业人员责无旁贷的使命。

核电站作为一个高度复杂的工业设施，其安全运行依赖于成千上万的系统和设备的精密配合与高效运转，由于 EPR 机组单机功率较大，当出现异常导致机组与电网脱开时，与其他核电机组相比，将对电网的稳定性产生更大的冲击，因此，更加需要采取有效的措施来确保其稳定运行。在确保设备可靠运行的情况下，操纵人员的机组控制控能力显得尤为关键，他们不仅要具备深厚的专业知识，以理解和掌握核电站的复杂技术，还要有出色的应急响应能力，面对突发情况时能够迅速识别问题、作出准确判断，并采取有效措施，维持机组的安全稳定运行。

为了系统化提升操纵人员的机组控制能力，台山核电合营有限公司培训部会同运行部、核安全执照部等专业部门，结合EPR机组的设计特点和运行经验，开展了EPR运行能力专项研究工作，在此基础上编制了“EPR运行能力研究系列丛书”，旨在增强操纵人员对EPR机组重要逻辑和设计原理的深入理解，提高人员在异常和紧急情况下的反应速度和操作水平，更有利于他们在日常工作中对机组状态进行精准管控，有效避免非预期事件的发生。

本套丛书汇集了台山核电站EPR首堆运行实践中的宝贵经验并对其进行了系统的梳理和深入的总结。它不仅旨在将三代EPR核电的专业知识和技能固化并普及至电厂的每一位员工，还致力于打造一个全面、多维度的知识共享和技能提升平台。我们期望通过这套丛书，能够为核电行业的同行们提供一定的参考和指引，共同推动核电事业的安全、高效发展。

台山核电合营有限公司

党委书记、董事长、总经理

刘　丹

2024年12月

前　言

2021年是“十四五”的开局之年，台山核电EPR机组先后出现两起非计划停堆/停机事件，这暴露出执照人员机组风险控制能力的欠缺，尤其是在工作准备阶段的风险识别和控制能力。从人因失误的角度看，这两起事件都是典型的知识型失误，表明相关执照人员存在认知上的盲区。要系统性地提升执照人员的防非计划停机停堆能力，只能深度挖掘停机停堆信号的知识点，将其全部显性化，不断扩大执照人员的认知边界。

同时，这些事件也表明执照人员在重要敏感设备管理的意识和防非计划停机停堆管理要求的落实方面也存在不足，因此，需要系统地提升执照人员的意识及工作管控的能力。

为了有效应对运行挑战，系统提升运行能力，培训部开展了EPR首堆运行能力专项提升活动。在传统的核电技术分析与能力提升方法和流程的基础上，培训部深度挖掘EPR机组重要系统和功能的设计原理和实现方式，探索知识盲区和技能弱项，经过不断探索迭代，创新性地开发了个人能力和组织能力同步研究与提升的能力模型和分析方法。

“人机料法环一条龙”的EPR运行能力研究方法，包括人因SPV识别、部件及失效模式分析、工作内容和文件分析、设计与逻辑及控制分析、辅助支持系统分析等方面。该方法能够确保全面识别运行风险和需要的控制能力，并从个人能力和组织能力两个维度对这些风险及能力项进行闭环管理。

培训部应用运行能力研究的方法，针对45个停机信号从日常工作、机组缺陷、异常瞬态和经验反馈等角度进行全流程影响因素分析，识别出执照人员防停机需要的知识、能力和行为，参考相关管理程序编写了本教材。

由于时间紧迫且编者水平有限，本教材难免存在错漏之处，欢迎各位领导和学员批评指正，我们将在下次教材升版时对相关内容进行修正和增补。

本书编委会

2024 年 12 月

目 录

第1章　EPR停机信号综述

1.1　汽轮机保护系统的功能

汽轮机保护系统的功能是当汽轮发电机组发生了任何预定的故障时，为汽轮发电机组提供安全停机的手段，防止事故发生、扩大和设备损坏，使人身伤害风险减至最低。汽轮机保护系统要求保证汽轮发电机组的任一跳闸信号的可靠动作，跳闸动作的完成延迟必须尽可能地小，并将“汽轮机已跳闸”的信号传递到反应堆保护系统。

1.2　汽轮机保护系统的设计原则

汽轮机保护满足以下原则。

① 单一故障准则：系统出现单一故障，必须保证既没有保护功能也没有监测功能丧失；

② 跳闸信号优先；

③ 跳闸信号不可逆；

④ 可靠性和可用性。

由于 GSE 用于保护汽轮发电机组的安全，因此，必须在设计时优先考虑可靠性目标。

通过应用以下准则满足可靠性目标。

① 动作的可靠性（3 取 2 逻辑）；

② “故障安全”原则：保护系统在失电或操作油泄漏的情况下将关闭蒸汽阀门；

③ 保护油压低将关闭蒸汽阀门；

④ 安全系统发出的阀门关闭信号具有优先性。

系统可用性目标必须考虑到机组运行时对系统进行维修的人为因素，通过应用以下准则满足可用性目标。

① 定期检查以发现系统参数采集和处理的任何异常；

② 设备冗余：3 取 2 原则；

③ GSE 的测量独立（与调节测量分别开来）；

④ 测量信号的处理独立；

⑤ 定期试验。

汽轮机保护系统与 DCS 连接的总线需满足可靠性和传输速度的要求，然而如果与 DCS 的接口丢失，汽轮机保护系统可继续保持运行。

GSE 与 GRE 同由机柜 GRE 1001AR 供电，上游电源分别来自 LVL 和 LVM 系统，再由柜内 230/24 V 整流器转换得到。两路电源同时供电，失去一路电源，由另一路带全部负荷，不影响系统正常运行。GSE 的 3 个跳闸电磁阀 GSE 1210/1220/1230EL 及 8 个试验电磁阀 GSE 2115/2125/2135/2145/2215/2225/2235/2245VHX 均由 GRE 1001AR 供电。

1.3 汽轮机保护系统的组成及运行方式

汽轮机保护系统包含有以下设备。

① 一个汽轮机保护处理器 PLC（3 取 2 冗余）用来采集和处理信号，以及控制保护油回路的汽轮机跳闸电磁阀。

② HP 截止阀和 MP 截止阀门由单独的液力伺服器操作，接收快关信号。HP 和 MP 的调节阀和隔离阀与保护油回路相连。当保护油回路压力下降时，它们自动关闭。

1.3.1 汽轮机保护处理器

汽轮机保护处理器由三列独立的保护通道组成，三列独立通道的设计和运行方式一致。每一列保护通道控制一个电磁阀，电磁阀为电气保护系统和液压安全回路的接口。保护通道的一个停机信号会使相应通道的电磁阀失磁。三列保护通道的电磁阀满足三取二原则，安全模块中至少两个通道的电磁阀失磁后才能卸掉液压安全回路的油压从而使汽轮机跳闸。同时一个汽轮机已跳闸的反馈信号传送给相关自动装置。

在汽轮机保护处理器中，每一列保护通道独立处理汽轮机的四个基本保护信号：超速、高压缸排汽压力高、冷凝器真空低、润滑油压力低。汽轮机保护处理器同时确保诸如信号测量、试验的执行等功能；这个逻辑处理模块同样处理外部停机信号，例如从 DCS、GPA、反应堆、汽轮机检测设备来的停机信号等。

汽轮机保护系统从接受保护系统探测器信号到进汽阀完全关闭的时间要小于 800 ms。这个响应时间包括了整个系统对信号的处理时间和主要执行机构的动作时间。

对于汽轮机的基本保护（超速保护例外），汽轮机保护处理器运行方式如下。

汽轮机保护处理器采集 3 路传感器测量的监测参数，送到 3 台 CPU 中，在每台 CPU 中进行次大值选择运算，得到一个有效测量值。当有效测量值超过汽轮机跳闸阈值时，每台 CPU 产生一个汽轮机跳闸指令，3 列保护通道发出 3 路汽轮机跳闸指令。这些 CPU 发出的停机指令经过 3 取 2 逻辑运算后触发保护通道的保护动作信号。保护动作信号使保护通道相对应的汽轮机跳闸电磁阀失磁。当至少有两个汽轮机跳闸电磁阀失磁时，汽轮机跳闸。

若一台 CPU 故障，只有两台 CPU 发出汽轮机跳闸指令，3 列保护通道依然全部被触发。

若 1 路测量参数漂表（测量值和有效值的差异超过 x%）或者故障失效（测量值超出量程、失电、线路断开等），有效测量值依然是 3 路测量参数的次大值，汽轮机不会跳闸。

若同时有两路测量参数漂表或者故障失效，则参数测量值“FAILURE ”失效，汽轮机跳闸。逻辑图如图 1-1 所示。

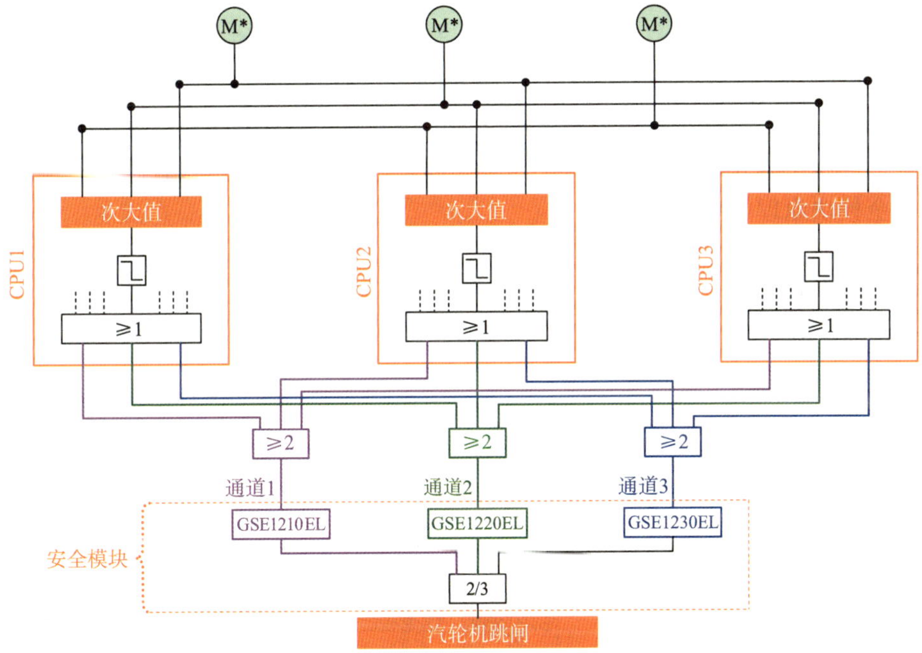

图 1-1　安全 PLC 逻辑图

对于外部基本保护，汽轮机保护处理器运行方式如下。

对于 RPR：4 列反应堆保护系统（PS）通过硬接线发送汽轮机跳闸信号到汽轮机保护处理器，这些信号在 3 个 CPU 中的每一个进行 4 取 2 逻辑运算。

对于 RGL：RCSL 的第二列和第三列通过硬接线发送汽轮机跳闸信号到汽轮机保护处理器。这些信号在 3 个 CPU 中的每一个进行“或”运算。

对于 GPA：GPA 中 A 通道和 B 通道通过硬接线发送汽轮机跳闸信号到汽轮机保护处理器。这些信号在 3 个 CPU 中的每一个进行“或”运算。

1.3.2 安全模块

安全模块是电气保护系统和汽轮机液压保护回路之间的接口。GFR 提供的 120 bar. g 的保护油通过安全模块与高中压缸截止阀液力伺服器的快速关闭装置相连，同时还与 GRE 控制阀门伺服器的电磁液压回路相连。安全模块能够在出现汽轮机跳闸信号时通过插装阀打通汽轮机进汽阀的保护油回路的泄压回路，造成阀门保护油泄压，从而使阀门关闭，汽轮机跳闸。

汽轮机保护油回路可以由包含在安全模块中的三条平行和冗余的支路进行泄压。每条支路有两个插装阀，由一个汽轮机跳闸电磁阀控制。每一个汽轮机跳闸电磁阀都连接到一个不同的独立的汽轮机保护通道，当三个电磁阀中的两个电磁阀同时动作开启时就可以成功卸掉安全回路的油压。这种配置满足 3 取 2 的冗余原则。

汽轮机正常运行时，每条支路可以单独进行试验。另外两条没有做试验的支路可以保证汽轮机的保护跳闸功能。每个插装阀都装有阀位传感器以检查试验结果是否正确。安全模块原理如图 1-2 所示。

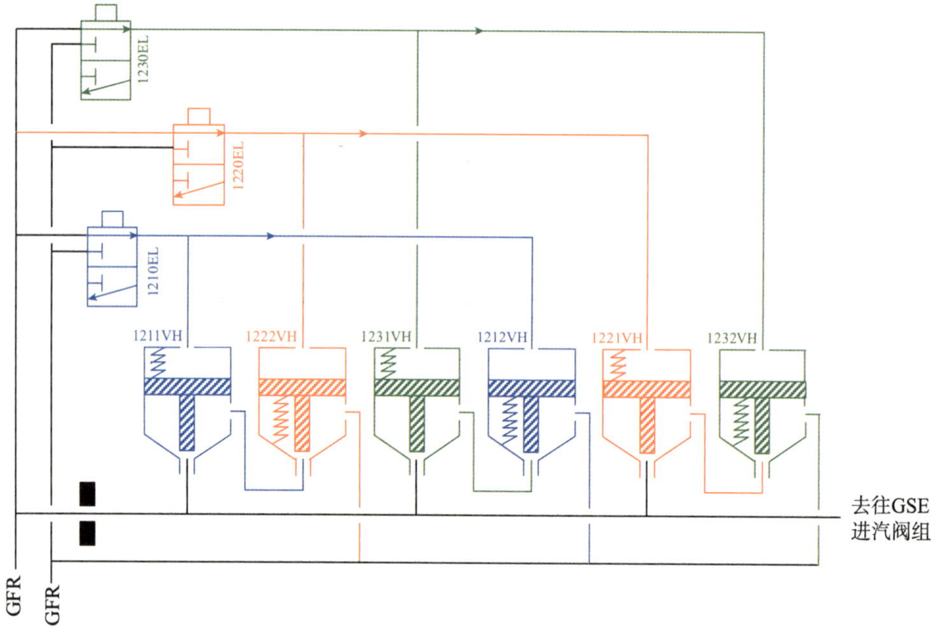

图 1-2　GSE 安全模块原理图(一)

安全模块由 3 个汽轮机跳闸电磁阀（GSE 1210/1220/1230EL）和 6 个插装阀（GSE 1211/1222/1231/1212/1221/1232VH）构成。来自 GFR 的保护油经过安全模块送往 GSE 进汽阀组。如图 1-2 为汽轮机正常运行模式。电磁阀带电，液力装置活塞上部油压力大于下部油压力，泄压回路不连通。

对一条支路进行单独试验，如图 1-3 所示，一个电磁阀失磁，与之相关的两个液压装置动作，但泄压回路仍保持不连通，保护油不泄压。

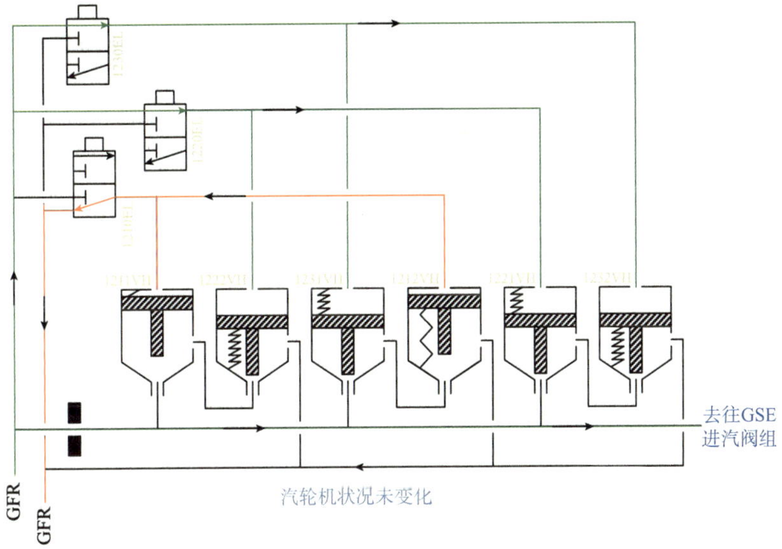

图 1-3　GSE 安全模块原理图(二)

当 2 个电磁阀失磁，如图 1-4 所示，同一泄压回路上的两个液压装置动作，泄压回路连通，保护油泄压，从而汽轮机进汽阀门关闭，汽轮机跳闸。

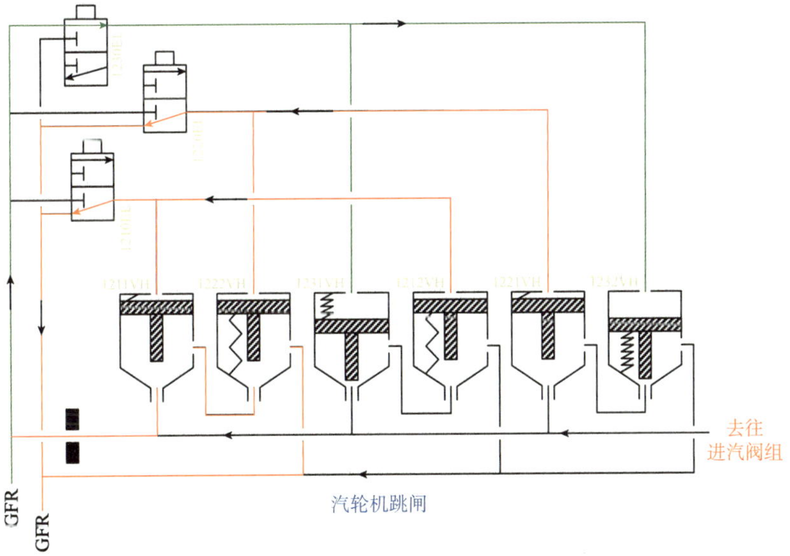

图 1-4　GSE 安全模块原理图(三)

1.3.3 进汽阀组

蒸汽经过 4 个高压缸进汽阀组和 4 个中压缸进汽阀组进入汽轮机。每个进汽阀组包含一个截止阀和一个调节阀。汽轮机跳闸时，对于 GRE 的调节阀，GSE 的关闭信号优先于 GRE 的控制信号。汽轮机运行时，所有截止阀全开，保护动作时所有截止阀同时关闭，迅速完全中断蒸汽流量以停运汽轮发电机组。

（1）4 个高压缸截止阀

关闭时间：　0.2 s（超过驱动机构 90% 行程）
　　　　　　0.3 s（超过驱动机构 100% 行程）
开启时间：　45 s
新蒸汽流量：2 611.14 kg/s
新蒸汽温度：289.9 ℃
新蒸汽压力：74.3 bar.a

（2）4 个中压缸截止阀

关闭时间：　0.2 s（超过驱动机构 90% 行程）
　　　　　　0.3 s（超过驱动机构 100% 行程）
开启时间：　45 s
过热蒸汽流量：2 611.14 kg/s
过热蒸汽温度：276.4 ℃
过热蒸汽压力：11.18 bar.a

汽轮机高压缸截止阀结构如图 1-5 所示，下文以高压缸截止阀为例说明其动作原理。

来自安全模块的保护油进入阀门缸体（缸体为固定位置），活塞下部充油，克服弹簧，阀杆带动阀芯上移，阀门处于开启状态。电液伺服阀 2115VH 的试验电磁阀 2115VHX 正常处于失励状态，保护油进入插装阀，克服插装阀上弹簧的作用，泄油回路保持切断状态。当停机信号出现后，安全模块切断保护油，来自安全模块的保护油压接近于常压，插装阀 2115VH 在自身弹簧力的作用下开启，卸油回路打通，阀门缸体活塞上下部连通，保护油经泄压回路快速泄压，在截止阀弹簧作用下，阀杆带动阀芯向下移动，阀门落座，切断进汽，汽轮机跳闸。

汽轮机正常运行时，可以对汽轮机高中压缸的单个截止阀进行关闭试验。以此阀为例，试验时通过对 GSE 2115VHX 励磁，使得插装阀 2115VH 上部与泄压回路连接失压，插装阀 2115VH 在自身弹簧力的作用下开启，卸油回路打通，在截止阀弹簧作用下，截止阀迅速关闭。

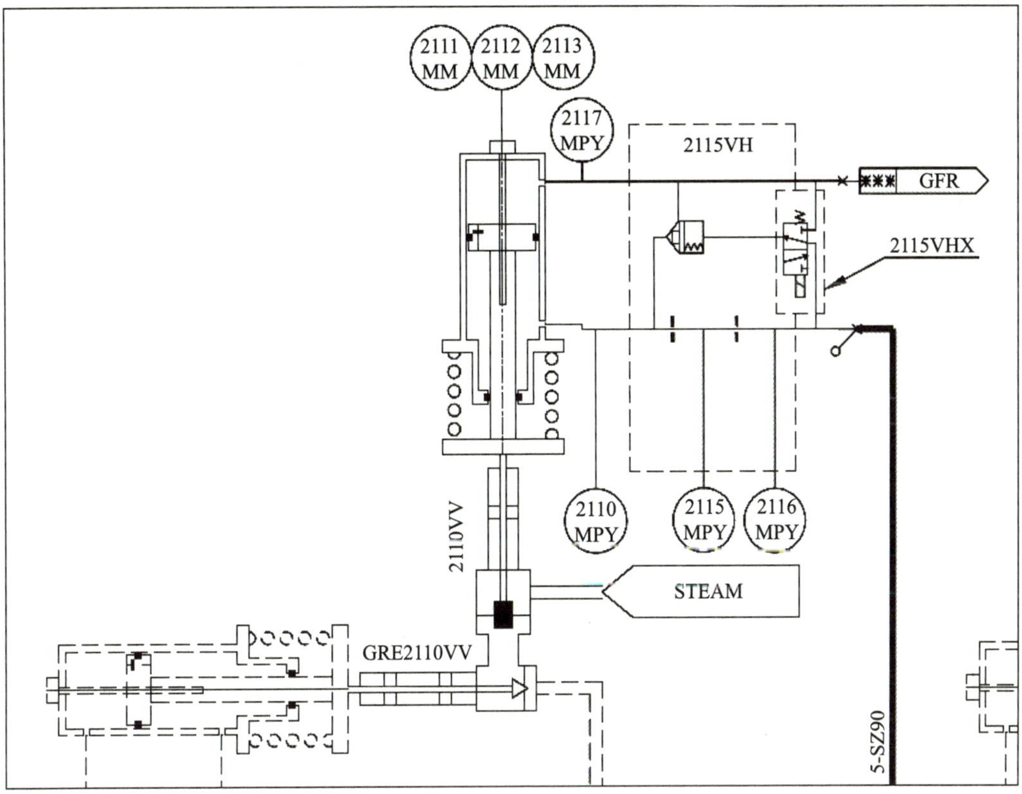

图 1-5　汽轮机高压缸截止阀结构图

1.4　典型跳机信号链路

1.4.1　GSE 跳机信号链路

GSE 跳机信号链路是指信号采集和处理都在 GSE 系统中进行处理的跳机信号。

以高压缸排汽压力高跳机信号为例，其全链路图如图 1-6 所示，GSE1111/1112/1113MP 采集的信号，经转接箱 GSE0003CR 送到 GRE1001AR4，在机柜中，信号经过输入信号 FTA 卡 T8830、模拟量输入卡 T8431、CPU T8110B、开关量输出卡 T8451、输出信号 FTA 卡 T8850 后触发停机信号，使跳闸电磁阀 GSE1210/1220/1230EL 动作。

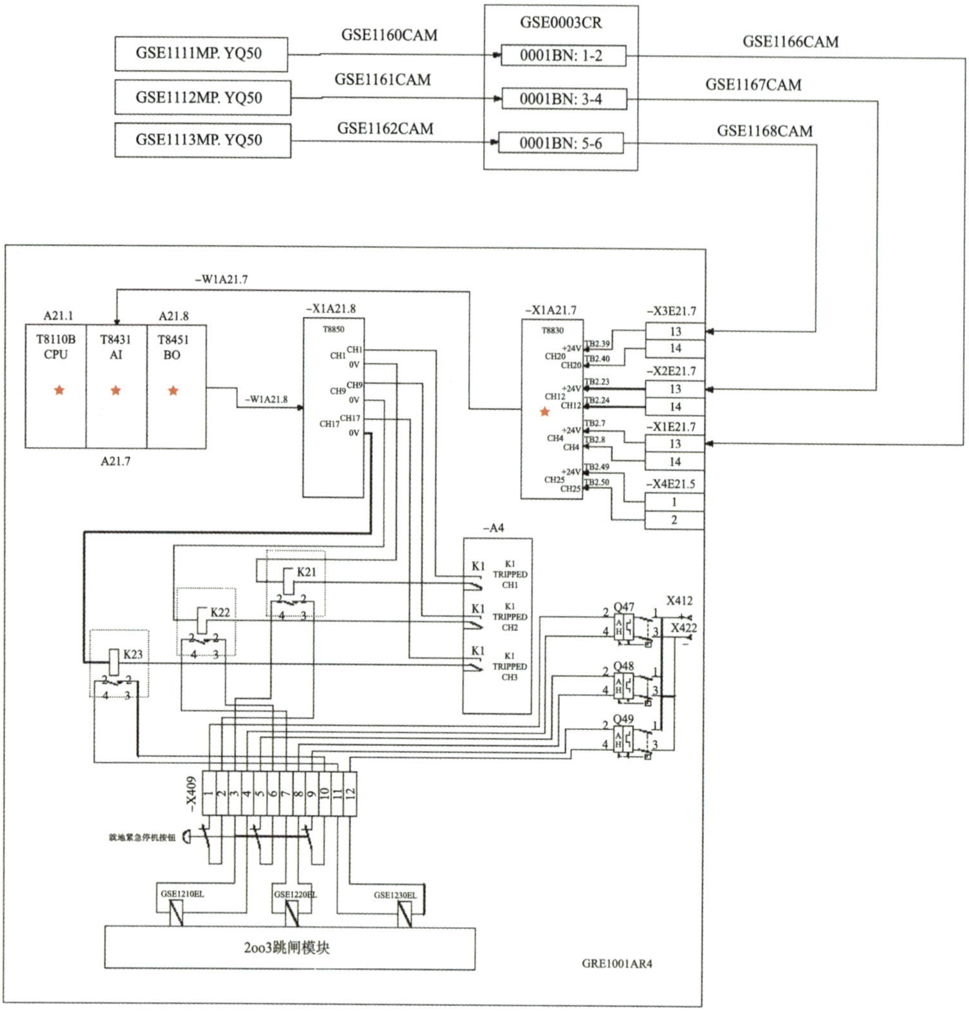

图 1-6　高压缸排汽压力高信号全链路图

1.4.2　T2000 跳机信号链路

与 GSE 本身的跳机信号链路相比，T2000 的跳机信号链路在信号进入 GRE1001AR4 之前首先经过了 T2000 相关机柜的处理，随后在 GRE1001AR4 机柜中的处理二者是一致的。

以 GHE 空侧油箱油位低跳机信号为例，其全链路如图 1-7 所示，GHE1114/1115/1116SN 采集的信号通过硬接线，经转接箱 GHE0001CR 送到 GRV0001AR，仪表由 GRV0001AR 提供供电。GHE1114SN 再经 FZZ7303AR 通过硬接线送到 KCM6102AR，GHE1115SN 再经 FZZ7305AR 通过硬接线送到 KCM6103AR，GHE1116SN 再经 FZZ7103AR 通过硬接线送到 KCM5102AR。

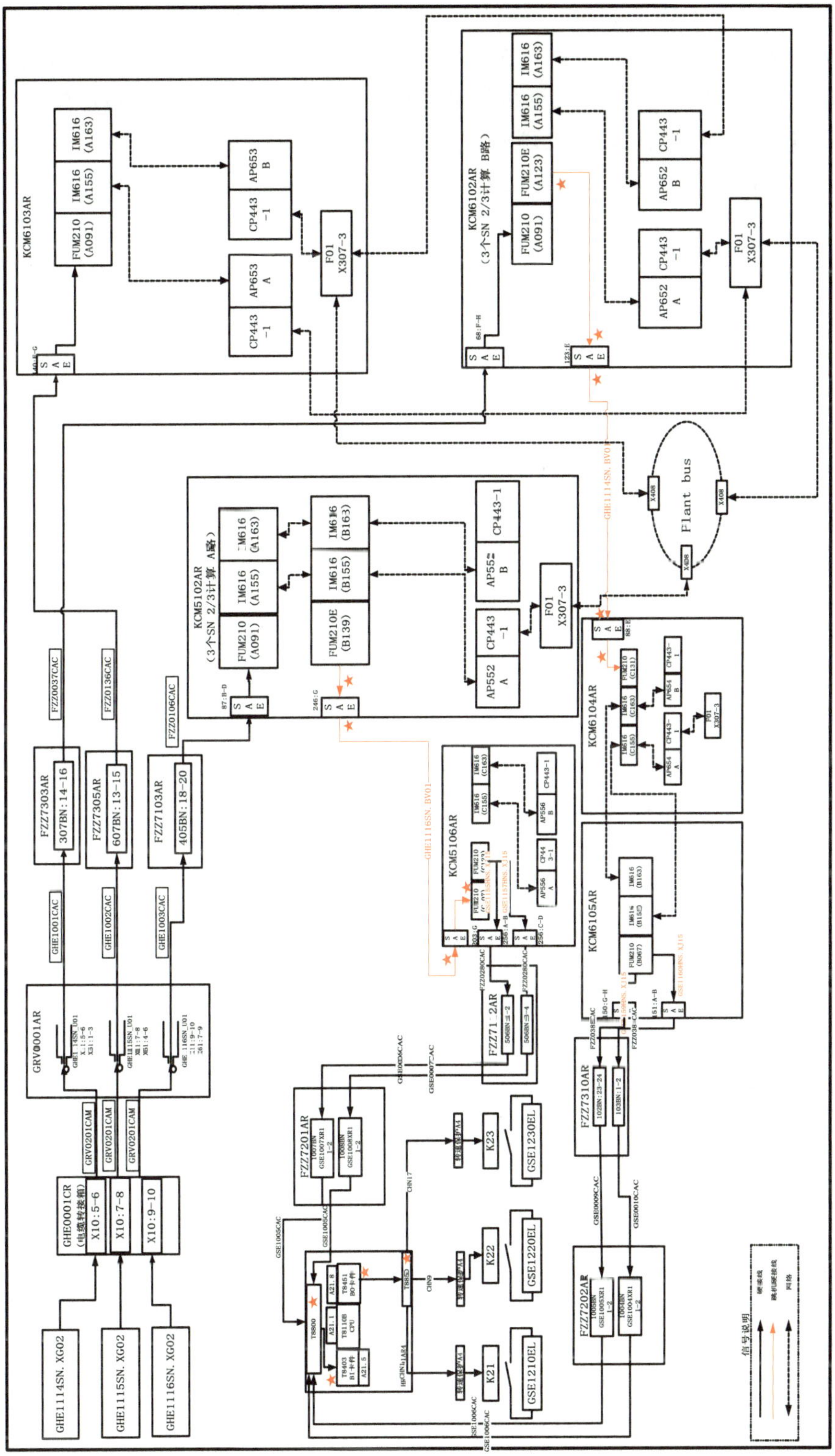

图 1-7　GHE 空侧油箱油位低跳机信号全链路图

对于 A 列信号 GHE1116SN，经过取非处理后通过交换机送到岛总线/电厂总线再送到 B 列机柜 KCM6102AR 中进行 3 取 2 逻辑运算；对于 B 列信号 GHE1114SN，经过取非处理后通过硬接线送到 A 列机柜 KCM5102AR 中进行 3 取 2 逻辑运算；对于 B 列信号 GHE1115SN，经过取非处理后通过交换机送到岛总线/电厂总线再送到 A 列机柜 KCM5102AR 中进行 3 取 2 逻辑运算。A/B 两路各输出一个跳机开关量信号，分别是 GHE1116SN. BV01 和 GHE1114SN. BV01。

A 列跳机信号送到 KCM5106AR 中汇总，再经转接柜 FZZ7112AR 和隔离柜 FZZ7201AR，送到 P320 机柜 GRE1001AR4 中，触发停机信号，使跳闸电磁阀 GSE1210/1220/1230EL 动作。B 列跳机信号送到 KCM6104/6105AR 中汇总，再经转接柜 FZZ7310AR 和隔离柜 FZZ7202AR，送到 P320 机柜 GRE1001AR4 中，触发停机信号，使跳闸电磁阀 GSE1210/1220/1230EL 动作。A/B 两路任何一路触发均会导致跳机。

其他跳机信号，例如 RPR、RGL、GPA 等跳机信号的链路与 T2000 信号比较相似，都是经过对应仪控系统的处理后送到 GRE1001AR4 产生跳机信号。

1.5　环境因素对跳机信号的影响

汽轮机跳机信号经过跳机链路相关 DCS 机柜和设备的传输，并最终作用在跳闸电磁阀 GSE1210/1220/1230EL 上，使得汽轮机停机。除了跳机信号正常触发的情况外，如果链路上的设备异常也可能导致跳机保护信号误触发，而导致这种异常情况的一个非常重要的因素就是环境因素。

在 DCS 机柜的正常运行期间，确保其稳定可靠的工作性能至关重要。为了达到这一目标，必须维持机柜所在房间的通风冷却系统持续稳定运行，以保持机柜内部环境温度和湿度的理想状态，防止由于温度过高导致设备损坏，或湿度过大引起的机柜凝露现象，进而导致继电器误动作。

【案例】机组处于稳定功率运行，核功率 99.3% NP，发电机电功率 1 729 MW。突然 GPA 手动停机信号触发导致发电机和输电保护系统出口断路器动作，触发机组跳机。后续专业人员确认，故障点为中间继电器 GHE0001XR1，继电器故障原因为机柜凝结水和潮湿进入继电器内，造成绝缘下降，发生放电导致继电器动作。

因此，机组运行期间，应对机柜所在房间的通风冷却系统应定期检查和维护，确保其始终处于最佳工作状态，从而避免跳机链路上的设备误动作，触发跳机。

除温度和湿度的影响因素外，电磁干扰也会对仪控机柜产生较大的影响，包括造成数据错误、性能下降、设备损坏、误动作等。因此在这些 DCS 机柜上及周边开展工作时，需要关注电磁干扰风险，通过屏蔽、滤波、接地、合理布线和隔离等措施防止误触发跳机信号。

【案例】某机组处于稳定功率运行，8 瓦温度高 2 信号（2 取 2）触发停机保护信号，汽轮机跳闸。主控室操作员执行运行规程稳定机组状态。后续分析汽轮发电机跳闸信号产生的原因是：使用电焊机产生电磁干扰误触发高温信号导致跳机。

同时，现场人员误碰相关设备也可能导致停机保护信号误触发的风险，因此在日常巡检，检修等相关工作开展前，要做好设备防误碰的风险分析并采取可靠的措施，防止误触发跳机信号。

1.6 汽轮机保护信号

汽轮机保护包括 3 类保护，基本保护、外部基本保护及非基本保护。

（1）基本保护：针对那些会对设备及人身安全造成重大潜在后果的汽轮机系统故障而设置，这些保护信号的采集及处理都在 TMR（Triple Modular Redundancy）内完成，信号都来自于 GSE 系统本身的测量装置，包括：

① 超速保护信号取自 GSE 1140/1141/1142MC；

② 润滑油压力低保护信号取自 GSE 1121/1122/1123MP；

③ 冷凝器真空低保护信号取自低压缸排汽压力表 GSE 1131/1132/1133MP；

④ 高压缸排汽压力高保护信号取自 GSE 1111/1112/1113MP。

（2）外部基本保护：外部基本保护针对那些会对设备及人身安全造成重大潜在后果的外部系统故障而设置，这些保护信号的采集及处理都在其他系统完成，然后将跳闸信号送到 TMR，包括：

① 反应堆保护；

② GPA 保护（发变组保护）；

③ 紧急停机指令。

（3）非基本保护：非基本保护针对那些对设备及人身安全影响相对较小的故障而设置，这些保护信号的采集及处理都在其他系统完成，然后将跳闸信号送到 TMR，包括：

① 机械保护；

② 外部保护；

③ 控制故障保护；

④ 保护油压低保护。

全部停机信号如表 1-1 所示。

表 1-1 全部停机信号（包含手动停机）

序号	分类	系统	信号
1	基本保护	GSE	超速保护（110.4%）
2		GSE	GGR 润滑油压力<1 bar.g
3		GSE	低压缸排汽压力>240 mbar.a
4		GSE	高压缸排汽压力>13.5 bar.a
5	外部基本保护	RPR	反应堆保护
6		GPA	GPA 保护（发变组保护）
7		LAK/LAN	LAK/LAN DIVISION（多样化停堆信号）
8		RGL	RCSL 停机信号
9		GSE	就地（硬接线跳闸）
10		GSE	SICS 后备盘（通过 DCS 保护通道跳闸）
11		GSE	PICS 主控制盘面（通过 DCS 保护通道跳闸）
12		GSE	ECP 应急控制盘（通过 GPA 保护通道跳闸）
13	机械保护	GME	TSI 汽轮机振动高
14		GME	TSI 汽轮机轴向位移高
15	外部停机	CEX	没有 CEX 泵在运行，或 CEX 泵出口阀未开启，CEX 出口流量<517 m^3/h
16		ADG	ADG 保护液位计不可用
17		ADG	ADG 液位高 3
18		GSS	GSS1320 或 2320BA 液位高于 2 000 mm 且一级再热器隔离故障
19			GSS1420/2420BA 液位高于 2 600 mm 且二级再热器隔离故障
20			GSS BRC1 液位高高
21			GSS BRC2 液位高高
22			GSS BRP1 液位高高/BRP1 液位变送器不可用
23			GSS BRP2 液位高高/BRP2 液位变送器不可用
24		GHE	GHE 空侧油箱油位<23.4%
25			GHE 空氢侧差压<250 mbar
26		GST	定子冷却水箱液位低
27			定子冷却水电导率高>8 μS/cm
28			定子冷却水温度高>90 ℃
29			定子冷却水流量低<143 m^3/h
30		GGR	GGR 汽轮机各轴承温度高
31			GGR 发电机轴承温度高
32			GGR 止推轴承温度高
33			GGR 润滑油箱油位低
34			GGR 润滑油过滤器差压>1 200 mbar
35		GFR	安全油压力<50 bar.g
36	控制保护故障	GSE	失去 DCS CHA/B SYS HLTH CI1/2 信号停机

续表

序号	分类	系统	信号
37	控制保护故障	GSE	失去TMR IMP OK信号
38		GSE	高压缸第一级压力3个测点全部故障
39		GSE	新蒸汽压力3个测点全部故障
40		GSE	汽轮机GRE转速信号故障（3取2）
41		GSE	蒸汽需求指令>3%且汽轮机转速<0. 8%，延时13 s
42		GSE	中压缸截止阀阀位<95%或阀位>103%（<-3%）或阀位信号故障延时0. 2 s
43		GSE	中压缸调节阀阀位与需求偏差>10%、阀位>103%或<-3%或阀位信号故障延时0. 2 s
44		GSE	汽轮机挂闸且保护装置试验未停止或复位
45		GSE	TIGHTNESS TEST OFF

第2章　P320系统仪控架构及故障影响

2.1　基础知识

2.1.1　台山汽轮机控制保护系统的作用

台山核电站的汽轮机控制保护系统采用 ALSTOM 提供的 Controsteam V3 系统，其由一系列的软、硬件组成，具备信号采集、逻辑处理、控制输出、人机界面、通讯等功能，其接收来自操纵员或电网的控制命令（转速或功率信号、启动/停止信号），经过一系列逻辑运算产生调节阀门的开度，控制汽轮发电机组转速或负荷，以及实现故障工况下的汽轮机保护功能，又称为 TPCS 系统。

注：Controsteam V3 系统相当于 P320 系统的升级版本，但是出于称呼习惯，台山的 Controsteam V3 一般也被称为 P320 系统。

2.1.2　TPCS 系统在电站 DCS 架构中的位置

P320 系统与西门子的 T2000 系统通过网络连接及硬接线进行连接。其中，网络连接是通过 P320 系统的网关经过冗余的 CM902 模块连接在 T2000 CI/BOP B 列 PAS 机柜的 Island bus 上，通过 Island bus 将信号送到其他机柜或 PICS，以及接受从 PICS 来的控制命令。

2.1.3　TPCS 系统的逻辑处理

TPCS 系统又可以分为控制功能和保护功能：

① GSE 系统停机信号的处理逻辑位于 GSE-PFUP-TMR 中；

② GSE/GRE 系统阀门操作性试验的控制逻辑位于 GSE-PFUP-OLC 中；

③ GRE 系统转速控制、功率控制、负荷速降控制等自动控制功能的逻辑位于 GRE-PFUP-CLC；

④ GSS 系统第二级再热器阀门控制逻辑及 GSS RB 触发逻辑位于 GSS-PFUP-OLC；

除此之外，GSE、GRE、GSS 系统的信号还需要在 PICS 上显示，同时也都需要接受操纵员发出的手动控制指令（CG/RG 的控制指令），显示的逻辑及 CG/RG 的逻辑在 T2000 的 PAS 系统中实现，对应的逻辑图称为 TEC4 图。

2.1.4　TPCS 系统架构及组成模块

TPCS 系统架构及组成模块如图 2-1 所示，主要包括：

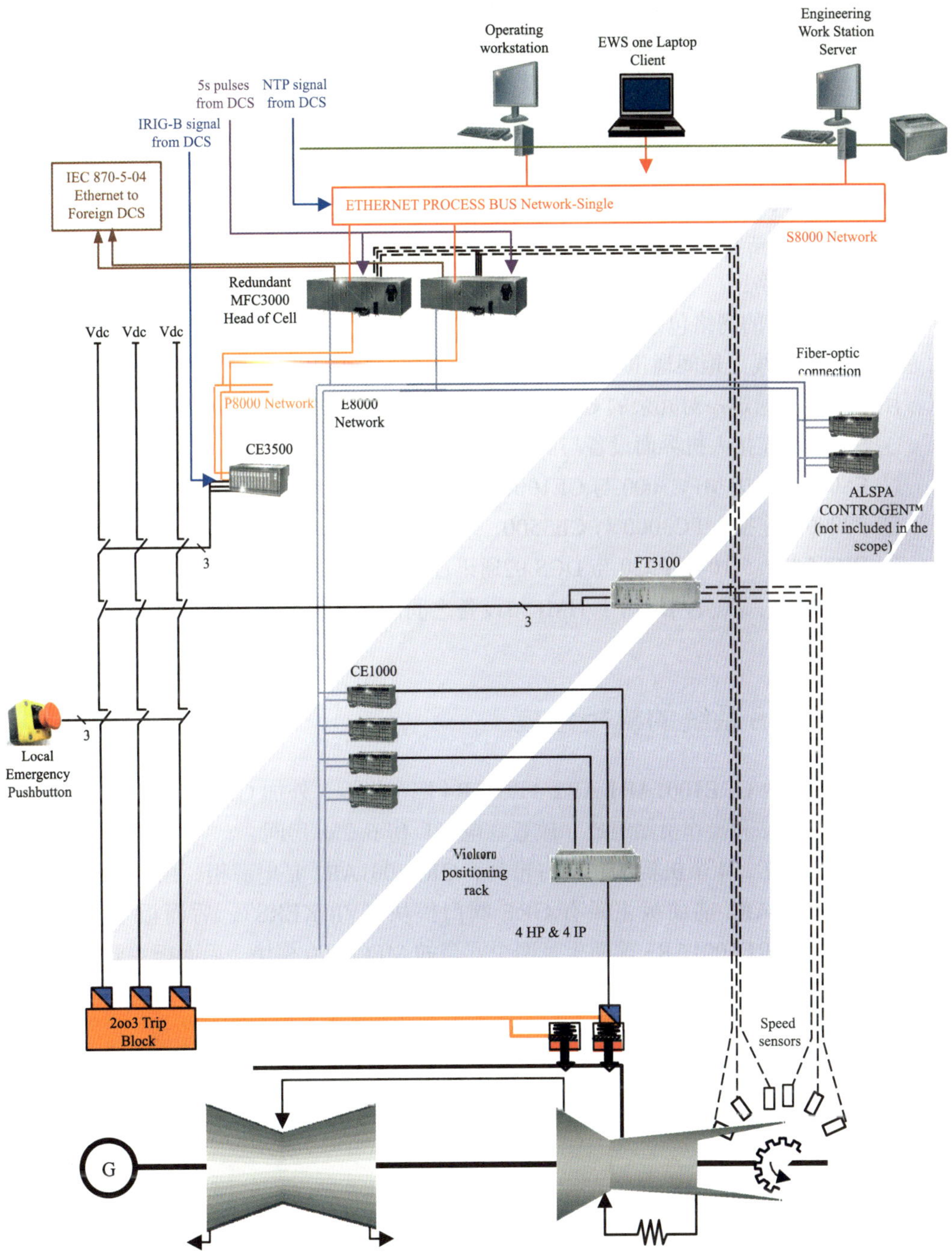

图 2-1　TPCS 的系统架构简图

（1）MFC3000：双冗余控制器，是主要的控制单元，包括开环和闭环控制功能，以及与 DCS 的通讯。

（2）CE1000：离散 I/O 模块，主要完成就地信号的采集和控制命令的输出。包括逻辑量输入、逻辑量输出、数字量输入、数字量输出。

（3）CE3500：安全控制器，主要完成 GSE 的信号采集和保护功能。

（4）FT3100：超速保护模块，将就地的转速信号转换为标准信号并进行逻辑判断，以进行硬接线超速停机以及供 CE3500 软件逻辑超速停机保护。

（5）Vickers 阀门模块：用于 GRE 阀门阀位测量及阀位控制。

（6）HMI 人机界面：由 1 台工程师站、1 台操作员站、1 台打印机及相应软件 ControCAD（工程师站软件）、HMI（操作员站软件）等组成。

（7）通讯网络：

Controsteam 的网络包括办公网络、S8000、E8000、P8000，均是 100 兆以太网，柜内通讯采用双绞线，柜间通讯采用光纤。而与 DCS 通讯的网络采用 IEC60870. 5-104 协议，用双绞网线通过一对冗余的 CM104 与 DCS 连接。

① S8000：连接人机界面设备与 MFC3000；

② E8000：连接 MFC3000 与 CE1000；

③ P8000：连接 MFC3000 与 CE3500；

④ IEC60870. 5-104：P320 与 DCS 的通讯连接；

⑤ 办公网络：办公网络用于 HMI 站设备之间的连接和数据交换，以及与打印机等设备的连接。

2. 1. 5　TPCS 系统的机柜组成

TPCS 主要由 GRE1001AR1/AR2/AR3/AR4 四个机柜，外加 GRE1001AR5（HMI 机柜）以及工程师站和操作员站组成，放置在电气厂房 6. 2 m 房间。

如图 2-2 所示，4 个机柜从左至右排列，GRE1001AR1 是电源柜，由 4 列冗余电源组成；GRE1001AR2 前面板主要有 GRE 阀门模块（VICKERS），后面板主要有 4 列 CE1000 模块；GRE1001AR3 前面板是两个冗余的 MFC3000 模块，后面板主要由众多交换机、路由器等组成；GRE1001AR4 前面板有 CE3500 模块及超速保护模块，后面板为接线端子；GRE1001AR5 为 HMI 机柜，由两个电源模块和数个交换机组成。

另外，还有一个机柜 GRE1001AR8 与正常运行无关，主要用于 Controsteam 系统的 CE1000 I/O 卡件测试。

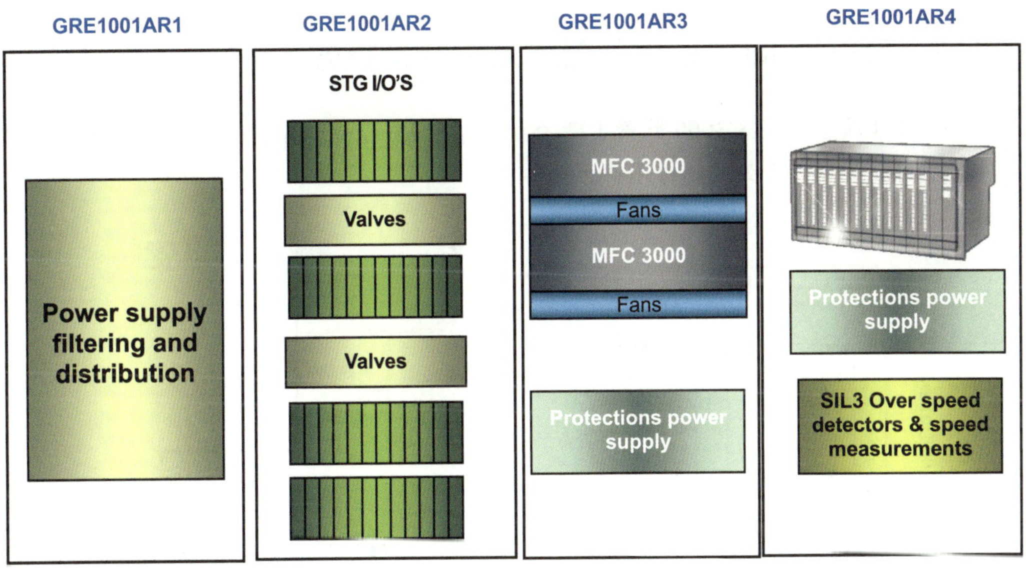

图 2-2 GRE 机柜布置图

2.1.6 TPCS 系统的供电原理

Controsteam 的供电来自于 LVM/LVL 的两路冗余 230 V 交流 UPS 电源，供电首先进入 1001AR1，滤波后第二路分出 1 路直接供辅助设备如机柜照明等使用，同时两路电源分成 4 路经交直流转换为 24 V 直流电供其他机柜使用。同时 AR1 内还备有 4 块 7.2 AH 的电池，与 4 路 24 V 电源并联，经切换模块后，用于外部电源失去时的紧急使用。TPCS 供电简图如图 2-3 所示。

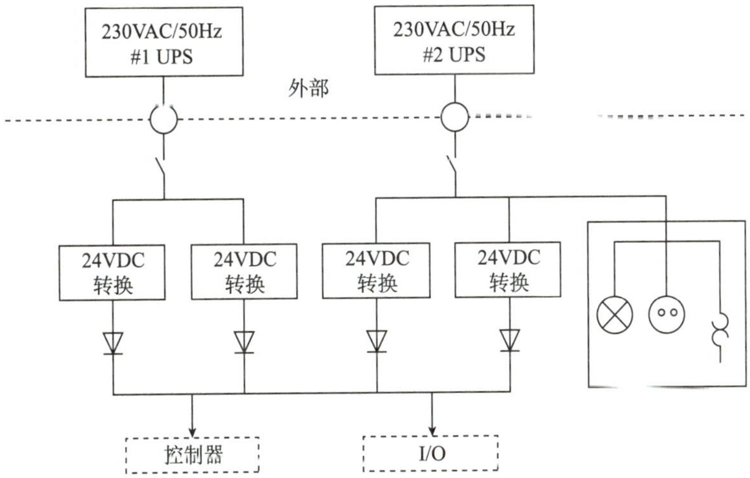

图 2-3 TPCS 供电简图

2.1.7 MFC3000的作用及架构及主从运行方式

如图 2-4 所示，MFC3000 配置了 2 个互为冗余 MFC3000 控制器，正常运行时一个为主控制器，另外一个处于热备用状态。

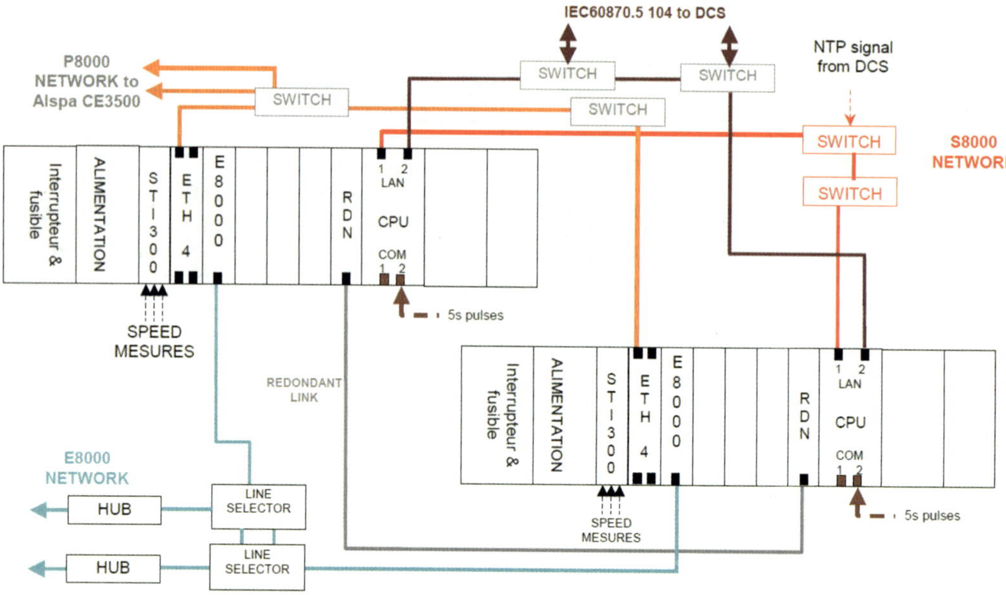

图2-4 MFC3000的结构示意图

从右至左，分别由 CPU 模块、RDN 冗余连接模块、E8000 连接模块、 P8000 ETH 以太网模块、STI300 模块、供电及开关模块组成。

① CPU 模块（CPU：cPCI-3840/PM14/M512A）是 MFC3000 的核心，所有与程序相关的工作，如控制、组态等均由其完成，同时它还接收来自 DTV 系统 5 s 脉冲。COM2 口用于接收 5 s 脉冲。LAN1 口通过 S8000 网络及获取 NTP 时钟。LAN2 口与 DCS 通讯。RND 冗余模块为 1 口的以太网卡（cPCI-8211），接口为 RJ45，用于两个 MFC3000 模块之间的冗余连接。

② E8000 连接模块为 1 口的以太网卡（cPCI-8211），接口为 RJ45，用于 MFC3000 通过 E8000 网络连接 CE1000。

③ ETH 以太网模块为 4 口的以太网卡（CP3-QUAD100TX），接口为 RJ45，用于 MFC3000 通过 P8000 网络连接 CE3500。

④ STI300 模块为速度测量模块，采集 GRE1130/31/32MC 3 个用于控制的转速探头的信号，是 MFC3000 中唯一支持热插拔的模块。

2.1.8　S8000网络架构及作用

S8000网络专用于MFC3000控制器与工程师站及HMI站的连接，实现HMI对Controsteam系统及ControGEN的监视和控制功能，以及通过工程师站对Controsteam系统进行维护和配置，同时DTV发送的NTP时钟信号经过HMI对时后再通过S8000网络授时给MFC3000。

S8000交换机（图2-5中的hub的型号）为RS20-0800M2M2，共有4个，它们支持10/100M的以太网协议，支持两路光纤和6路RJ45连接，通过交换机的配置实现冗余的网络连接功能。

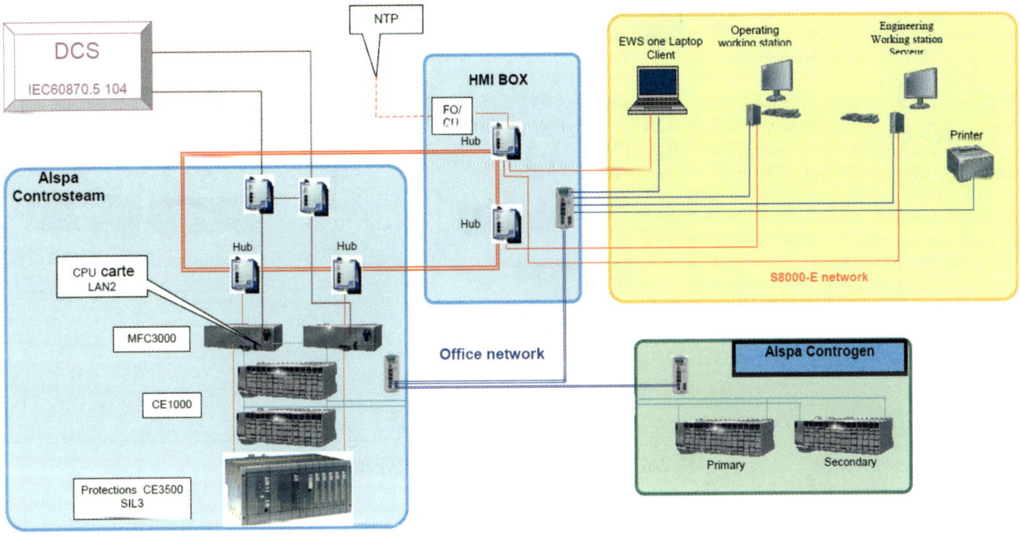

图2-5　S8000网络连接图

2.1.9　MFC3000与DCS的通讯连接

正常运行时，Controsteam的MF3000模块通过网络与T2000（CM902）通讯，操纵员通过DCS完成对汽轮机的监视和控制。MFC3000与DCS通讯的网络采用IEC-60870. 5-104协议，从MFC3000的LAN2端口引出，经过P320系统的交换机后通过一对冗余的CM902连接在T2000 CI/BOP B列PAS island bus上。

2.1.10　TPCS系统的时钟信号组成与作用

DTV系统向TPCS系统发送三种时钟信号，分别是NTP、5 s脉冲及IRIG-B，如图2-6所示。

① NTP：NTP 用于给汽轮机的事件或报警添加与 DCS 主时钟一致的时间标签，必须通过 HMI 解码后送给 MFC3000，如果 HMI 失去，MFC3000 将无法获取授时。

② 5 s 脉冲：5 s 脉冲用于 MFC3000 给汽轮机事件或报警进行排序，即使失去 NTP，只要 5 s 脉冲正常，排序仍然正确，这对于故障后查看一系列事件的先后顺序从而分析故障原因尤为重要。

③ IRIG-B：IRIG-B 用于给 CE3500 提供时间信息，用于给保护控制器内信号添加时间信息。

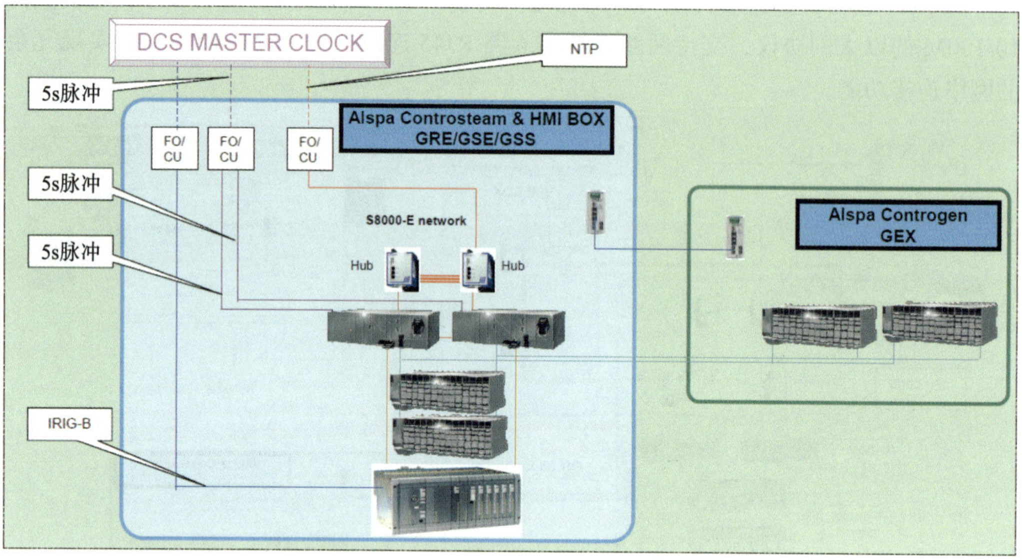

图 2-6 TPCS 系统时钟信号的分布图

2.1.11 CE1000 的作用及架构

CE1000 是就地采集和输出模块，包括逻辑量输入、逻辑量输出、数字量输入、数字量输出。如图 2-1 所示，CE1000 共有 4 列，每列由 3 个通讯模块、两个电源模块及若干输入输出模块组成。数据采集和命令输出没有设置冗余，但是通过在 4 列的分开布置，避免共模故障的产生。CE1000 的所有模块均可热插拔。

CE1000 所有模块均由三部分组成，从后往前分别是总线、电子模块和接线端子排（12 针），如图 2-7 所示。总线完成供电和内部通讯功能，接线端子排接到就地信号和命令，这二者对于所有模块是通用的。电子模块是核心部件，根据输入输出的类型选用不同模块。CE1000 内部的供电和通讯通过背板完成。

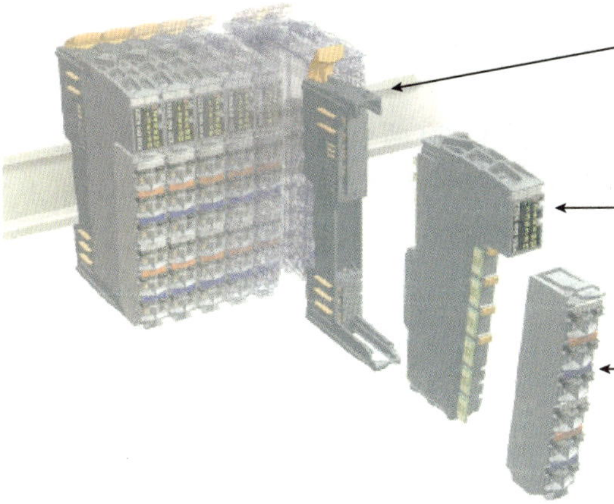

图 2-7　CE1000 模块的结构图

通讯模块又称总线控制器，由 2 个路由器（HB2885）、1 个链路选择器（BC8084）组成，如图 2-8 所示。连接选择器能够自动检测通讯故障并自动切换到正常的通讯路径上。

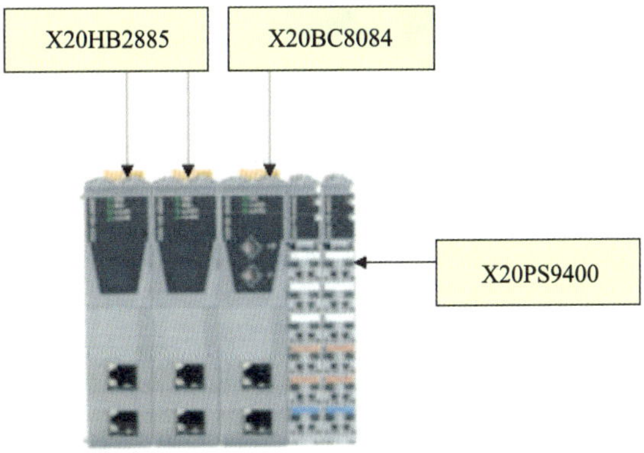

图 2-8　总线控制器的结构图

电源模块 PS9400 和 PS3300，通过侧面的插针对 IO 模块提供 24 V 直流供电。

输入输出模块：

① 数字量输入模块 DI9371 可以采集 12 通道的单线数字量输入信号，通道与总线之间实行电气隔离，通道之间没有隔离。

② 数字量输出模块 DO8332 可以输出 8 通道的单线数字量信号，内部集成了 24 V 直流电源，通道与总线之间实行电气隔离，通道之间没有隔离。

③ 模拟量输入模块 AI4632 可以采集 4 通道的双线模拟量信号（±11 V 或 0～22 mA），需要外部 24 V 直流供电，通道与总线之间实行电气隔离，通道之间没有隔离。

④ 模拟量输出模块 AO4632 可以输出 4 通道的双线模拟量信号（±10 V 或 0～20 mA），需要外部 24 V 直流供电，通道与总线之间实行电气隔离，通道之间没有隔离。

2.1.12 E8000 网络架构及作用

在 CE1000 模块和 MFC3000 之间，有两个网络控制器和两个通讯网络 HUB（FL HUB 8TX-ZF），其中网络控制器包括连接两个路由器 HB2885 和 1 个链路选择器（HB8884），如图 2-9 所示，确保 MFC3000 冗余失去、连接错误或任一路由器/连接选择器错误时，仍然有效地通讯。

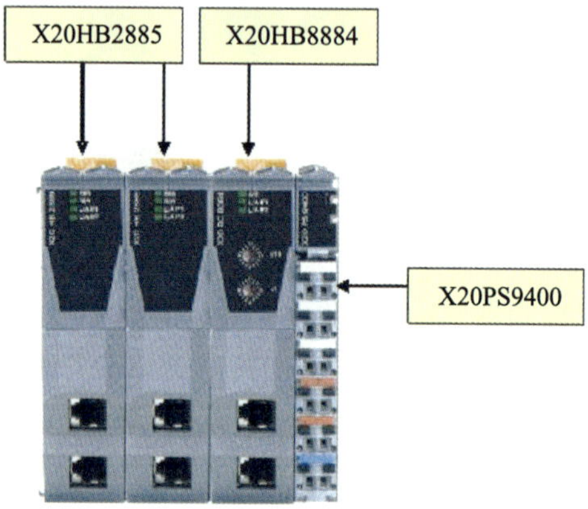

图 2-9 E8000 网络控制器结构图

如图 2-10 所示，E8000 网络除了用于 CE1000 模块和 MFC3000 之间的通讯外，还配置了两个冗余的交换机（RT2-TX/FX），这两个交换机连接在通讯网络 HUB（FL HUB 8TX-ZF），用于 ControGEN（发电机自动励磁调节）系统的 CE1500 与 MFC3000 之间的通讯。

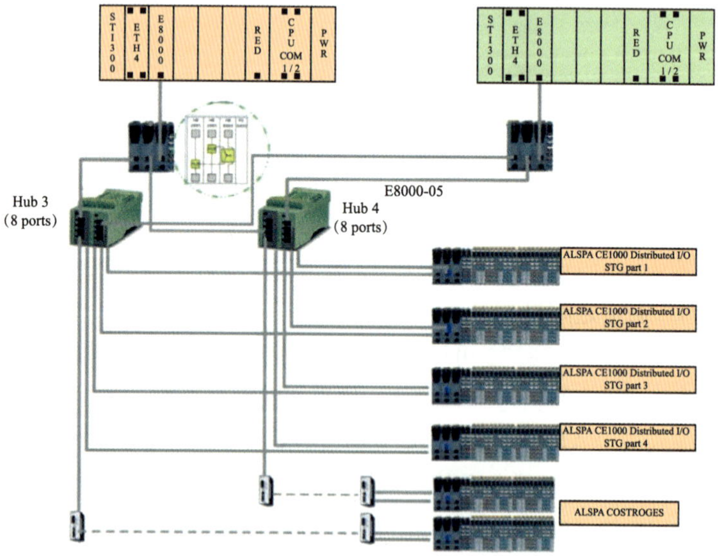

图 2-10 E8000 网络架构示意图

2.1.13　CE3500 的作用及架构

CE3500 执行 GSE 的保护功能，包括信号采集、逻辑处理及保护命令输出。CE3500 采用三重冗余 TMR 技术（Triple Modular Redundancy），信号的采集、处理、逻辑判断、总线、CPU、输出等均采用硬件三重冗余处理，保证工作的正确和稳定。

如图 2-11 所示，CE3500 由 1 个 TMR 处理器模块（T8110B）、两个通讯模块（T8151B）、两个数字量输入模块（T8403）、1 个模拟量输入模块（T8431）、和 1 个数字量输出模块（T8451）组成。同时机架上还留有 1 个 TMR 处理器备用插槽和两个 IO 备用插槽。

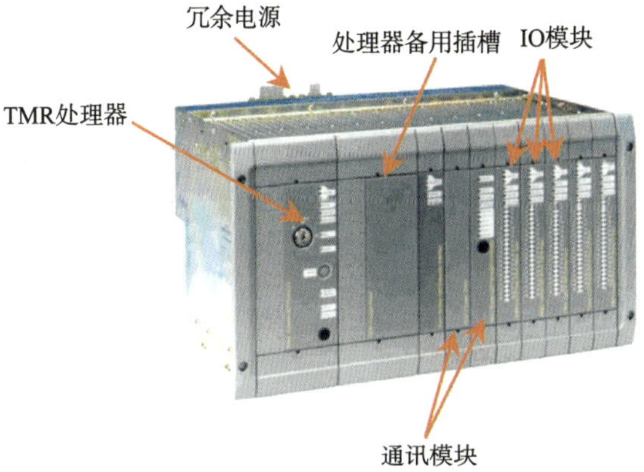

图 2-11　CE3500 的结构图

① CPU 模块 T8110B。它符合 TMR（Triple Modular Redundant），由 3 个相同的处理器组成，3 个处理器集成在一个卡件上，实现硬件的 3 取 2 冗余，符合 SIL3 安全标准。支持热插拔，且更换模块不需要进行程序下装或组态。

② DI 模块 T8403。支持 40 通道的数字量输入采集，有自测试和诊断功能，支持热插拔，符合 SIL3 安全标准。

③ DO 模块 T8451。支持 40 通道的数字量输出，有自测试和诊断功能，支持热插拔，符合 SIL3 安全标准。

④ AI 模块 T8431。支持 40 通道的模拟量输入，有自测试和诊断功能，支持热插拔，符合 SIL3 安全标准。

⑤ 通讯模块 T8151B。支持热插拔，符合 SIL3 安全标准，用于 CE3500 与 MFC3000 的网络通讯。

2.1.14　P8000 网络架构及作用

如图 2-12 CE3500 通过通讯模块 T8151B 经过两个 RS-20 交换机与两个 MFC3000

连接，以保证任一 MFC3000 工作时，都能与 CE3500 通讯。两个 RS-20 交换机之间有同步连接，确保二者冗余配置，CE3500 与 DCS 之间的通讯，通过该网络连接以及 MFC3000 与 DCS 的连接实现的。

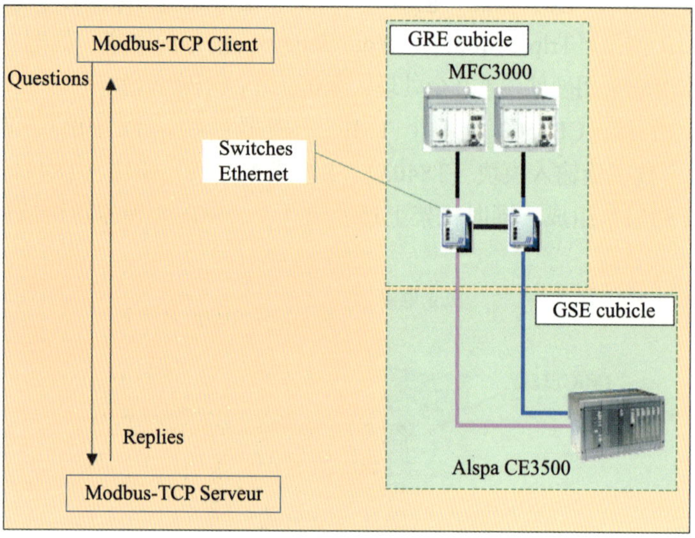

图 2-12　P8000 网络的结构图

2.1.15　FT3100 的作用及架构

转速保护模块是 Jaquet FT3100。Jaquet 包括 3 个独立的转速采集通道，采集和监测 3 个用于保护的 GSE1140/41/42MC 转速探头的频率信号，并送一个常开节点到停机回路。它符合 SIL3 标准并可以热插拔。该模件及备件均由厂家预设置，电厂没有设置或维修的资质。

面板上包括电源监视、模块状态、探头状态、正反转状态、超速监测、探头频率、测点等。转速探头将频率信号送至 Jaquet，经过 110.4% 的超速阈值判断，并将开关量信号送至 CE3500。

2.1.16　人机界面的组成及作用

人机界面主要包括 1 台操作员站和 1 台工程师站。

操纵员站是 controsteam 的操作界面，具备 GRE/GSE/GEX/GSS 系统参数监视、设备操作、系统配置（例如 GRE 一次调频环节的死区环节及滤波环节的选择）等功能。同时操纵员站有历史记录功能，它能够以曲线或数据的方式存储一定时期内的数据，并带有时间标签，便于对机组事件的分析。

正常运行时，TPCS 接受 DCS（主控室）的控制指令，HMI 站操作功能处于闭锁状态，当主控室给出允许切换信号或 DCS 网络通讯出现故障时，可以将 TPCS 切换到 HMI 站控制。

工程师站是 controsteam 的维护工具，其内置的 ControCAD（CCAD）工程师站软件，通过 5 层授权管理，完成设计、组态、下装、调试、维护、数据交换、文件生成等功能。

2.1.17　GRE 阀门模块（Vickers）的工作原理

GRE 调节阀油动机操纵，每个油动机上都安装有试验电磁阀（EVS）、比例电磁阀（EVP）、控制油卸荷阀（CVP）、安全油卸荷阀（CVS）如图 2-13 所示。调节阀油动机安装有比例阀，每个比例阀独立使用一块 Vickers 卡。Vickers 卡接收 GRE 控制器产生的阀门开度指令信号与就地阀门开度反馈信号，这两个信号的偏差经过卡件的 PID 模块、死区调整模块后送往 GRE 调节阀的比例阀。

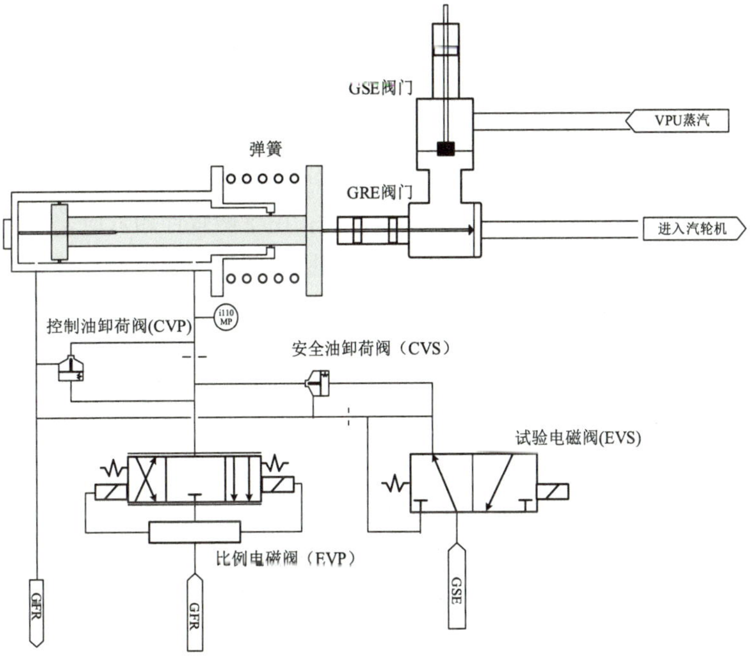

图 2-13　GRE 调节阀原理示意图

比例阀由主要由三部分组成：先导阀、主换向阀、减压阀。先导阀与主换向阀各自有 LVDT 位置反馈。LVDT 位置反馈探头的工作原理是铁芯可动变压器，由一个初级线圈、两个次级线圈、铁芯、线圈骨架、外壳等部件组成，如图 2-14 所示。初级线圈、次级线圈分布在线圈骨架上，线圈内部有一个可自由移动的杆状铁芯。当铁芯处于中间位置时，两个次级线圈产生的感应电动势相等，这样输出电压为零；当铁芯在线圈内部移动并偏离中心位置时，两个线圈产生的感应电动势不等，有电压输出，其电压大小取决于位移量的大小。

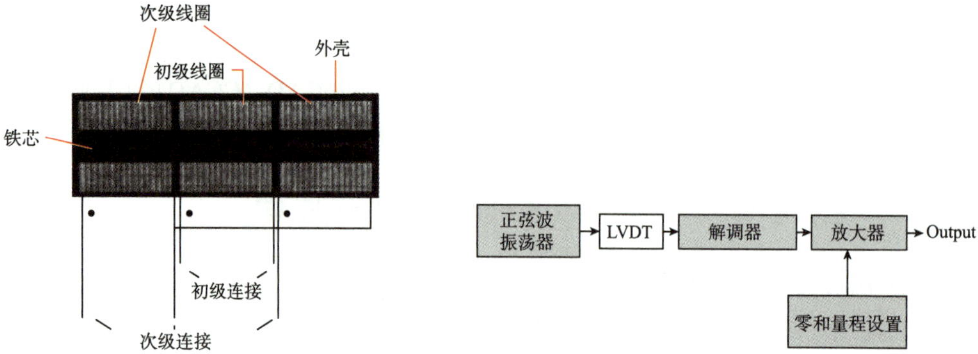

图2-14　LVDT结构和原理

GRE/GSE 汽轮机进汽阀门传感器均采用巴鲁夫公司生产的 BTL5 系列位置传感器。BTL5 位置传感器采用磁致伸缩测量原理进行测量，通过监测固定在阀杆上的磁环，来测量阀门的位置。每个位置传感器包含 3 个测量通道，每个测量通道由独立的测量探杆和独立的测量电路构成。

测量探杆的结构和原理如图 2-15 所示。初始电流脉冲通过铜导线，在波导管外产生一个圆周磁场，该磁场在磁环位置受到磁场作用，由于磁致伸缩效应，波导管内会产生一个向两侧传导的机械波，一侧经过阻尼元件被吸收，另一侧被信号转换器探测。由于机械波沿导波管传输的速度和电流的速度恒定，受外部环境影响小，所以通过测量产生初始脉冲到接收到返回机械波的时间差可以精确计算到磁环所在的位置。

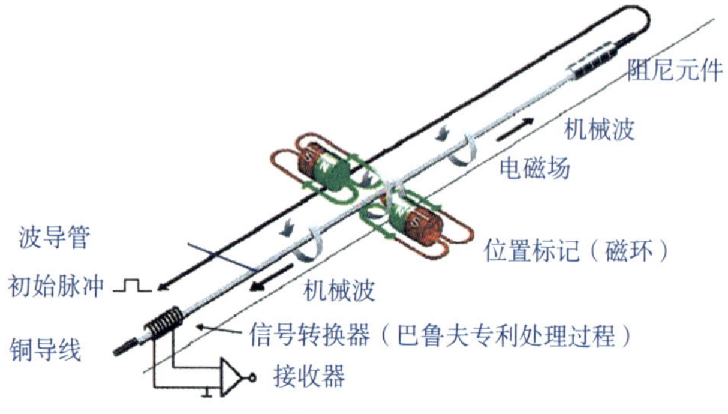

图2-15　巴鲁夫BTL5系列测量探头原理

GRE 阀位探头发出电流信号与阀位的需求电流信号相比，得到控制偏差，通过 VICKERS 的 PID 调节、死区等模块，并减去比例阀先导阀位置信号和比例阀主阀位置信号的前馈，最终生成输出控制命令，如图 2-16 所示。

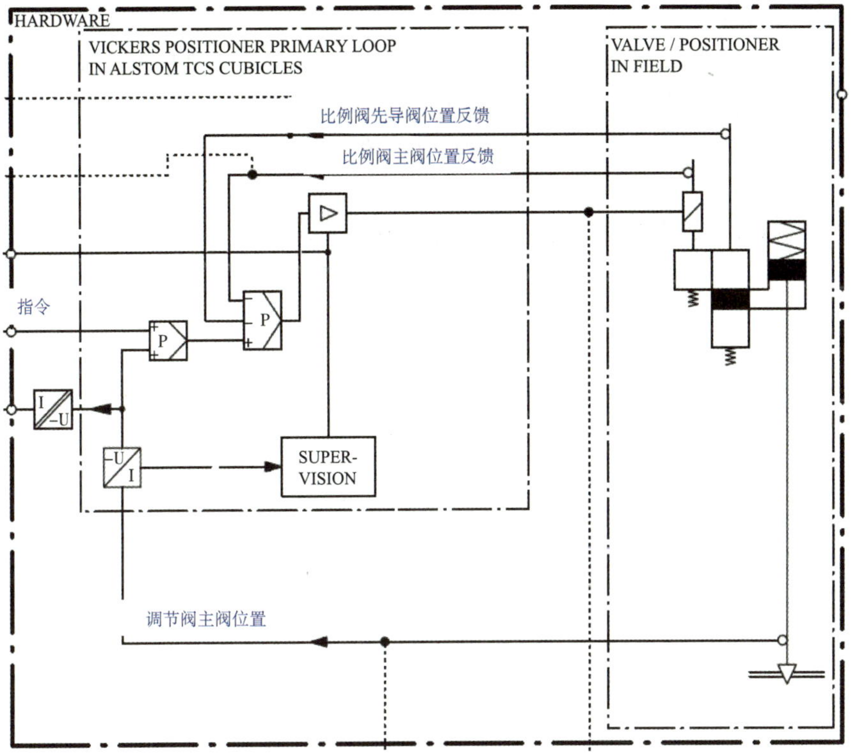

图 2-16　Vickers 控制原理图

在模块的前面板可对死区、命令斜坡、PID 参数等进行调整，并可读取内部点的信号。在右上部有一个切换开关，平时置于 AUTO 位置。切换到 TEST VALVE 位置时，旁路实际命令和内部控制器，而由测试电位器模拟控制命令，测试阀门的动作。切换到 TEST LOOP 位置时，旁路实际控制命令，由测试电位器模拟控制命令，经内部控制器作用后，输出到阀门上，以测试内部控制器的作用。

2.2　故障处理

2.2.1　MFC3000 在线下装和离线下装

在 MFC3000 运行过程中，如果需要不停止运行而进行程序的修改及下装，要选择在线下装。在线下装先下装备用控制器，然后主从控制器切换，再下装新的备用控制器（原主控制器）。否则需要停止 MFC3000 的运行进行离线下装。在线下装分为全冗余和部分冗余两种，全冗余时逻辑修改作用于已经存在的参数上，且从主控制器上获取最新的数值。部分冗余逻辑修改作用于新参数上，只能从数据库中获取数值，并不一定是最新的。汽轮机运行情况下使用全冗余模式。

在将 MFC3000 的硬件安放在机架上后，如果是首次安装或是固件有重大更新，或是更换新的 CF 卡，需要对 MFC3000 的固件进行初始化下装并对控制器进行离线下装。其他情况下，如更换所有模块，都不需要下装固件。

2. 2. 2　MFC3000 的故障对机组的影响及应对措施

MFC3000 配置了两个互为冗余的 MFC3000 控制器，正常运行时一个为主控制器，另外一个处于热备用状态。主控制器负责收发工程师站、HMI、DCS 等上层信号信号、收发下层 IO 信号；从控制器只接收，不发送。两个控制器独立计算，通过同步网线将主控制器的设置和设置值同步到从控制器。

MFC 故障将产生 GRE1121KA 的报警，但该报警是综合报警，触发后还需要就地确认故障情况。

【案例】主控触发 GRE1121KA（TPCS 故障），按报警卡未发现异常。专业人员检查后答复 HF-厂房的工程师站蓝屏导致报警触发，原因为显卡老化，故障影响动态启动和 P320 参数下装，故障处理前主控需加强 GRE、GSE 阀门监视。

MFC3000 的故障类型及影响如表 2-1 所示。

表 2-1　MFC3000 的故障类型及影响

序号	故障类型	故障影响
1	CPU 故障失去	如果主 CPU 故障，则主从切换； 如果处于备用状态的 MFC3000 控制器发生异常则对机组运行无直接影响，但是将导致 MFC3000 失去冗余，此时如果主 MFC3000 控制器也发生异常，将导致汽轮机触发停机
2	RND 冗余模块故障	不影响 MFC3000 的功能，但是主控制器发生故障时主从无法切换
3	E8000 链路模块故障	与 E8000 的连接失去冗余，如果主控制器的 E8000 链路模块故障则主从切换
4	P8000 ETH 以太网模块故障	与 P8000 的连接失去冗余，如果主控制器的 P8000 网络模块故障则主从切换
5	STI300 故障	对应的 MFC3000 无法获取转速测量信号，如果主 CPU 的 STI300 故障则主从切换

当主控制器无法直接通过相应接口接收 STI/E8000/P8000/S8000/5 s 脉冲时（即非通过同步网线获得），进行主从切换，若主从控制器分别同时有多种故障，优先级从高到底为：STI/E8000/P8000/S8000/5 s 脉冲。当触发主从切换时，马上切换，不需要再重新初始化计算。

针对 CPU 的 CF 存储卡故障需要更换的情况，更换后需要对 CPU 进行初始化下装，初始化下装完成后，从 CPU 将通过 CPU 间的冗余连接装置自动同步，同步完成后作为从 CPU 处于备用状态。针对其他模块的故障，更换完成后不需要进行下装。

【案例】某机组主控出现 GSE001KA 报警，专业人员持票进行 GRE 系统 STG2 控制器更换工作，随后工作人员对控制器上电后，该控制器输出卡非预期触发汽轮机已跳闸信号送至 DCS，导致了汽轮机跳闸。

经排查和验证，STG2 控制器非预期触发汽轮机已跳闸信号的原因是：汽轮机调节控制器新备件在仪控实验室汽轮机控制最小系统进行了初始化下装并验证，保留了最小系统的机组状态信号（停机状态），当该新备件在现场安装上电后保留的机组停机信号输出至 DCS 系统，导致常规岛设备按照停机状态自动动作。

该事件中，在更换 STG2 的过程中，由于控制器记忆了跳闸信号，导致上电后将该调节动作输出，从而导致了汽轮机跳闸，并最终触发了停机。台山 MFC3000 控制器与事件中的控制器类型不一样，MFC3000 只有主控制器发送指令，故障控制器更换后成为从控制器，从控制器不发送命令，同时从控制器会自动同步主控制器的数据，只有待主从控制器数据完全同步后才允许主从切换，因此理论上不会误发信号。在实际的工作过程中，如果出现类似的情况，应对该风险进一步澄清和分析，采取兜底措施，避免新更换 MFC3000 模块误发信号导致触发停机，或误记忆信号导致后续主从切换时触发停机。

【案例】主控触发 GRE1121KA（TPCS 故障），检查 GRE 运行未见异常，无相关仪控报警，专业人员检查后答复 GRE TPCS 两路控制器短时不同步（10 ms）导致。

MFC3000 配置了两个互为冗余 MFC3000 控制器，正常运行时一个为主控制器，另外一个处于热备用状态。两个控制器独立计算，通过同步网线将主控制器的设置和设置值同步到从控制器。如果同步故障将导致两个 CPU 的状态不一致，从而导致故障时无法进行主从切换。

针对 STI300 卡件故障，可以通过面板上指示灯的状态判断故障的类型，如图 2-17 所示。

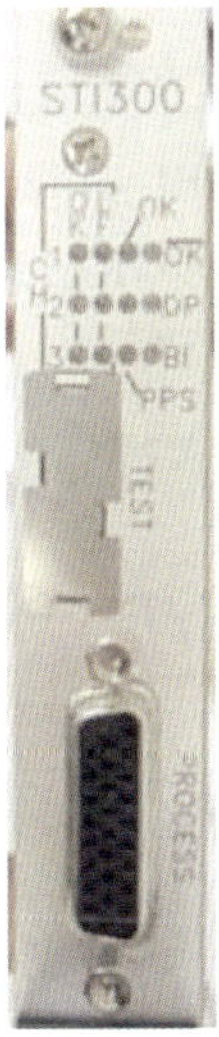

OK1 OK2 OK3	green	No Wire Failure detected
LF1 LF2 LF3	red	Wire Failure detected
OK	green	Module OK
OK/	red	Module not OK
DP	red	PCI default
PPS	orange	External Power Supply detected
BI	orange	Board initialized

图 2-17　STI300 面板示意图

红灯时如果通过拔插卡件、重新接线仍无法恢复正常，则考虑更换板卡。如故障仍未消失，进一步检查线路。

2.2.3 GRE1130/31/32MC 故障或 STI300 对应通道故障的影响

STI 卡采集 GRE1130/31/32MC 用于转速控制及一次调频控制，同时探头的无效信号也参与到了停机的逻辑。根据设计，正常运行时三个探头取平均值生成汽轮机转速实测值，参与 GRE 的逻辑运算。在 GRE 的运算逻辑中采用了图 2-18 所示模块。

其中 IN1/IN2/IN3 为 GRE1130/31/32MC 的输入，IV1/IV2/IV3 为信号的无效状态，RE 为信号的输出，DF1/DF2/DF3 分别表征有几级探头故障，MXDV 为探头之间的偏差阈值，目前设置为 0.2%，即 3 r/min。该模块对转速的处理逻辑较为复杂，下面分为多种情况进行描述。

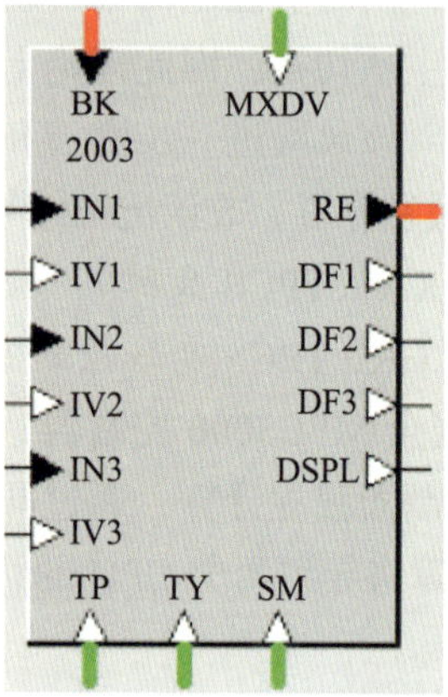

图 2-18　GRE 1130/31/32MC 转速处理模块

（1）IV1/IV2/IV3=0，且满足 ABS（IN1−IN2）＜3 且 ABS（IN2−IN3）＜3 且 ABS（IN3−IN1）＜3，此时，RE=（IN1+IN2+IN3）/3，DF1=DF2=DF3=0。

（2）DF1=1 且 DF2=DF3=0，在就地 HMI 站触发 GRE1109KA，针对探头无效的情况，在 PICS 对应探头的 KM 将变为无效。

情况 1：一个探头无效，即 IV1=1 或 IV2=1 或 IV3=1，此时，RE=剩下两个有效探头的平均值。

情况 2：所有探头都有效，即 IV1/IV2/IV3=0，IN1/IN2/IN3 两组之间的偏差＞0.2%，将与次大值偏离更大的值剔出，剩下两个值取平均值：

· ABS（IN1−IN2）＞0.2% 且 ABS（IN3−IN1）＞0.2%，则 IN1 与 IN2 和 IN3 的偏差大，此时，RE=（IN2+IN3）/2。

· ABS（IN1−IN2）＞0.2% 且 ABS（IN2−IN3）＞0.2%，则 IN2 与 IN1 和 IN3 的偏差大，此时，RE=（IN1+IN3）/2。

· ABS（IN2−IN3）>0.2% 且 ABS（IN3−IN1）>0.2%，则 IN3 与 IN1 和 IN2 的偏差大，此时，RE=（IN1+IN2）/2。

情况 3：所有探头都有效，即 IV1/IV2/IV3=0，IN1/IN2/IN3 两两之间偏差仅有一组的偏差>3 r/min：

· ABS（IN1−IN2）>0.2% 或 ABS（IN2−IN3）>0.2% 或 ABS（IN3−IN1）>0.2%，此时，RE=（IN1+IN2+IN3）/3。

（3）DF1=DF2=1 且 DF3=0。

两个探头无效，RE 等于后备值，目前设置为 2 025 r/min，同时将触发汽轮机停机。

（4）DF1=DF2=DF3=1。

情况 1：三个探头无效，此时，RE 等于后备值，目前设置为 2 025 r/min，同时将触发汽轮机停机。

情况 2：一个探头无效，剩下两个探头偏差>0.2%，此时，RE 等于后备值，目前设置为 2 025 r/min。

情况 3：所有探头有效，探头之间两两偏差>0.2%，即 ABS（IN1−IN2）>0.2% 且 ABS（IN2−IN3）>0.2% 且 ABS（IN3−IN1）>0.2%，此时，RE 等于后备值，目前设置为 2 025 r/min。

针对两个及以上探头故障的情况，汽轮机将直接停机；针对其他情况，如果汽轮机的转速被切换到 2 025 r/min，则将触发汽轮机超速和超加速保护动作，从而将汽轮机的进气调节阀关闭，汽轮机将由于逆功率保护跳闸。因此，当机组上出现一个探头无效，或者两个探头之间偏差大约 3 r/min 的工况时，需要尽快要求专业人员进行故障处理，避免由于其他卡件或探头的故障导致汽轮机停机。

设计上还有一个备用探头 GRE1133MC，该探头在逻辑中无法查到，但在现场实际已安装，因此如果其他探头出现故障时，可以考虑使用该备用探头对故障探头进行替换。

2.2.4　CE1000 的故障对机组的影响及应对措施

CE1000 的 IO 卡件用来实现数据采集和命令输出功能，如知识点“CE1000 的作用及架构”中介绍，CE1000 共有数字量输入卡件 DI9371、数字量输出卡件 DO8332、模拟量输入模块 AI4632、模拟量输出卡件 AO4632。这些 IO 卡件没有冗余设置，因此单个卡件的故障将影响该卡件对应的采集信号及输出信号。表 2-2 给出了 CE1000 的故障类型及影响。

CE1000 通过在 4 列的分开布置，避免共模故障的产生。CE1000 的所有模块均可热插拔，但卡件拔出将导致采集的信号无效或导致输出信号变为“0”，因此在卡件插拔前需要做好风险分析并采取相应的措施。

表 2-2　CE1000 的故障类型及影响

序号	故障类型	故障影响
1	电源模块	PS9400是为BC 8084供电的，如果故障，BC 8084就不能正常工作，从而导致该层CE1000故障
		PS3300是为其他IO卡件供电的，每列的CE1000机柜共配置了两个PS3300，这两个PS模块向不同的IO卡件供电，如果PS模块故障导致其供电的IO卡件功能受到影响
2	2个路由器（HB2885） 1个链路选择器（BC8084）	路由器冗余配置，一个故障无影响；两个故障则导致MFC3000与CE1000之间的通讯失去，采集的信号无法送到MFC3000，同时输出到现场的指令将变为0，从而导致GRE一列的中压缸和高压缸调节阀关闭
		链路选择器故障的情况，根据故障的严重程度，可能导致MFC3000与CE1000之间的通讯失去，现象和两个路由器故障一样
3	DI/DO/AI/AO模块故障	这些IO卡件没有冗余设置，因此单个卡件的故障将影响该卡件对应的采集信号及输出信号，从而对系统的控制和保护产生一定影响

2.2.5　CE3500 的故障对机组的影响及应对措施

CPU 模块 T8110B。它符合 TMR，由 3 个相同的处理器组成，实现硬件的 3 取 2 冗余，符合 SIL3 安全标准。支持热插拔，且更换模块不需要进行程序下装或组态。

CE3500 的故障类型及影响如表 2-3 所示。

表 2-3　CE3500 的故障类型及影响

序号	故障类型	故障影响
1	CPU模块T8110B故障失去	CPU为三重冗余配置，一列故障无影响，但是如果剩下两个中一个故障将导致停机触发
2	通讯模块T8151B 故障	冗余配置，失去一个无影响，CE3500与MFC3000的网络通讯失去冗余； 失去两个将导致CE3500与MFC3000的网络通讯完全失去，导致PICS上无法监视停机相关信号
3	DI/DO/AI模块故障	GSE的停机逻辑多为3取2逻辑，这些信号布置在DI/DO/AO模块的不同通道上，一个通道故障导致逻辑降级；如果两个通道故障则可能导致停机

CE3500 的结构如图 2-19 所示。

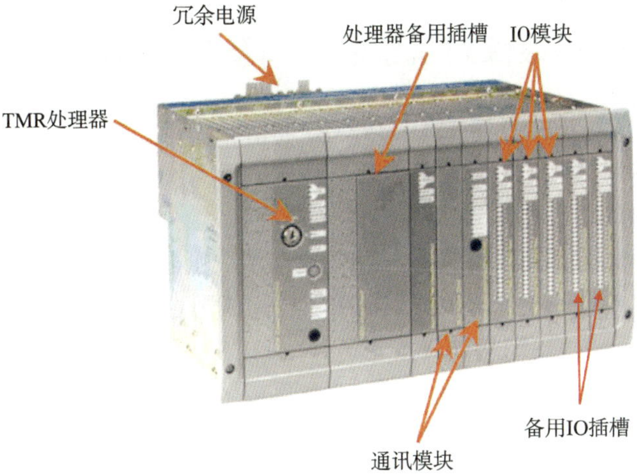

图2-19　CE3500的结构图

针对 CPU 模块 T8110B，其由 3 个相同的处理器组成，但 3 个处理器集成在一个卡件上，如果需要更换的话需要同时更换。电厂维修人员只能用专用钥匙进行模块的更换工作，不具备逻辑修改和硬件修理的资质。如果一个 CPU 故障时，更换流程如下：

将新的 TMR 处理器插入预留的处理器备用插槽，此时二者将自动进行数据复制，完成后将旧模块取下，新模块将自动工作。一般情况下，此时还需要将一块新的 TMR 处理器插入原故障处理器的位置，二者也将自动进行数据复制，随后可以将备用插槽的 TMR 处理器拔出，保持备用状态。由于切换过程中涉及两次同步，一旦同步失败则有停机的风险，因此在功率运行期间更换有较大风险。

针对 DI/DO/AI 模块故障，由于 CE3500 仅由两个数字量输入模块（T8403）、1 个模拟量输入模块（T8431）、和 1 个数字量输出模块（T8451）组成，以模拟量为列，所有的模拟量采集都在同一个卡件上（不同的通道上），如果将该卡件拔出，则对应几列的保护信号都将触发，从而导致停机。

如果卡件的一个通道故障需要更换，与 TMR 更换的情况基本类似，不同的是在 I/O 卡件的预留备用插槽没有预先布置同步网线，因此需要更换时操作步骤如下：

将新的卡件模块插入预留插槽，并在背板处用专用电缆连接新旧模块，此时二者将自动进行数据复制，完成后将旧模块取下，新模块将自动工作。预留插槽处的模块只作临时使用，当问题解决后，需要用另一完好的模块插入原位（位置不能改变），并用专用电缆完成数据复制，完成后将预留插槽处的模块取下。由于切换过程中涉及两次同步，一旦同步失败则有停机的风险，因此在功率运行期间更换有较大风险。

针对通讯模块 T8151B 故障，设计上支持热插拔所以可以直接进行更换。

2.2.6 FT3100 的故障对机组的影响及应对措施

FT3100 用来采集 GSE1140/1141/1142MC 的信号，每个探头对应一个采集卡件，采集的信号与 110.4% 的阈值进行比较，如果转速大于阈值，则经过 3 取 2 直接发出停机指令到控制电磁阀的继电器，触发汽轮机停机。

如果一个探头故障或者一个探头输出超过阈值，则剩下两个探头的逻辑则由 3 取 2 变为 2 取 1，此时再有一个探头故障或输出超过阈值则直接触发停机。当一个探头出现故障后，在就地将产生 GSE1131KA 的报警，在 PICS 的画面上将触发 GSE1192KS。

如果故障是由于 JAQUET 卡件故障导致则需要及时进行故障排查，如果确认卡件故障需要更换，则需要进行卡件的更换，由于该 FT3100 卡件支持热插拔，因此可以直接进行更换，但是卡件拔出将导致对应的通道触发不可用状态，因此要做好风险分析，避免信号误动导致停机。

设计上还有一个备用探头 GSE1143MC，该探头在逻辑中无法查到，但在现场实际已安装，因此如果其他探头出现故障时，可以考虑使用该备用探头对故障探头进行替换。

2.2.7 Vickers 模块故障对机组的影响及应对措施

Vickers 模块用于采集高中压缸调节阀的阀位信号及向这些阀门提供控制指令，如果该模块出现故障则将影响对应阀门的控制功能，例如导致对应的阀门异常动作（开大及关小，甚至全关），从而导致机组功率出现波动，如果多列的 Vickers 模块及 GRE 主阀或比例阀相关故障，则可能触发停机；同时故障也可能导致阀门不响应调节。机组上（包括外基地）Vickers 及 GRE 主阀或比例阀相关故障主要包括：Vickers 卡件故障，比例阀卡涩，比例阀先导阀位置反馈故障或接线松动，比例阀故障，主阀位置传感器故障。

【案例】GRE 系统挂闸后 GRE2140VV 异常开启，导致汽轮机转速由 8 r/min 升至 12 r/min，后就地手动打闸，调试人员现场检查 GRE2140VV 异常全开的原因是 GRE2140VV 比例阀的先导阀 GRE2148MM 的三个线芯（0 V、LVDT、15 V）中，0 V 回路断路引起。

【案例】主控出现 GSE2250KA，Vickers 主控核查 GRE2220VV 由 100% 开度变为 0% 开度，现场操作员检查后反馈就地无漏油情况，GRE2220VV 阀位显示关闭。专业人员在 P320 机柜 GRE1001AR2 发现 Vickers 卡 5 号红灯闪亮，代表比例阀先导阀或主阀反馈任一 LVDT 故障。

本次事件中专业人员进一步检查发现，比例阀先导阀阀位反馈模块电路板上运算放大器 TL074I 芯片由于制造缺陷产生的分层缺陷是造成 GRE2220VV 先导阀阀位反馈模块故障的根本原因。比例阀先导阀阀位反馈模块故障，将会发出错误的阀位反馈信号至 Vickers 控制回路，控制回路受到错误反馈信号的干扰，使控制回路发出错误的指令信号至比例阀，引起比例阀误动作，从而使 GRE2220VV 阀门异动，GRE2220VV 快速关闭触发 GRE 阀门指令与反馈偏差大于 20% 延时 3 s，试验电磁阀励磁 5 s 快关阀门，同时 Vickers 卡“release”置 0，GRE2220VV 阀门保持全关状态。

从上面案例可以看出，Vickers 及其采集信号故障将导致 GRE 调节阀的误动作，从而对机组产生影响，有两个点需要特别注意：

· 如果机组处于直接模式，一个 GRE 阀门突然关闭或突然开大，则将直接影响汽轮机功率的变化，同时其他阀门不会自动补偿该功率变化，除了对汽轮机功率产生扰动外，对一回路也将产生重要影响，例如满功率时 GRE 的一个调节阀突然关闭，原则上汽轮机功率将直接降低 25% 左右，从而导致一回路功率快速下降，对一回路产生一个很大的扰动；同理，故障恢复时也需要特别注意，需要缓慢恢复，确保切换过程平稳，实现无扰切换。针对阀门类故障，专业部门联合编制了台山 GRE/GSE 阀门各类故障紧急处理预案，出现问题时应参照预案进行控制。

· 除了参与控制功能外，GRE 的中压缸调节阀阀位也参与了汽轮机保护逻辑；GRE 的中压缸调节阀阀位与需求偏差 >10% 延时 10 s、阀位 >103% 或 阀位<−3% 或 阀位信号故障延时 0. 2 s 触发 ICV LOOP DIS 的信号，就地触发 GRE220i KA，如果两列中压缸调节阀触发故障信号，或者一个中压缸调节故障，叠加其他列中压缸截止阀故障①触发停机信号。因此，一列中压缸调节阀故障的情况下，要密切监视其他列的调节阀及截止阀的情况，避免误触发停机信号。同理，中压缸截止阀故障时，也要密切监视其他列的调节阀及截止阀的情况，避免误触发停机信号。

2. 2. 8 人机界面的故障对机组的影响及应对措施

HMI 站故障对机组的影响包括：

① 汽轮机监控失去后备手段；

② 无法查询 P320 完整日志和数据信息（P320 未将所有信息送主控，一些信息需要 HMI 站查询）；

③ 由 HMI 站电脑时钟对 P320 控制器授时变为 GRE 控制器内部时钟授时。

【案例】专业人员巡视发现 P320 就地 HMI 操作员站（在 HF 厂房内）的画面提示“connectting to PC0051（127. 0. 0. 1）“报警信息，GRE 控制器报警日志里发现有“loss of time message”（丢失时间校时信号）信息。检查 HMI 站监控画面数据变灰无法刷新，HMI 站日志也无法时时更新且存在无法连接历史数据库。判断为 HMI 站服务器软件运行异常，需要重启 HMI 站电脑，恢复 CIS 软件正常运行。

事件中由于 HMI 站软件故障导致 HMI 失去监控功能。

HMI 站重启后恢复正常且连接 S8000 网络，则由 HMI 服务器时钟对 GRE 控制器进

① 注：中压缸截止阀故障的信号：阀位>103% 或阀位<−3% 或阀位信号故障延时 0. 2 s。

行授时。如果 HMI 站服务器重启后时钟与 GRE 控制器时钟偏差超过 30 s，有导致 P320 与 DCS 通讯失去一路或失去两路 54 s 风险，触发 2KCM0588KA 或 KCM0589KA。为了控制以上风险，则需要重启 HMI 服务器之前断开 HMI 服务器 S8000 网线；重启后确认 HMI 服务器与控制器时间基本一致后再恢复 S8000 网线。

2.2.9　P320 系统的网络故障对机组的影响及应对措施

（1）S8000 网络故障

S8000 网络用于 HMI 站与 MFC3000 之间的通讯，网络采用冗余的 RS20 交换机配置而成，与 MFC3000 主控制器直接相连的交换机故障时会引起 MFC3000 控制器切换，不与主 MFC3000 控制器直接相连的交换机故障仅导致通讯的冗余降低，如果两个冗余的 RS20 交换机故障则导致 S8000 与 MFC3000 的通讯失去。

如果 S8000 网络失去，可能产生影响包括：

① 无法通过 HMI 站监视 TPCS 及 GEX，GRE\GSS\GSE 系统的运行情况及报警信息，也无法通过 HMI 站对 TPCS 进行参数修改及状态配置；

② NTP 时钟无法通过 HMI 站向 MFC3000 进行授时，HMI 站也无法向 MFC3000 授时，MFC3000 需要内部执行器自行授时，可能导致 MFC3000 与 DCS 的时间产生偏差；

③ 导致 MFC3000 网络与 DCS 系统的网络通讯失去冗余，即如果与 DCS 相连的 RS20 交换机发生单一故障，则 MFC3000 与 DCS 之间的通讯将完全失去。

【案例】主控触发 GRE1121KA，工程师站、操作员站与控制器失去连接，专业人员检查后确认 S8000 网络异常。HMI 站灰色全部坏点，无法记录历史数据和报警。工程师站失去连接，无法查看控制器状态和报警。主控制与从控制器与其他网络（E8000、P8000 网）连接始终正常。

事件中 S8000 网络异常的原因为：DTV 系统改造，对 NTP 信号增加监视设备，使用了 195. 0. 0. 1 的 IP，与 S8000 的网关重复，导致 IP 地址冲突，引起通讯异常。针对该异常，专业人员在大修期间进行了测试，测试结果如表 2-4 所示。

表 2-4　S8000 网络故障的系统相应测试

序号	测试情况	NTP 未断开时 S8000 网络故障		断开 DTV，重启控制器，系统恢复（和之前 NTP 正常时的情况一致）
		控制器连接 S8000 网线	控制器断开 S8000 网线	
1	主 CPU 失 E8000 通讯	正常，切 CPU	正常，切 CPU	正常，切 CPU
2	主 CPU 失 P8000 通讯	未切主从，P8000 相关的网络通讯点在 DCS 变坏点，硬接线点正常	同左	等 10 s 切主从
3	主 CPU 失 IEC104 通讯	未切主从，所有网络通讯点在 DCS 变坏点，硬接线点正常	同左	KCM 发 0588KA，通讯正常，不切

续表

序号	测试情况	NTP未断开时S8000网络故障		断开DTV，重启控制器，系统恢复（和之前NTP正常时的情况一致）
		控制器连接S8000网线	控制器断开S8000网线	
4	从CPU失IEC104通讯	未切主从，所有网络通讯点在DCS变坏点，硬接线点正常	未做	KCM发0588KA，通讯正常，不切
5	主CPU断开S8000网	不切CPU	不切CPU	切主从

从上表可以看出：

在 S8000 网络有故障的同时，主 CPU 与 P8000 失去通讯，此时 MFC3000 并未进行主从切换。

在 S8000 网络有故障的情况下，MFC3000 网络与 DCS 系统的网络通讯失去冗余，即如果与 DCS 相连的 RS20 交换机发生单一故障，则 MFC3000 与 DCS 之间的通讯将完全失去或时断时续。

（2）E8000 网络故障

E8000 网络用于 MFC3000 和 CE1000 之间的信号传输，采用了冗余的网络配置，一个路由器故障或网络选择器故障仅导致网络冗余度降低，对机组没有影响，如果两个冗余模块全部故障则导致 MFC3000 和 CE1000 的通讯失去。设计上 CE3500 发出的脉冲信号（CTRL OK IMP OLC1/2/3）通过 3 路硬接线经过 CE1000 后送到 MFC3000，再沿着相反的路径返回 CE3500，如果通讯失去，则 CE3500 收到的脉冲信号也将变为 0，从而触发汽轮机停机。另外，当两路冗余 E8000 网均故障，也会导致 GRE 阀门因 Vickers 失去开阀指令而关闭，最终导致停机。

（3）P8000 网络故障

P8000 网络用于 CE3500 和 MFC3000 之间的网络信号传输，采用冗余的网络配置，一个路由器故障仅导致网络冗余度降低，对机组没有影响，如果两个冗余模块全部故障则导致 MFC3000 和 CE3500 的通讯失去，从而导致 PICS 上无法监视 GSE 系统相关的信号，所有 GSE 通讯相关的信号在主控室显示红框。

（4）IEC-870-104 网络故障

IEC-870-104 用于 TPCS 与 DCS 之间的网络信号传输，采用冗余的网络配置，一个路由器故障仅导致网络冗余度降低，对机组没有影响，如果两个冗余模块全部故障则导致 TPCS 与 DCS 之间的通讯失去，从而导致无法在主控室监视和控制 TPCS 系统及 GEX 系统。

【案例】PICS 出现大量 GRE/GSE/GSS/GEX 系统通讯点 channel fault 仪控报警，无 KCM0588KA 或 KCM0589KA 报警，GEX0001YC 页面参数显示红框，专业人员核实 P320 与 T2000 CM902 之间所有通讯点质量位短时故障并同时触发大量 channel fault 仪控报警。其中一些数值发生变化的通讯点“channel fault”仪控报警自动消失；绝大部分的通讯点因为数值稳定仪控报警不会自动消失，后续专业人员通过“强制当前值-解除强制”的操作恢复正常。

P320 至 DCS 之间共有 512 个网络通讯点，使用的是 IEC 60870. 5-104 通讯协议，只有当模拟量变化量超过刷新死区或开关量翻转时，才会发送数据刷新。P320 至 DCS 通讯故障质量位无效故障发生时，P320 与 DCS 之间通讯链路始终正常，当发生数据刷新后 channel fault 仪控报警能自动恢复正常。因此，发生此类质量位无效故障时，对机组不会引入瞬态波动，P320 与 DCS 通讯正常，主控指令能正常下发，不会影响机组控制，但 GRE、GSE、GEX、GSS（二级加热进汽调节阀）系统参数主控无法监视，此时需要在 P320 上就地监视这些参数。

【案例】某机组核功率 50%NP，电功率 504 MW，处于稳定运行状态。11:22，DCS 系统 65 号通讯站 A 机故障报警，B 机自动切换为主机，A 机在故障后 50 s 左右故障恢复，以从机模式开始运行。随后，汽轮机负荷迅速由 504 MW 降低到 20 MW，并最终触发了逆功率保护，汽轮发电机组跳闸。

后面分析原因是：A 机故障自动重启时由于 DCS 系统平台存在 Bug（通讯站初始化时数据溢出造成），导致汽轮机新蒸汽压力限制和蒸汽流量限制的整定值从 102% 突变为 0%，从而引发了后续的停机。

理论上，DCS 和 TPCS 之间的通讯失去后，机组将处于稳定状态运行，操纵员无法监视和控制汽轮机系统。在本事件中由于通讯站软件故障导致 A 站（相当于台山的 CM902-A）输出了错误指令，从而导致了事件的发生。实际上此时 A 站已经处于从机状态，但是 DCS 与 P320 采用了 IEC104 的通讯协议，根据该协议，不管 A/B 站的主从状态，二者都向 P320 的网关发生信号，而 P320 侧则采用变位信息采集数据，即把变化的数据采集到系统中使用，因此 A 站的数据发生了变化，而 B 站的数据没有变化，则以 A 站的数据为准，导致了停机的发生。

【案例】某机组主控触发 KCP992KA（TG 操作权限由 KIC 切换至 TCSOM）报警，并同时刷新 KCP913KA、KCP912KA、GRE937KA 报警恢复信号。随后 TCS（汽轮机控制系统）一层环网管理交换机 GSE002AR. PB01 频繁闪发“Non-recoverable ring error on port10”报警故障，GRE/GSE 控制器 AP1/2 与一层环网通讯异常，进而导致汽轮机供汽阀门关闭，GPA 系统触发发电机逆功率保护停机。

该机组汽轮机控制系统采用西门子 T2000 平台，因此事件中的网络通讯故障相当于 AP 于 Plant bus 的通讯故障，根据设计该电站的 Plant bus 为环网运行，理论上单点故障不会导致网络通讯故障，但是该事件中 GSE002AR. PB01 管理交换机的 P10 端口频繁闪发故障导致网络通讯出现拥堵，最终导致 GRE 的进汽阀门被赋予 0 的指令，并最终触发了停机。根据上面网络故障影响的分析，如果 E8000 网络故障导致通讯失去则将触发停机信号，机组上如果出现 E8000 的故障时需要考虑到网络同时失去的风险，采取有效措施确保切换到冗余网络运行。

【案例】某机组满功率运行，主控触发 KCP912/992KA 报警，汽轮机操作权限由 KIC 自动切换至 TCS，事件造成操纵员无法通过 KIC 对 TG 进行控制，需在 TCS 操作台进行控制，但 KIC 监视功能正常。

对于台山，如果机组上两个冗余模块（IEC-870-104）或与其连接的两个 CM104 模块全部故障，则导致 TPCS 与 DCS 之间的通讯失去，从而导致无法在主控室监视和控制 TPCS 系统及 GEX 系统。此时只能通过就地工程师站对汽轮机状态进行监视或执行相关操作。

2.2.10　TPCS 控制方式的切换（PICS 和 LOCAL 的切换）

正常运行时，操纵员通过 PICS 监视和控制 TPCS 系统，逻辑上设计了闭锁信号，闭锁在就地 HMI 站将 TPCS 控制切换到 LOCAL 控制。当出现以下 3 个信号时，闭锁信号消失，专业人员可以在 HMI 站将 TPCS 控制切换到 LOCAL 控制：

① TPCS 和 T2000 之间的生命信号变为 0（GRE1167HMS）；

② IEC104 内部产生的主从交换机连接同时失去；

③ 主控室将 GRE1102CG 置于 C2 位置（GRE1145HMS）。

其中前面两个信号都表明 TPCS 和 T2000 之间的通讯故障，第三个信号则正常情况下实现 PICS 和 LOCAL 模式切换的方式。

需要注意的是，针对网络通讯失去的情况，这两个信号仅仅给出了允许切换信号，TPCS 的控制还未切换到 LOCAL，因此在切换到 LOCAL 前存在一段时间，PICS 由于通讯故障无法控制 TPCS，同时未在 HMI 站切换到 LOCAL，因此也无法在就地控制。TPCS 在设计中考虑了该工况，采用了缺省值的设计确保了汽轮机运行状态的稳定。

针对通讯故障分为两种情况：

（1）如果通讯故障后，在就地 HMI 站将控制切换到了 LOCAL，通讯恢复后需要在 HMI 站将控制模式切换到 PICS，随后 TPCS 恢复 PICS 控制；

（2）如果通讯故障后，未在就地 HMI 站将控制切换到了 LOCAL，通讯恢复后 TPCS 自动恢复到 PICS 控制。

【案例】主控闪发 KCM0588KA（报警触发 54 s），查看 Logbook 显示 KCM0587/0589KS 触发，进一步查询 Logbook，触发过 KCM5199/6199 AP 冗余失去，专业人员检查后答复 KCM6199 为 CM902B 与 P320 通讯短时失去冗余（故障对应 KCM0587KS，而 KCM0589KS 为综合故障信息报警）。

【案例】主控巡盘发现，出现大量 GRE/GSE/GSS/GEX 系统“Channel fault”仪控报警，GEX0001YC 页面有大量参数显示红框，专业人员检查后答复红框及仪控报警为 P320 与 T2000 通讯偶发故障所致，对 GRE/GSE/GSS/GEX 系统控制无影响，操纵员要求专业人员就地对 GRE/GSE 系统状态进行监视，同时要求 OPE 对 GEX 系统持续监视。

上述的两个事件中，TPCS 和 DCS 失去了通讯，事件过程中机组状态稳定，在故障的过程中主控室无法有效监视和控制 GRE/GSE/GEX 等系统。在故障的处理过程中，应根据故障的类型与专业人员进一步核实，是否可能出现该事件中输出突然变化的情况，如果可能存在这种情况的话，可以考虑将控制从 PICS 切换到 LOCAL 进行控制，从而避免通讯基站误发信号。

【案例】某机组处于满功率运行状态，主控发现汽轮机转速从 1 500 r/min 突变为 0 r/min，KIC 上所有汽轮机系统画面显示源点故障报警。专业人员现场检查确认原因为 TCS 与 DCS 一层通讯网关 CM104-7A/B 内部软件故障触发通讯链路故障，导致汽轮机操作权限自动从 DCS 切换到 TCS。后续，专业人员完成 CM104-7A/B 故障处理后，将汽轮机操作权限从 TCS 切回 DCS。由于 TCS 和 DCS 两侧的高压缸进汽压力通讯点量程定值错误导致高压缸进汽压力限制定值从 6. 2 MPa 跳变为 6. 03 MPa，高压缸进汽压力控制模式生效，汽轮机组电功率从 1 089 MW 降至 1 078 MW，一次调频自动退出。

事件中 TCS 切回 DCS，高压缸入口压力限制定值由于量程转换问题导致跳变，从而导致汽轮机功率波动，因此在机组上，执行 LOCAL 和 PICS 控制的切换前一定要做好数据的分析对比，避免非预期工况的发生。

2. 2. 11　P320 系统的时钟信号故障对机组的影响

（1）NTP 时钟信号故障

NTP 用于给汽轮机的事件或报警添加与 DCS 主时钟一致的时间标签，必须通过 HMI 解码后送给 MFC3000，HMI 负责与 DTV 同步时间，NTP 断开后，HMI 失去与 DTV 的同步，但内部仍可授时，MFC3000 从 HMI 站获取时钟信号。

如果同时叠加 HMI 故障，则 MFC3000 自行授时，可能影响两个控制器自己的时间同步功能，从而造成两个控制器时间不一致，进一步可能因为时间偏差触发 DCS 通讯丢失。

（2）5 s 脉冲

5 s 脉冲用于 MFC3000 给汽轮机事件或报警进行排序，即使失去 NTP，只要 5 s 脉冲正常，排序仍然正确。

如果 5 s 脉冲信号失去，例如 RA165 模块故障，控制器不再与 HMI 同步时间，自走时，并影响两个控制器自己的时间同步功能，可能造成两个控制器时间不一致，不排除因为时间偏差触发 DCS 通讯丢失 54 s 的情况。

（3）IRIG-B 时间故障

GSE 相关网络信号无法打时标，不影响 GSE 的汽轮机保护功能。

2.2.12　安全模块故障的影响及应对措施

安全模块由三个电磁阀及对应的插装阀组成，根据 GSE 系统的冗余配置，一个电磁阀失磁或一个插装阀故障不会导致汽轮机停机，但是导致汽轮机误停机的可能增加，如果两个电磁阀失磁则直接触发停机，而两个插装阀故障则需要根据故障的插装阀来进一步分析。如图 2-20 所示，根据汽轮机安全模块的工作原理，如果 GSE1211 和 1222VH 同时开启、GSE1231 和 1212VII 同时开启，或 GSE1221 和 1232VH 同时开启将导致汽轮机停机。

因此如果机组上出现一个电磁阀故障失磁或插装阀误开启的情况需要尽快处理，处理的过程中要避免导致其他列失磁或阀门误动，从而避免机组误触发停机。

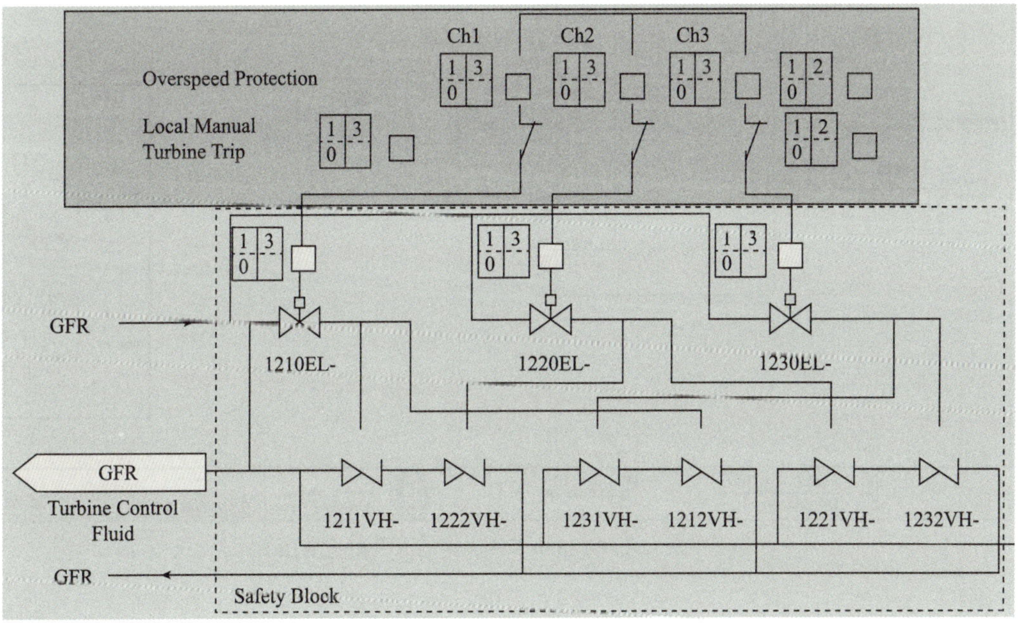

图 2-20　汽轮机安全模块的示意图

2.2.13 电源模块故障的影响及应对措施

P320 大部分模块的供电是通过双路 24 V 电源供电，如果一路电源故障不会直接产生影响，此时会产生 GSE1273KA 的报警，如果两路同时失去则导致对应的模块失去，根据模块承担功能可能导致产生停机的后果，例如 CE3500 的模拟量采集卡件故障则将导致停机。因此当报警出现后应及时定位故障点，采取措施确保另外一列供电的可靠性，在故障电源模块处理过程中做好风险分析和兜底措施，避免导致两列电源同时失去。

针对 T8850 卡件，该卡件又分为 5 个独立的个分区，每个分区通过独立的电源供电，但 1、3、4 分区最上游又通过一个总开关供电，该开关的故障将导致 T8850 卡件的 1、3、4 分区同时失电，TMR IMP OK 及 Turbine N-TRIP 信号失去，3 取 2 触发触发汽轮机停机。开关的位置如图 2-21 红框所示。

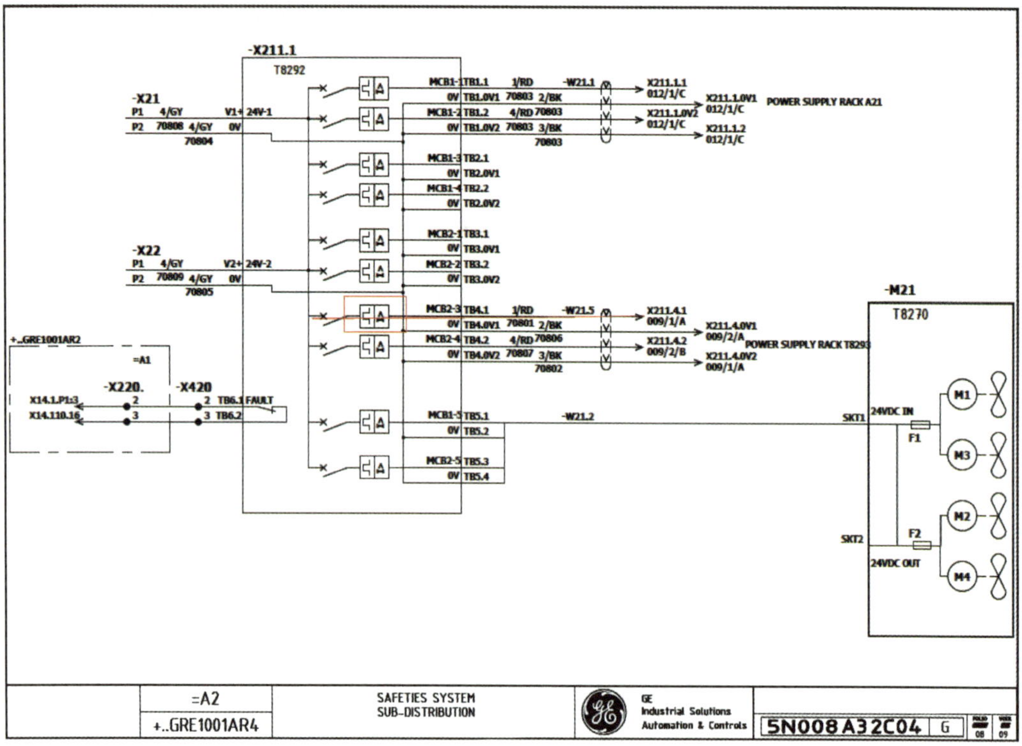

图 2-21　导致 T8850 卡件失电的开关的位置图

2.3 定期试验

P320 中仪控相关的试验如表 2-5 所示，用于验证 GSE 的保护通道及下游电磁阀和插装阀执行保护功能的情况，执行试验时，每次执行一列，从而避免保护信号的误触发。

表 2-5　P320 中仪控相关的试验

序号	试验编号	试验名称	风险及措施
1	T-OP-T-1-GSE-001	在线超速试验	试验过程中会将停机保护三个通道的一个通道触发，因此在试验前必须确保其他通道没有触发，并且确保第一个通道完全合格后才能开展下一个通道的试验，避免误触发停机信号
2	T-OP-T-1-GSE-002	外部保护试验	试验过程中会将两个 DCS 停机保护通道信号的一个通道触发，因此在试验前必须确保其他通道没有触发，并且确保第一个通道完全合格后才能开展下一个通道的试验，避免误触发停机信号
3	T-OP-T-1-GSE-003	汽轮机跳闸试验	若高中压缸阀门关闭不严，汽轮机速度有可能增加，转速上升时及时打闸汽轮机
4	T-OP-T-1-GSE-006	超速保护自动检测试验	同序号 1
5	T-OP-T-1-GSE-007	保护通道自动检测试验	同序号 1

【案例】执行 GSE007 试验过程中，当执行至第二组电磁阀（GSE1220EL，对应控制 GSE1221/1222VH 插装阀）试验时，GSE1221VH 插装阀打开后没有成功关闭，GSE1222VH 成功关闭，试验失败自动退出试验程序。

根据汽轮机安全模块的工作原理，如果 GSE1211 和 1222VH 同时开启、GSE1231 和 1212VH 同时开启，或 GSE1221 和 1232VH 同时开启将导致汽轮机停机，在事件中一个 GSE1220EL 控制 GSE1221/1222VH 插装阀，这两个阀门同时开启不会导致停机，但在试验过程中 GSE1221VH 插装阀打开后没有成功关闭，此时如果 GSE1232VH 由于故障开启则将导致汽轮机停机。因此当有一个阀门故障时，禁止开展其他列电磁阀的试验，避免误触发停机。

【案例】某机组处于功率运行模式，电功率 930 MW，运行人员按计划执行《低压阀带负荷试验》时，GRE/GSE 阀门异常关闭，触发汽轮机跳闸。检查发现在试验过程中，顺控逻辑执行至第 59 步后非预期跳转至第 60 步，GSE/GRE 阀门关闭，触发汽轮机跳闸。

正常情况下，顺控逻辑执行至第 59 步时，应直接跳转至第 62 步，但是由于第 60 步的触发条件也非预期存在，因此逻辑执行了 60 步导致汽轮机跳闸。60 步触发条件存在的原因是大修时执行 GRE/GSE 阀门试验时将该信号触发为 1 并通过 RS 触发器记忆，正常情况下顺控逻辑执行至第 62 步时复位 RS 触发器。但大修时顺控执行故障，逻辑执行至第 58 步时退出，并未执行至第 62 步，导致该信号一直存在。

在机组上执行 GRE/GSE 相关试验时要做好风险分析，特别是历史异常问题的梳理，确认顺控逻辑的正确性，避免出现非预期的停机。

第3章 GSE低压缸排汽压力高停机

3.1 基础知识

3.1.1 保护目的

低压缸排汽压力高停机保护属于汽轮机基本保护，保护目的是防止汽轮机末级叶片损坏。

3.1.2 保护原理

当以下几种情况之一出现时，TPCS 中 NOT TRIP 信号失去，触发汽轮机跳闸：

① GSE1131/1132/1133MP 两两小选后选大（相当于取中间值）得到的 LP 排汽压力＞240 mbar. a；

② GSE1131/1132/1133MP 仪表都没有无效时，两两压差都＞50 mbar；

③ GSE1131/1132/1133MP 其中 1 个表无效，叠加剩余 2 个表偏差＞50 mbar；

④ GSE1131/1112/1133MP 中有 2 个表无效。

3.1.3 保护逻辑

低压缸排汽压力高停机信号逻辑简图如图 3-1 所示。

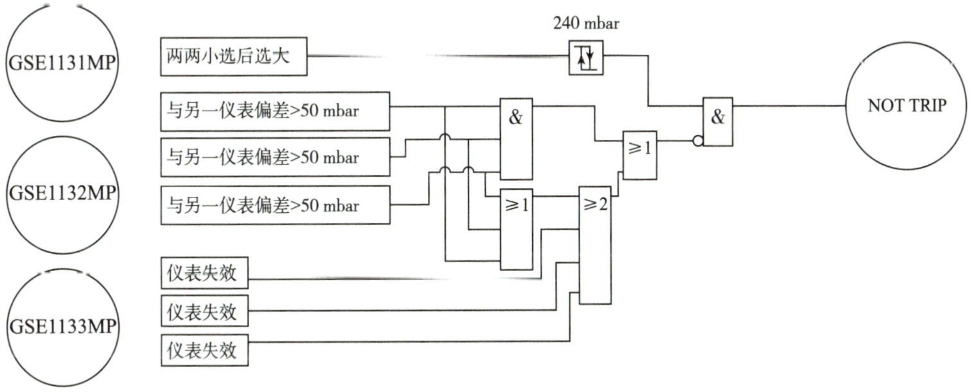

图 3-1 低压缸排汽压力高停机逻辑简图

其中，在一个仪表失效后，其替代值为 16 mbar，选择逻辑切换为 3 个表选大，相当于剩余两个有效仪表选大后与阈值比较，若达到阈值则触发停机。

在所有仪表都没有失效时，3 个仪表两两偏差＞50 mbar 或 1 个表无效叠加另外两个表偏差＞50 mbar 或两个仪表失效直接触发停机。

3.1.4 低压缸排汽压力高相关报警

若 GSE 实测低压缸排汽压力高 1，则会触发 GSE1109KA（阈值根据功率变化，如下图所示），若低压缸排汽压力高 2 则会触发 GSE1110KA，同时导致汽轮机跳闸；若两个仪表故障或偏差大则会触发 GSE1108KA 同时导致汽轮机跳闸。

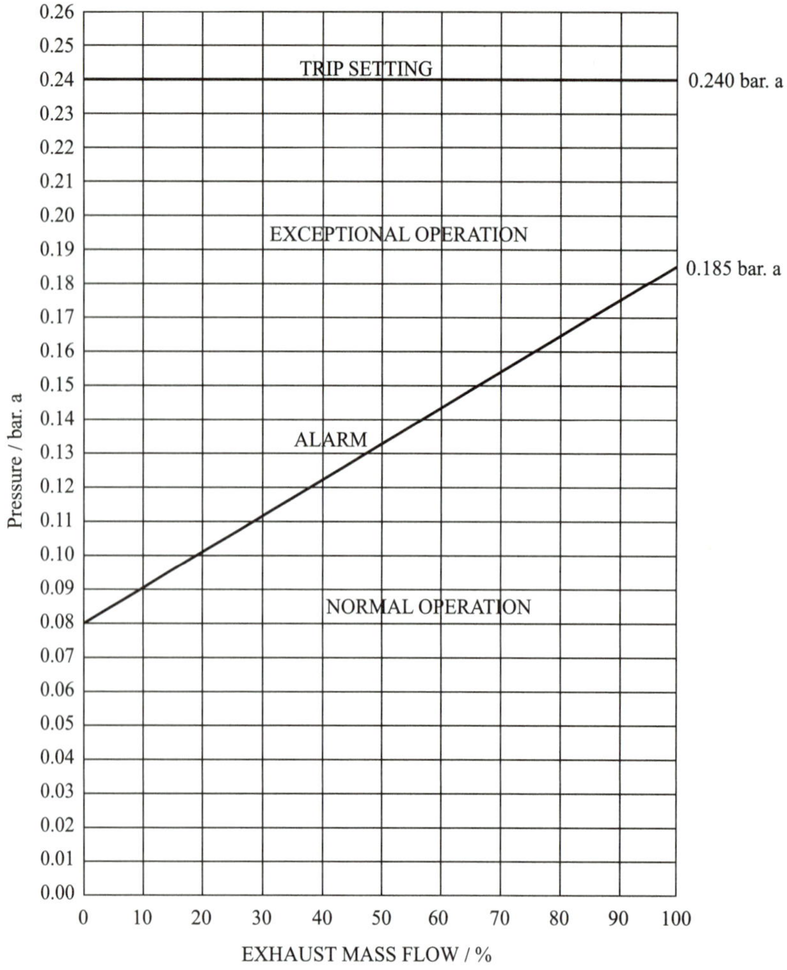

图 3-2　冷凝器真空运行限值

此外，若 CVI 1511/1512/1513MP 测得的冷凝器压力次大值>100 mbar. a 也会触发 CVI1506KA，提示冷凝器压力高。

3.1.5　仪表故障降级逻辑

正常情况下，参与保护的仪表由 GSE1131/1132/1133MP 两两小选后再选大得到，相当于选取的是中间值。

当一个仪表故障后，则故障仪表替代值为 16 mbar（量程最小值），同时在剩余两个有效仪表的输出及故障仪表替代值 16 mbar 三个值中取大参与保护。此时，若剩余的两个仪表偏差>50 mbar，则会直接触发停机。

当两个仪表故障时，直接触发停机。

3.1.6　二回路不可用信号

GSE 一共有 7 块压力表涉及冷凝器压力相关保护，其中 GSE1131/1132/1133MP 用于产生冷凝器压力高导致汽轮机跳闸逻辑，GSE1134/1135/1136/1137MP 用于产生二回路不可用及冷凝器不可用逻辑，如图 3-3 所示。

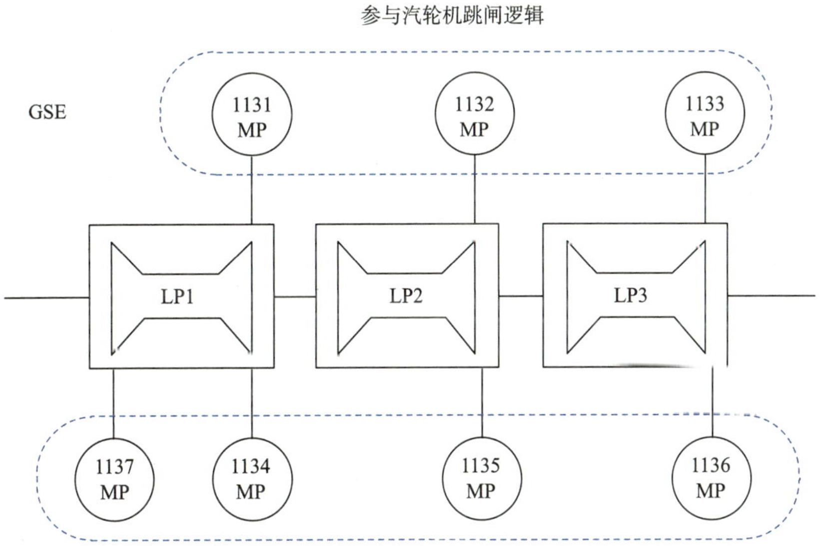

图 3-3　低压缸排汽压力测量仪表布置

如图 3-4 所示，根据逻辑，如果 GSE1131/32/33MP 测量压力>240 mbar. a 则触发汽轮机跳闸，以 A 列信号为例，如果汽轮机跳闸后 LP1 排汽口压力（GSE1137MP）仍>240 mbar. a 则将触发二回路不可用的反应堆停堆信号。

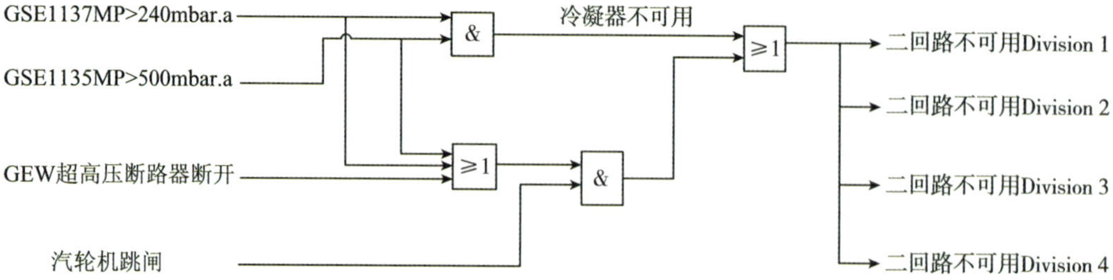

图 3-4　A 列二回路不可用逻辑图

3.2　主控监视

低压缸排汽压力可以在 GSE0005YM 上通过 GSE1131/1132/1133KM 进行监视，GSE1134KM 则代表着经过逻辑选择的参与保护的实测低压缸排汽压力。另外，参与生成二回路不可用信号的几个低压缸排汽压力表（GSE1134/1135/1136/1137MP）也可在图 3-5 所示页面监视。

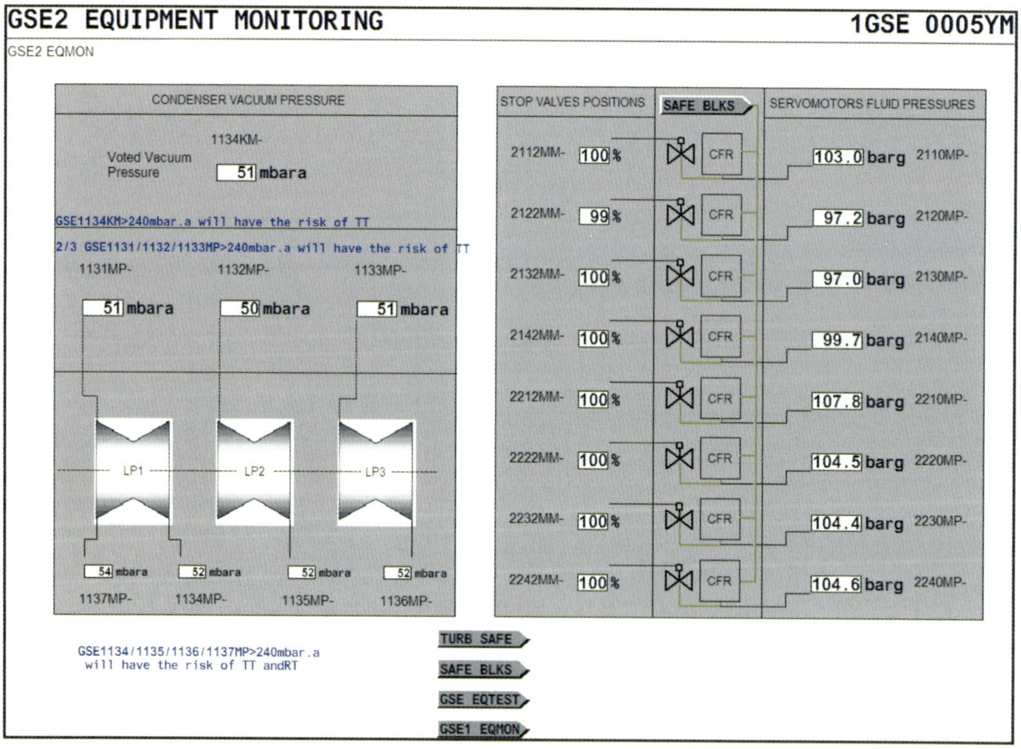

图 3-5　低压缸排汽压力监视页面

如果某一压力传感器故障，则相应 KM 显示红框。任一仪表与其他两个仪表之一偏差大则 GSE1188KS 触发，在 GSE0005YM 页面出现文本“Sensor Drift”。任一仪表偏差大或故障都会在就地 P320 触发 GSE1122KA，主控触发 GSE1116KA。

如果两个仪表故障或偏差大则主控触发 GSE1108KA，就地触发 GSE1155KA，同时触发汽轮机跳闸，在 GSE0002YC 上 GSE1113/1158KS 触发，指示首发停机原因为低压缸排汽压力高停机保护触发。低压缸排汽压力高停机监视页面如图 3-6 所示。

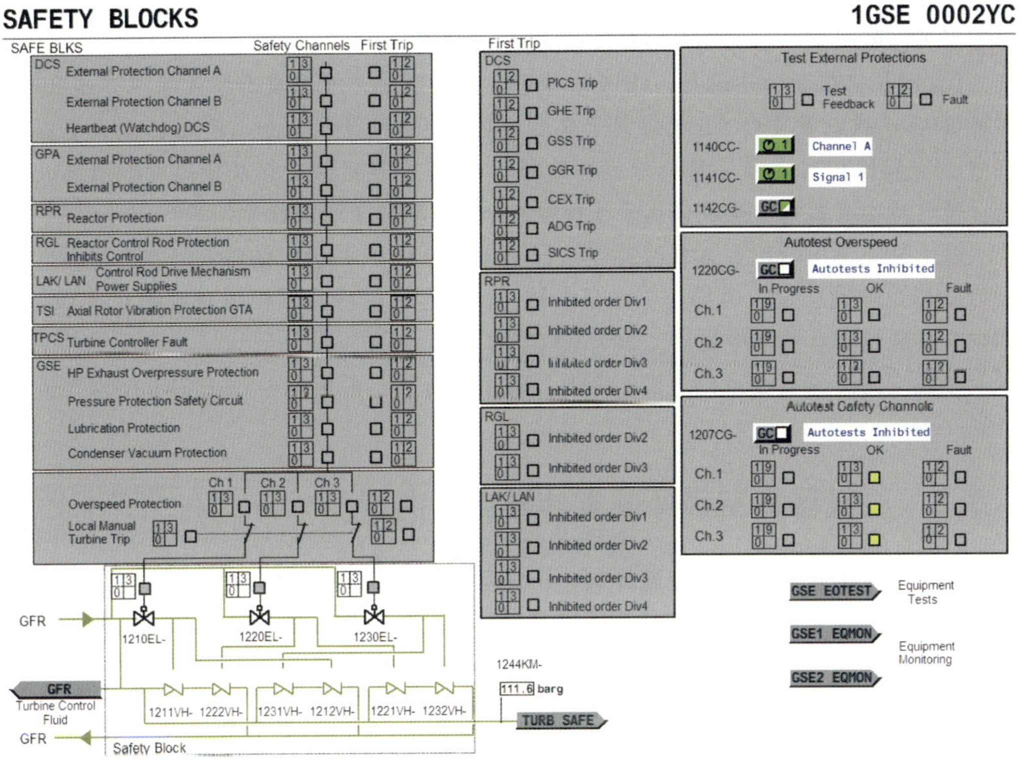

图 3-6　低压缸排汽压力高停机监视页面

3.3　影响因素

导致低压缸排汽压力高停机触发的原因包括：

① 冷凝器相关系统空气泄漏导致压力升高；

② 冷凝器真空破坏阀意外开启或内漏；

③ CVI 系统故障停运；

④ 丧失 CRF 冷却；

⑤ CET 轴封意外丧失；

⑥ 仪控回路误触发压力高信号。

3.3.1　冷凝器相关系统空气泄漏导致压力升高

正常运行期间，冷凝器为负压状态，如果与冷凝器负压相连的设备漏入空气则会使得冷凝器压力上升，有触发低压缸排汽压力高停机甚至停堆的可能。根据经验反馈，需重点关注膨胀节、爆破盘等易损设备。

【案例】机组满功率运行，CEX 在线仪表监测到钠离子浓度和阳电导率开始上涨，同时 RES 在线测量 4 台 SG 的钠离子浓度和电导率含量持续上涨。停运 CRF 泵查漏过程中，冷凝器压力上涨。经分析排查后判断 CEX 冷凝器第 3 模块传热管有泄漏，后续，通过对冷凝器第 3 模块传热管进行薄膜检漏，确认了泄漏钛管。

从上述案例可看出，如果冷凝器钛管泄漏，在 CRF 泵运行的时候海水会泄漏进入到冷凝器影响钠含量、电导率等化学参数，而停运故障冷凝器模块对应的 CRF 泵后，则空气会通过漏点进入冷凝器，影响凝汽器真空。

在发现冷凝器真空意外上涨时需要及时组织查漏，可根据 I-1/2-CVI-001 程序进行查漏。

3.3.2　冷凝器真空破坏阀意外开启或内漏

CVI 系统配置有 3 个真空破坏阀，正常运行期间保持关闭，在出现需要紧急破坏真空时由操纵员手动开启。如果出现真空破坏阀意外开启或内漏，则会影响冷凝器真空。设计上只有在汽轮机已经停机且转速降至 90%额定转速以下，操纵员才可手动开启真空破坏阀。

【案例】某机组仪控模件故障导致真空阀误开启，导致真空快速下降。后续专业人员判断 FUM210 模件因长时间运行已存在老化现象，模件命令生成模块故障误发开阀命令。

3.3.3　CVI 系统故障停运

正常运行期间，冷凝器的真空由蒸汽凝结带来的体积变化而产生。但蒸汽中存在的不凝气体则需要由 CVI 系统带出。如果 CVI 系统故障停运，会导致冷凝器真空的上涨。

【案例】某机组处于 72.6%nP 功率运行状态，1 台循环水泵电机跳闸，原因为电机端子箱内的电气故障触发电机断路器过流保护跳闸。此电机故障引起 13.8 kV 母线电压瞬时下降，导致汽轮机厂房冷冻机因瞬态引起过流跳闸，从而造成冷凝器真空泵高温跳闸，导致冷凝器真空压力下降。

根据设计，CVI 真空泵的设计容量为 4×50%，正常运行期间 CVI 泵保持 1 台或 2 台运行。真空泵 CVI1220CO 和 CVI1420CO 由第一路 SEN 管线提供冷却水，CVI1120CO 和 CVI1320CO 由第二路 SEN 管线提供冷却水。当在运行泵跳闸后，会发出备用启动信号，根据导致跳闸的原因，备用真空泵启动的先后顺序不同。

① 当某路 SEN 管线上的两台真空泵之一因 SEN 失去而跳闸时，优先启动另一列 SEN 管线上的一台泵（两列里面 CVI1120CO 和 CVI1220CO 优先启动），若优先启动的泵也不可用，则启动另一台。

② 若真空泵本身故障停运，则启动本列 SEN 管线上的另一台泵以平衡热负荷，若该泵不可用，则启动另一列的优先启动泵。

根据台山 1、2 号机冷凝器真空试验的情况，在 CVI 泵全停的情况下，每分钟冷凝器压力约上升 1 mbar。

数据如表 3-1 所示。

表 3-1　台山 1、2 号机冷凝器真空试验数据

机组	功率平台	CVI 全停时间	结束时间	初始压力	结束压力
2	90%	1:24	1:48	64 mbar	89 mbar
2	60%	10:33	10:56	50 mbar	75 mbar
1	80%	1:03	1:30	54 mbar	79 mbar

根据设计，台山核电真空-出力修正曲线如图 3-7 所示。

根据数据估算，在 CVI 泵全部失去的情况下，每分钟热功率最高上涨 0.05% 左右，如果还有 1 台 CVI 泵，则热功率上涨速率则会更低。考虑到热功率 LCO1（100.4%nP）还带有 100 s 滤波环节不会导致立即触发 LCO 报警，但需尽快重新启动 CVI 泵恢复真空。

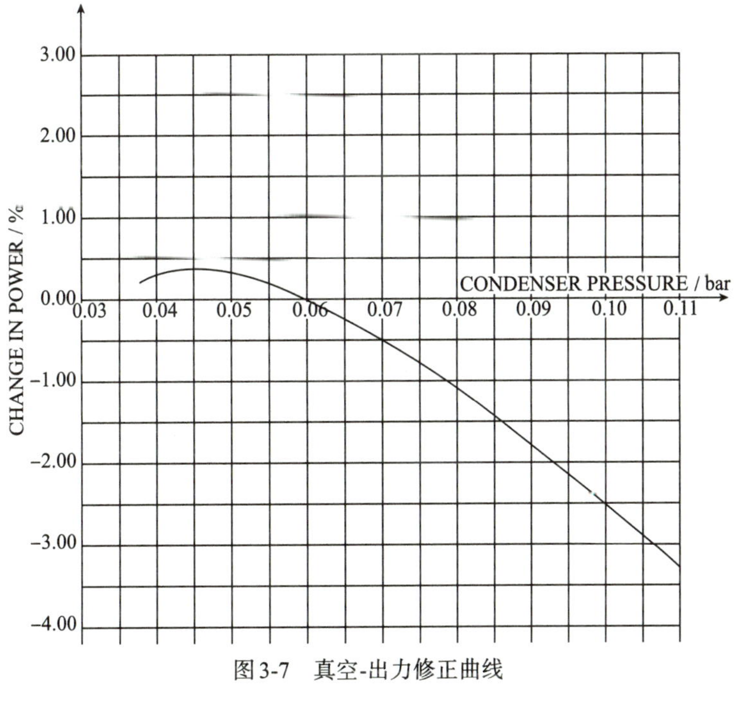

图 3-7　真空-出力修正曲线

3.3.4 丧失 CRF 冷却

丧失 CRF（包括 CRF 泵和出口阀门），将会导致低压缸排出的蒸汽失去冷却，进而导致冷凝器压力逐步升高；如果完全失去 CRF 最终可能导致停机，触发二回路不可用信号叠加 P12 非信号导致停堆。

如果丧失一列 CRF，根据瞬态控制导则及 F-SYS 需要降低功率到 68%nP。但需要注意的是，一列 CRF 泵停运后，对蒸汽的冷却能力减弱，则 CVI 喷射器抽出的不凝结气体中蒸汽所占比例增加，不凝结气体所占比例下降。喷射器抽出的蒸汽和不凝结气体送到 CVI 真空泵，经过 CVI 真空泵密封水罐冷却后，蒸汽被冷凝，不凝结气体排到 DWN 流量减少。由于带出的不凝结气体减少，若再加上存在气体泄漏，导致其在冷凝器内聚积，最终导致冷凝器真空逐渐上涨，可能导致机组无法维持在 68%nP 的功率水平。

因 CVI 真空泵都在喷射器下游，且喷射器运行时会闭锁其旁路阀（CVI1535VA）开启，受真空泵上游总通流流量的限制，在只有一列喷射器在运行的时候，此时即使再启动一列真空泵，也不会大幅增加不凝气体的排出流量。为了提高真空，可以再启动一列喷射器或者停运所有喷射器并开启喷射器旁路阀。

根据经验反馈，在一列 CRF 停运的工况下，为了维持不凝气体的正常排出，增加启动一列喷射器（2/3），根据真空情况再配合启动多一列真空泵可以较好维持真空。另外，根据报警卡 CVI1506KA，也可以停运所有的喷射器，开启喷射器旁路阀 CVI1535VA，然后再启动更多的 CVI 真空泵来维持真空。CVI 不凝气体排出流程如图 3-8 所示。

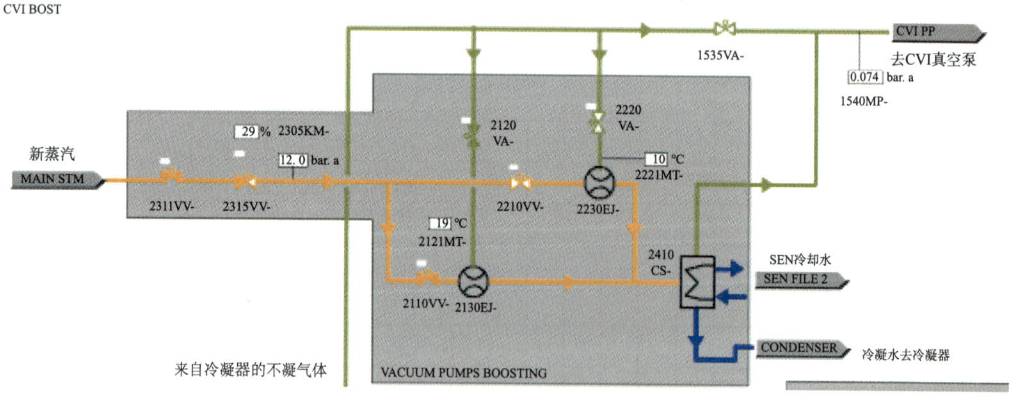

图3-8 CVI不凝气体排出流程

【案例】机组降功率到 68%nP 停运 CRF 第一列进行钛管查漏。CVI 1/3 喷射器在运行，CVI1320CO 运行。汽轮机在直接模式下停运 CRF1120/1140PO，并启动 CVI1120CO，冷凝器真空快速上涨，触发冷凝器压力高报警，且仍然呈上涨趋势。运行人员紧急重新启动 CRF1120/1140PO，冷凝器真空逐渐恢复正常。后续决定将功率从 68%nP 降至 55%nP，再停运第一列，泵停运后电功率下降至 837 MW，CVI1501KM 显示的压力值升至 73 mbar. a，GSE 三个 MP 显示的压力值持续上升至 128 mbar. a，上升斜率和趋势与第一次一样且无下降趋势，当班值立即启动 CVI 的 2/3 喷射器，冷凝器真空开始逐渐回落到正常值。

另外，上述案例也反映出，在真空急剧恶化时，CVI 压力表和用于停机停堆的 GSE 压力表测量数据存在一定的偏差，此时需要加强对 GSE 系统的冷凝器压力表的监视。

3.3.5　CET 轴封意外丧失

CET 失去轴封蒸汽将会导致汽轮机轴封密封失效，相当于冷凝器泄漏，进而影响真空。除 CET 本身系统故障外，需要重点考虑 CET 轴封蒸汽的汽源情况。

CET 轴封蒸汽低负荷时由 XCA 辅助锅炉经 SVA 提供，正常运行期间由 VPU 提供新蒸汽，而在高负荷时汽源由中压缸的第一级腔室、高压缸的中间腔室和高压缸调节阀的阀杆密封处引出蒸汽，进入压力控制回路送往低压缸轴封腔室，从而形成“自密封”状态。而在正常运行期间（非高负荷）时，CET 轴封蒸汽大部分由 VPU 系统提供，根据逻辑，在 CET1110VV 的 CBO 信号丢失后，会导致 VPU 蒸汽的调节阀 CET1120VV 自动关闭，同样 CET1210VV 的 CBO 信号丢失后，会导致 SVA 蒸汽的调节阀 CET1220VV 自动关闭。在低负荷运行时，若出现 CET1110/1210VV 的 CBO 信号丢失情况，可能导致 CET 轴封蒸汽供应中断，影响真空，若干预不及时有停机停堆风险。因此低负荷运行期间，加强对 CET 轴封蒸汽相关阀门状态的监视，若触发 CET1101KA，需要立即检查轴封蒸汽供应隔离阀阀门的状态，必要时手动干预调节阀。

同时，在低负荷时，如果辅助锅炉 XCA 失去，则会导致 CET 轴封失去蒸汽，最终导致真空迅速恶化。

【案例】机组在执行零功率物理试验期间，XCA2101CH 与 XCA3101CH 电锅炉由于设备故障导致跳闸，导致 CET 轴封失去蒸汽，造成 1 号机冷凝器真空快速上涨至 230 mbar. a，当班值紧急干预启动锅炉，避免了反应堆紧急停堆。

另一方面，在高负荷时，大部分 CET 密封用的蒸汽来自高压调阀的阀杆漏气，根据经验反馈，如果高压调阀开度较大，导致阀杆压紧，可能导致阀杆漏气减少，若此时 CET 供汽调节阀自动响应异常则会影响 CET 的供汽压力进而影响真空。

【案例】机组在 RP 模式，热功率 99. 5%nP，真空 0. 074 bar. a，GRE 调节阀开度：85%。主控触发 CET1101KA（CET 轴封管线压力 <20 mbar. g）报警，立即检查 CET1101KM 压力下降至−10 mbar. g，供汽调节阀 CET1120VV 自动开大，密封蒸汽压

力缓慢上升至整定值，冷凝器真空无变化；现场检查汽轮机轴封和 GRE 阀门未发现漏气。后续分析认为：进行 RCV 除盐床硼饱和，自动补给预期启动，自动补给偏硼化导致一回路偏冷，GRE 调节阀全开，导致阀杆压紧，漏气会大幅减少，最终造成 CET 密封蒸汽压力大幅下降。

3.3.6 仪控回路故障

仪控回路故障可能导致低压缸排汽压力高信号误触发，另外仪表失效也会从逻辑上直接触发低压缸排汽压力高停机保护。

参与低压缸排汽压力高保护的仪表包括 GSE1131/1132/1133MP，型号为 ROSEMOUNT 生产的 3051TA3A2B21AB4M5P1Q4V5S5 的压力变送器，配有一个型号为 0306RT22BA11 的二次阀组（MPM），可能导致仪表故障的情况包括以下方面：

① 低压缸排汽压力表接线故障；

② 低压缸排汽压力表零点漂移；

③ 仪表测量管线堵塞；

④ 仪表测量管线断裂。

（1）仪表引压管线堵塞导致仪表输出异常

根据 EOMM，如果引压管线阻塞或湿段较低部位被灌充堵塞则可能造成压力变量读数偏低或偏高。在实际运行过程中，如果引压管线坡度不足，蒸汽冷凝水可能堵塞管道进而影响测量结果。

【案例】主控巡盘发现 GSE1132MP（63 mbar. a）与 GSE1131/1133MP（82/83 mbar. a）偏差大，对比 1 号机均在 82 mbar. a 附近，若仪表参数上漂有停机风险。专业人员检查认为 GSE1132MP 一次阀前坡度不够，导致取样管内存在凝结水影响测量。

此外，如果仪表引压管线被异物堵塞也有可能导致仪表输出异常。

【案例】某机组调试启动期间，GRE023/044MP 和 GPV0003MP 仪表显示异常，专业人员现场检查发现仪表管线对空时无法排出气体或冷凝水，判断仪表取压管线堵塞。现场切割 GRE023/044MP 和 GPV0003MP 仪表管一次阀前焊缝，发现取压管被异物堵塞。

（2）仪表引压管线断裂导致仪表输出异常

低压缸排汽压力测量经过一段较为细长的引压管线接入到仪表头，在长期振动和高温等恶劣环境下，引压管线上的焊缝可能出现破裂，导致仪表测量异常。

【案例】某机组在升功率过程中发现低压缸上部有蒸汽冒出，后续拆除保温检查发现低压缸导汽管上 GRE044MP 仪表管与接管座承插焊缝附近仪表管道断裂。

（3）仪表零点漂移导致输出异常

如果仪表在运行过程中出现零点漂移，则可能导致仪表输出异常。根据 EOMM，每 4 个循环对低压缸排汽压力表进行一次校验。

【案例】机组进行 GSE1111MP 校验时发现数据超差，允许最小值、允许最大值、实际校验值如表 3-2 所示。

表 3-2　GSE1111MP 校验数据

允许最小值 / mA	4.784	7.984	11.984	15.984	19.984
允许最大值 / mA	4.816	8.016	12.016	16.016	20.016
实际校验值 / mA	4.782	7.981	11.982	15.982	19.981

（4）仪表隔离阀未开启导致低压缸排汽压力测量异常

机组启动前，需要仔细核对 GSE 系统在线，尤其是 GSE 各个参与停机保护计在线情况，另外，冲转并网期间，需密切监视低压缸排汽的 3 个测量仪表（GSE1131/1132/1133MP）的输出（GSE1131/1132/1133KM），以及用于产生二回路不可用的 4 块压力仪表（GSE1134/1135/1136/1137MP）的输出（GSE1134/1135/1136/1137KM）如发现低压缸排汽压力长时间保持不动或者与其他仪表偏差较大，需及时检查在线情况。

需要注意的是，如果汽轮机冲转后发现低压缸排汽压力测量仪表在线不正确，需要专业人员先在仪控系统中对相关信号进行强制，再去恢复现场仪表在线，避免恢复在线的过程中，触发 3 个仪表两两偏差大信号进而导致汽轮机停机。

第4章 GSE超速保护停机

4.1 基础知识

4.1.1 保护目的

汽轮机是在高温、高压下高速运转的机械，其旋转部件承受巨大的离心力，该离心力是与转速的平方成正比的，因此随着转速的升高，其离心力将快速上升，一旦转速超过其强度极限，将造成叶片断裂、动静碰摩，甚至断轴等严重事故。所以为了防止汽轮机发生超速事故，汽轮机组都配备有超速保护。

4.1.2 保护原理

当 GSE1140/1141/1142MC 中两个测量值 >110. 4% 的额定转速（110. 4%，1656 r/min），发出汽轮发电机组跳闸信号。

4.1.3 保护逻辑

GSE 超速保护停机信号逻辑简图如图 4-1 所示，可能触发停机的工况包括：

① 测量值有效（“SYSTEM MONITOR OK”和“SENSOR MONITOR OK”）时 GSE1140/1141/1142MC 中两个测量值>110. 4%；

② GSE1140/1141/1142MC 中两个测量值无效；

③ GSE1140/1141/1142MC 中一个大于阈值另外一个触发无效。

注：根据专业人员的反馈“SYSTEM MONITOR OK”和“SENSOR MONITOR OK”是超速卡内部的信号，一般“SYSTEM MONITOR”是指供电，卡件、单片机看门狗、中断信号之类的监视，“SENSOR MONITOR”应该是检测频率是否有异常波动，信号电压是否正常，回路有没有断线之类的监视。

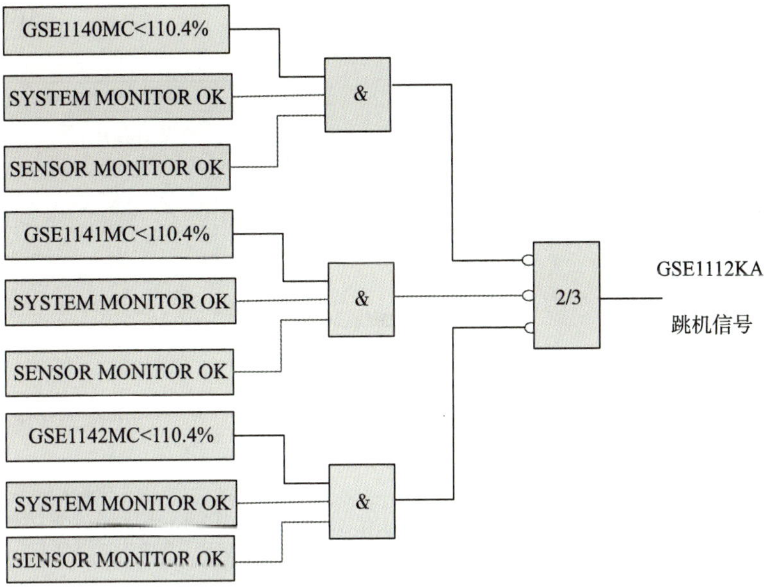

图 4-1　GSE 超速保护停机逻辑简图

4.1.4　GSE 超速定值及报警

针对 GSE 的超速保护，未设置预报警，达到阈值（110.4%，1656 r/min），主控触发 GSE1112KA。在汽轮机超速保护动作之前，GRE 系统配置了超速和超加速限制，避免转速升高到停机值。GRE 超速或超加速限制触发后，将在主控室产生 GRE1101KA 的报警。

GSE 两个转速探头无效后将在主控室触发 GSE1111KA 的报警。

4.2　主控监视

如图 4-2 所示，在主控页面 GSE0004YM 上可以监视 GSE1140/1141/1142MC 的值及 GSE1144KM，其中 GSE1144KM 为经过三个仪表选出的值（仪表都正常时为 3 个仪表的平均值）。

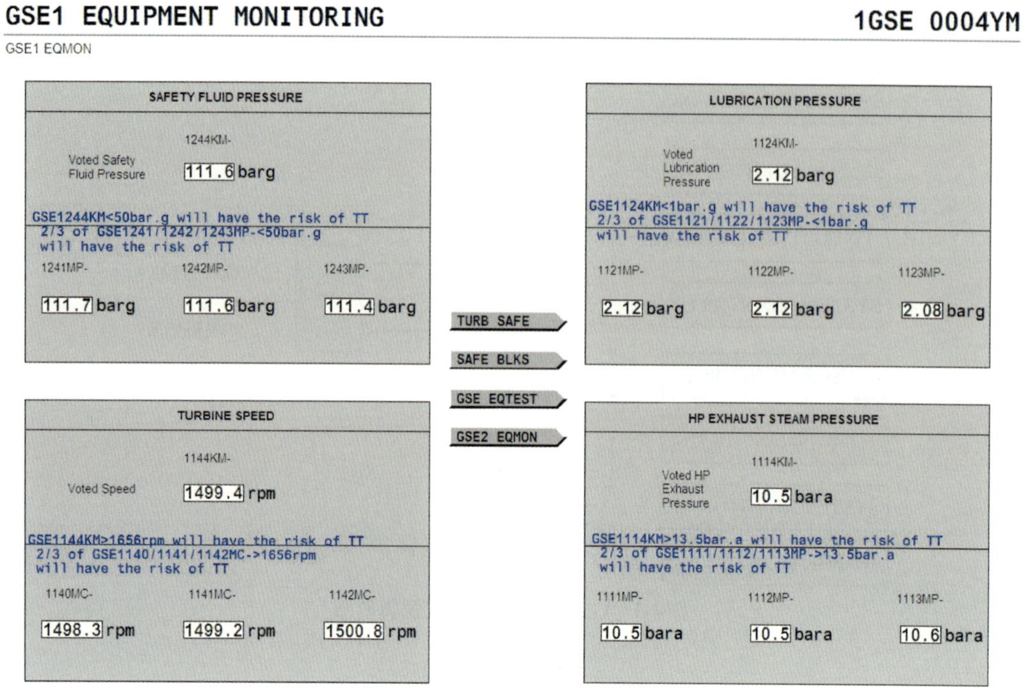

图4-2　汽轮机超速保护的转速主控监视页面

4.3　影响因素

4.3.1　汽轮发电机转速真实升高

正常运行时，同步发电机的转速与电网频率保持一致，不会出现超速的情况，因此可能导致汽轮发电机组超速的主要原因有：

① 电网故障导致汽轮机功率大幅下降；

② 汽轮机冲转时 GRE 主汽门响应异常；

③ 甩负荷或孤岛时 GRE 主汽门响应异常或抽汽阀异常。

（1）电网故障导致汽轮机超速

【案例】机组处于满功率运行，出现 500 kV 外电网故障（线路发生短路故障并一次自动重合闸成功），该机组电功率瞬间降到 1 423 MW 后恢复到 1 730 MW。电功率恢复时，汽轮机组转速加速度超阈值，引起汽轮机进汽调节阀快速关闭后恢复开启，汽轮机旁路阀开启进行泄压的过程中，蒸汽发生器压降速率高触发反应堆自动停堆。

事件中电网故障引发了汽轮机负荷的变化，从而使得汽轮机触发瞬时超加速，从而触发了超速和超加速限制（阈值设置不合理，目前已修改）。

（2）汽轮机冲转或试验时 GRE 阀门响应异常

【案例】GRE 系统挂闸后 GRE2140VV 异常开启，导致汽轮机转速由 8 r/min 升至 12 r/min，后就地手动打闸，调试人员现场检查 GRE2140VV 异常全开的原因是 GRE2140VV 比例阀的先导阀 GRE2148MM 的三个线芯（0V、LVDT、15V）中，0V 回路断路引起。

事件中，汽轮机冲转的过程中，汽轮机挂闸后，由于 GRE 阀门误动作从而导致了汽轮机转速异常上涨，随后及时手动打闸。在汽轮机冲转的工前会中 GRE 阀门的响应异常也有明确的应对措施，如果挂闸后汽轮机转速超过 75 r/min，则需要执行打闸操作。在整个冲转的过程中，如果汽轮机转速＞1 660 r/min 则执行手动打闸操作（该定值高于自动跳闸的定值 1 656 r/min）。

【案例】机组处于功率运行模式，执行高压缸截止阀密封性试验期间，因试验电磁阀上游微型断路器非预期跳闸，导致触发 GSE1273KA 报警（24 V 电源故障），GSE 高压缸四个截止阀开启，叠加试验步骤中强制高压缸调节阀开启，导致了汽轮机转速非预期上涨，最高达到 240 r/min，运行人员根据试验程序对汽轮机进行手动打闸。

因此，在开展相关的试验前要做好风险分析，同时明确干预措施和干预准则，出现异常时及时干预，确保机组安全。

（3）甩负荷或孤岛时 GRE 主汽门响应异常或抽汽阀异常导致超速

【案例】机组执行满功率甩厂用电试验，试验前热功率 98. 3%nP，电功率 1 706 MW，一回路平均温度/AO/Pmax 均在自动，手动分闸超高压断路器触发甩厂用电，甩厂用电后 1 秒汽轮机转速开始从 1 500 r/min 上升，甩厂用电后 4 s 时汽轮机转速达到最大值 1 584 r/min，经过 1 分 12 秒以后汽轮机转速逐渐下降并稳定在 1 500 r/min。

事件中汽轮机的汽轮机最高转速增加到 1 584 r/min，如果此时叠加 GRE 的调节阀响应异常，可能导致汽轮机超速保护动作。

【案例】某机组进行 100%MCR 发电机甩负荷至空载的瞬态试验，以验证汽轮发电机组调速系统 Microgovenor 的动态品质，以及主、辅机对甩负荷的响应性能，运行人员通过 GSY001JD 手动跳闸发电机出口开关后汽轮机最高飞升转速 3 241 r/min，致使汽轮机后侧机械超速飞锤动作，汽轮机跳闸。

对事件进行调查分析，结论是高压缸进汽调节阀关闭时间超出了设计范围，同时存在额外的残余蒸汽做功，如汽轮机各段抽汽逆止阀关不严而造成的蒸汽回流等，最终导致了汽轮机转速升高到 3 241 r/min。

在机组启动的过程中，为了验证超速保护的有效性，在汽轮机冲转到 1 500 r/min 后会执行 T-1-GSE-001：在线超速试验。同时在机组运行过程中，为了验证 GSE/GRE

高中压缸调节阀和截止阀的开启和关闭功能，需要定期执行 T-1-GRE-001：汽轮机截止阀和调节阀试验（高、中压缸）。

4.3.2 GSE 超速保护测量通道故障

转速保护模块是 Jaquet FT3100。每个 Jaquet 卡件包括 3 个独立的转速采集通道，采集和监测 3 个用于保护的 GSE1140/1141/1142MC 转速探头的频率信号，并送一个常开节点到停机回路。它符合 SIL3 标准并可以热插拔。该模件及备件均由厂家预设置，电厂没有设置或维修的资质。

面板上包括电源监视、模块状态、探头状态、正反转状态、超速监测、探头频率、测点等。转速探头将频率信号送至 Jaquet，经过 110.4% 的超速阈值判断，并将开关量信号送至 CE3500。

FT3100 用来采集 GSE1140/1141/1142MC 的信号，每个探头对应一个采集卡件，采集的信号与 110.4% 的阈值进行比较，如果转速大于阈值，则经过 3 取 2 直接发出停机指令到控制电磁阀的继电器，触发汽轮机停机。

如果一个探头故障或者一个探头输出超过阈值，在就地将产生 GSE1131KA 的报警，在 PICS 的画面上将触发 GSE1192KS，但此时主控不会触发相应的工艺报警，则剩下两个有效探头的逻辑则由 3 取 2 变为 2 取 1，此时再有一个探头故障或输出超过阈值则直接触发停机。

探头故障后需要及时进行故障排查，如果确认 JAQUET 卡件故障，则需要进行卡件的更换，由于该 FT3100 卡件支持热插拔，因此可以直接进行更换，但是卡件拔出将导致对应的通道触发不可用状态，因此要做好风险分析，避免信号误动导致停机。

4.3.3 仪表故障导致超速保护触发

根据 PFUP 的逻辑，如果一个探头故障或一个探头与其他探头偏差＞10 r/min 时，在就地将产生 GSE1131KA 的报警，在 PICS 的画面上将触发 GSE1192KS，但此时主控不会触发相应的工艺报警，则剩下两个有效探头的逻辑则由 3 取 2 变为 2 取 1，此时再有一个探头故障或输出超过阈值则直接触发停机。为此，正常运行期间需要加强对汽轮机转速表的对比监视，以便及时发现异常。

【案例】运行人员巡盘发现汽轮机超速保护仪表 GSE1142MC 存在上下波动的情况，波动范围由 1 500 r/min 到 1 495 r/min，根据逻辑仪表之间偏差＞10 r/min 会触发仪表不可用信号，当前偏差为 3 r/min，且波动有变频繁的趋势，对比其他两块仪表 GSE1140/1141MC 一直处于稳定状态。

GSE1140/1141/1142MC 探头本身故障后，无法在线更换，但根据设计，还有一个备用探头 GSE1143MC，该探头在现场实际已安装，探头接线送到了转接箱 MZZ0004CR，在其他转速探头故障时可以在转接柜中修改接线至备用探头。

第5章　高压缸排汽压力高停机

5.1　基础知识

5.1.1　保护目的

高压缸排汽压力高停机保护属于汽轮机基本保护，保护目的是防止 GSS 系统超压损坏。

5.1.2　保护原理

当以下几种情况之一出现时，TPCS 中 NOT TRIP 信号失去，触发汽轮机跳闸。

① GSE1111/1112/1113MP 两两小选后选大（相当于取中间值）得到的 HP 排汽压力大于 13. 5 bar. a；

② GSE1111/1112/1113MP 仪表都没有无效时，两两压差都大于 0. 8 bar；

③ GSE1111/1112/1113MP 其中 1 个表无效，叠加剩余 2 个表偏差大于 0. 8 bar；

④ GSE1111/1112/1113MP 中有 2 个表无效。

5.1.3　保护逻辑

高压缸排汽压力高停机信号逻辑简图如图 5-1 所示。

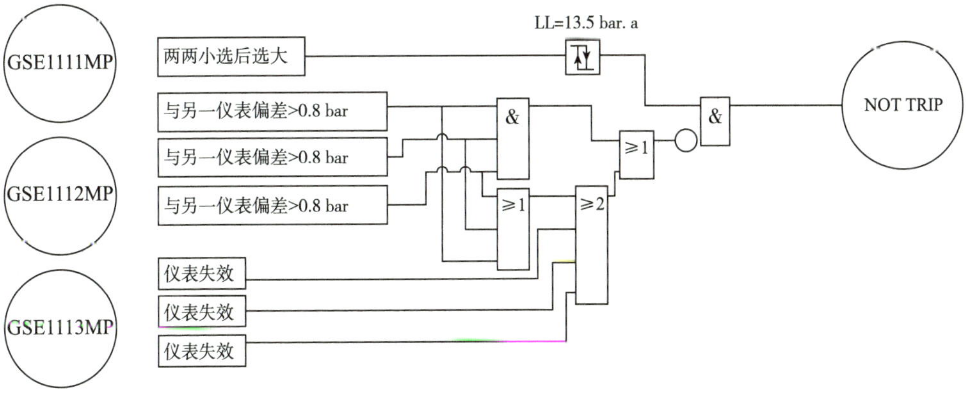

图 5-1　高压缸排汽压力高停机逻辑简图

其中，在一个仪表失效后，其替代值为 0，选择逻辑切换为 3 个表选大，相当于剩余两个有效仪表选大后与阈值比较，若达到阈值则触发停机。

在所有仪表都没有失效时，3 个仪表两两偏差>0. 8 bar 或 1 个表无效叠加另外 2 个表偏差>0. 8 bar 或 2 个仪表失效直接触发停机。

5. 1. 4　高压缸排汽压力高相关报警

若实测高压缸排汽压力高则会触发 GSE1105KA，同时导致汽轮机跳闸；若两个仪表故障或偏差大则会触发 GSE1104KA。

5. 2　主控监视

如图 5-2 所示，高压缸排汽压力可以在 GSE0004YM 上通过 GSE1111/1112/1113KM 进行监视，GSE1114KM 则代表着经过逻辑选择的参与保护的实测高压缸排汽压力。如果某一压力传感器故障，则相应 KM 显示为红框，主控触发 GSE1114KA，任一仪表与其他两个仪表之一偏差大则 GSE1145KS 触发，也会触发 GSE1114KA，在 GSE0004YM 页面出现文本“Sensor Drift”。任一仪表偏差大或故障都会在就地 P320 触发 GSE1111KA。

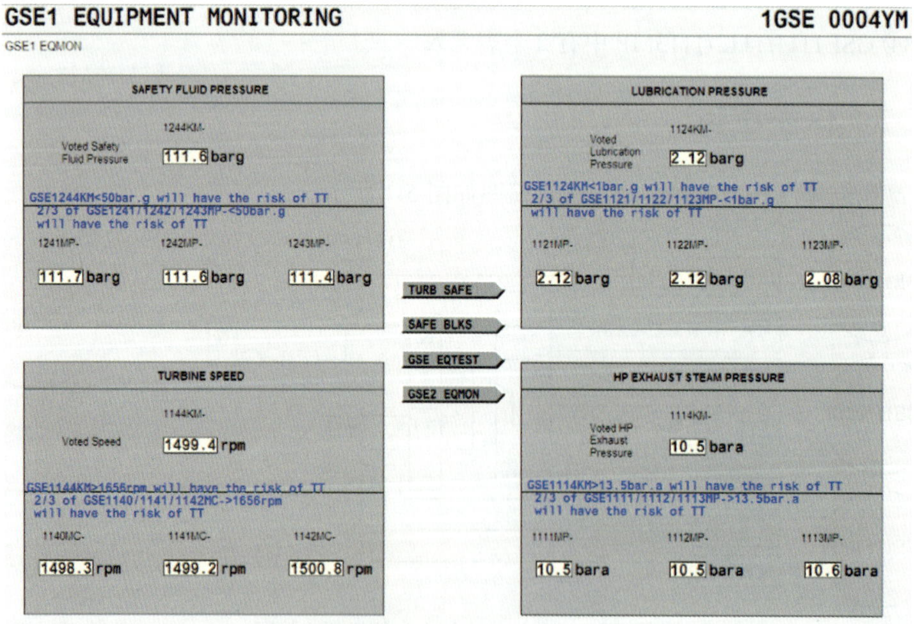

图 5-2　高压缸排汽压力监视页面

另外，在 GME0002YM 上也有高压缸排汽压力的监视，该信号来自 GME1318MP，可以作为与 GSE1111/1112/1113MP 的对比监视手段 GME 系统高压缸排汽压力监视页面（见图 5-3）。

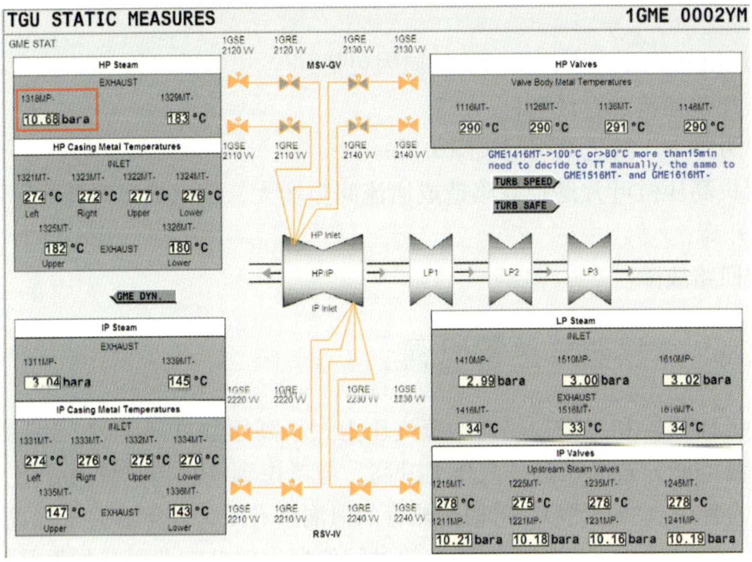

图 5-3　GME 系统高压缸排汽压力监视页面

如果两个仪表故障或两两偏差大则主控触发 GSE1104KA，就地触发 GSE1139KA，同时触发汽轮机跳闸，在 GSE0002YC 上 GSE1110/1155KS 触发，指示首发停机原因为高压缸排汽压力高停机保护触发。高压缸排汽压力高停机监视页面见图 5-4。

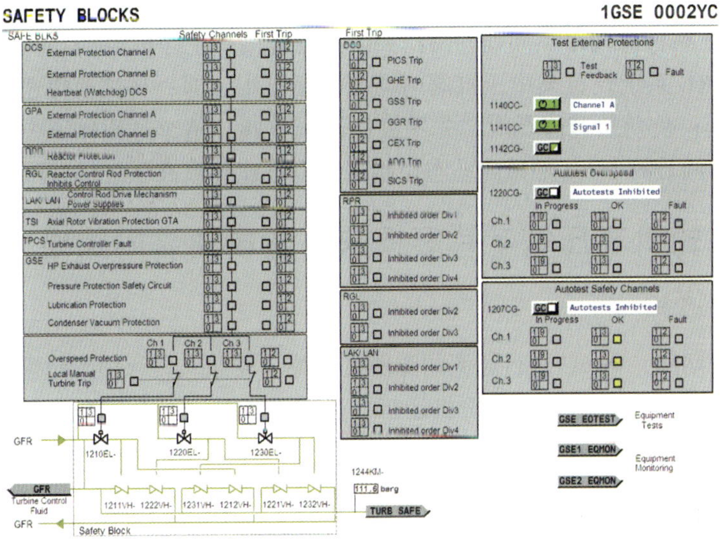

图 5-4　高压缸排汽压力高停机监视页面

5.3 影响因素

导致高压缸排汽压力高停机触发的原因包括：

① GSS 加热器传热管泄漏；

② 至少两路中压缸进汽阀门故障关闭；

③ 汽轮机高压缸叶片磨损缺陷造成通流间隙增大，蒸汽通过时压力下降减少，造成排气压力升高；

④ 仪控回路故障。

5.3.1 GSS 加热器传热管泄漏

GSS 一级加热器和二级加热器的蒸汽压力大于高压缸排汽压力，如果传热管破裂造成蒸汽泄漏可能导致高压缸排汽压力升高。但考虑到一级传热管为管束（3724 根），二级传热管为管束（3915 根），单根传热管的泄漏量有限，且下游中压缸进汽阀始终处于开启状态，短时造成高压缸排汽压力超过阈值概率较低。此外，如果某侧 GSS 传热管发生泄漏，可能会导致 GSS 两侧蒸汽流量不一致，进而分别触发 GSS1127/1227KA。

5.3.2 至少两路中压缸进汽阀门故障关闭

中压缸调节阀或截止阀（GRE2210/2220/2230/2240VV 及 GSE2210/2220/2230/2240VV）中，有任意两个不同列的阀门关闭都会直接产生停机信号。

此外，GRE 系统设置高中压缸阀门动态相互作用，即：在负荷快速上升时，先开中压缸调节阀；负荷快速降低时，先关高压缸调节阀；整个过程保证中压缸调节阀开度大于高压缸调节阀 5%。如果此动态控制失效也可能导致高压缸排汽压力高。

5.3.3 汽轮机高压缸叶片磨损缺陷造成通流间隙增大蒸汽压降减少

机组运行期间，每 6C 进行通流间隙测量调整。专业人员评估汽轮机维修后叶片轻微的磨损属正常现象，不影响汽轮机运行，运行一段时间磨合后摩擦会减少，多见于上行阶段。

5.3.4 仪控回路故障

仪控回路故障可能导致高压缸排汽压力高信号误触发，另外仪表失效也会从逻辑上直接触发高压缸排汽压力高停机保护。

正常情况下，参与保护的仪表由 GSE1111/1112/1113MP 两两小选后再选大得到，相当于选取的是中间值。

当一个仪表故障后，则故障仪表替代值为 0，同时在剩余 2 个有效仪表的输出及故障仪表替代值 0 三个值中取大参与保护。此时，若剩余的 2 个仪表偏差＞0.8 bar，则会直接触发停机。

当 2 个仪表故障时，直接触发停机。

GSE1111/1112/1113MP 为 ROSEMOUNT 生产的型号为 3051TA3A2B21AB4M5P1Q4V5S5 的压力变送器，配有一个型号为 0306RT22BA11 的二次阀组（MPM），可能导致仪表故障的情况包括：

① 高压缸排汽压力表接线故障；

② 高压缸排汽压力表零点漂移；

③ 仪表测量管线堵塞；

④ 仪表测量管线断裂。

第6章　GGR润滑油母管压力低停机

6.1　基础知识

6.1.1　保护目的

汽轮发电机组径向轴承和止推轴承由 GGR 润滑油提供冷却，汽轮发电机组正常运行期间润滑油由联轴油泵供油，经热交换器、过滤器后供往汽轮发电机组轴承。当润滑油压力过低时，无法保证汽轮发电机组的安全运行。因此设计润滑油压力低停机保护，它属于汽轮机基本保护。

6.1.2　保护原理

当以下几种情况之一出现时，TPCS 中 NOT TRIP 信号失去，触发汽轮机跳闸。

① GSE1121/1122/1123MP 测得的润滑油压力<1 bar. g；

② GSE1121/1122/1123MP 两两压差都>0. 2 bar；

③ GSE1121/1122/1123MP 其中 1 个表与其他表偏差>0. 2 bar 叠加 1 个表无效；

④ GSE1121/1122/1123MP 中有两个表无效。

6.1.3　保护逻辑

润滑油母管压力低停机信号逻辑简图如图 6-1 所示。

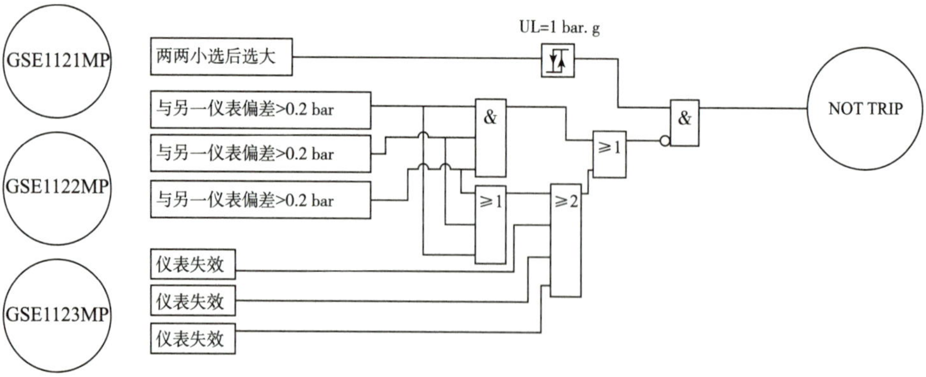

图 6-1　GSE 润滑油压力低停机信号逻辑简图

正常情况下，参与停机保护的值是经 GSE1121/1122/1123MP 两两小选后再选大得到，相当于选取的是中间值。当一个仪表故障后，则故障仪表替代值为 4 bar. g，由于仪表正常测量值小于 4 bar. g，相当于在剩下两个有效仪表中小选去参与保护。

6.1.4 润滑油母管压力相关定值及报警

设计上配置了 GSE1121/1122/1123MP 和 GGR2530/2531/2532MP 用于润滑油母管压力的监视、产生油压低报警、油压低启动辅助润滑油泵以及参与停机保护等。具体定值和动作见表 6-1、表 6-2。

表 6-1 GSE1121/1122/1123MP 的相关定值及动作

	正常运行	低 1	低 2
油压定值	1. 5 bar. g	1 bar. g	0. 9 bar. g
动作	N/A	· 触发报警 GSE1107KA； · 汽轮机跳闸	启动辅助润滑油泵 GGR2210/2220PO

表 6-2 GGR2530/2531/2532MP 的相关定值及动作

	正常运行	低 1	低 2
油压定值	1. 5 bar. g	1. 2 bar. g	0. 9 bar. g
动作	N/A	触发报警 GGR2508KA	· 触发报警 GGR2507KA； · 停运主盘车（PTYA1）； · 启动辅助润滑油泵 GGR2210/2220PO； · 启动应急直流油泵 GGR2310PO

6.2 主控监视

6.2.1 GSE 润滑油母管压力监视页面

在主控页面 GSE0004YM 上可以通过 GSE1124KM 监视润滑油母管的压力，也可以通过 GSE1121/1122/1123KM 来监视各个压力表的压力。

正常情况下，GSE1124KM 由 GSE1121/1122/1123MP 两两小选后再选大得到，相当于选取的是中间值。当一个仪表故障后，则故障仪表替代值为 4 bar. g，同时在剩余两个有效仪表的输出及故障仪表替代值 4 bar. g 三个值中小选参与保护。此时，若剩余的两个仪表偏差>0. 2 bar，则会直接触发停机。当两个仪表故障时，直接触发停机。

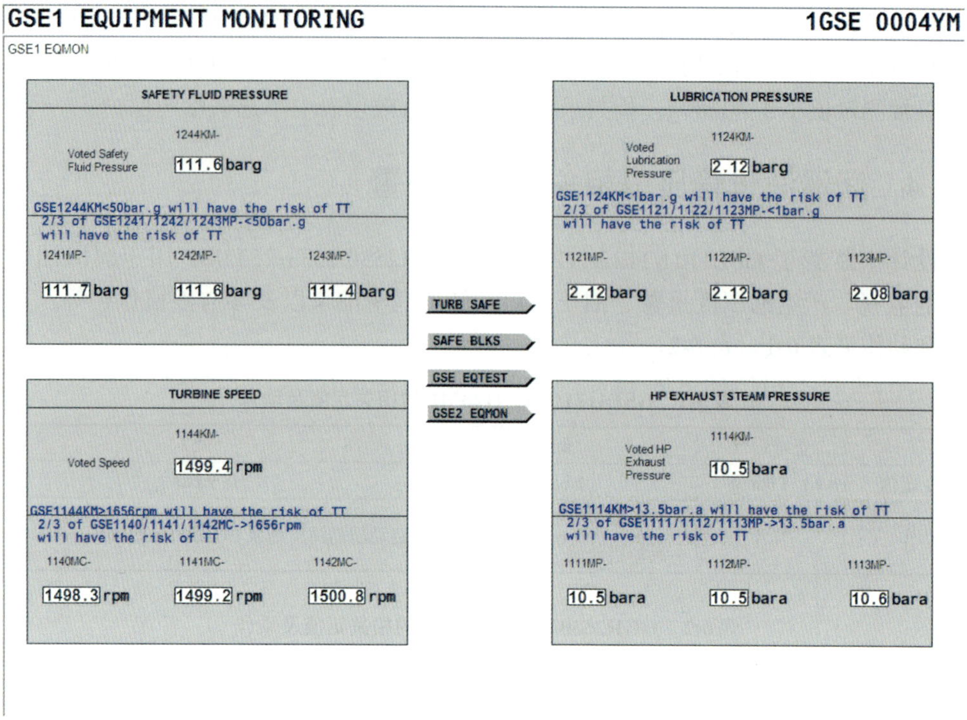

图 6-2　GSE 润滑油母管压力监视页面

如果 GSE1121/1122/1123MP 中某一压力传感器故障，则相应 KM 显示为红框。任一仪表与其他两个仪表之一偏差大则 GSE1195KS 触发，在 GSE0004YM 页面出现文本“P LUBE OIL Drift”，同时主控触发 GSE1115KA（润滑油压力表失效 3 取 1）。另外任一仪表偏差大或故障都会在就地 P320 触发 GSE1120KA。

如果 GSE1121/1122/1123MP 满足下列条件之一：

① 两两压差都＞0. 2 bar；

② 其中 1 个表与其他表偏差＞0. 2 bar 叠加 1 个表无效；

③ 两个仪表无效。

则在主控触发 GSE1106KA（润滑油压力表失效 3 取 2），就地触发 GSE1140KA，同时触发汽轮机跳闸，在 GSE0002YC 上 GSE1112/1157KS 触发，指示首发停机原因为润滑油压力低停机保护触发。汽轮机跳闸页面见图 6-3。

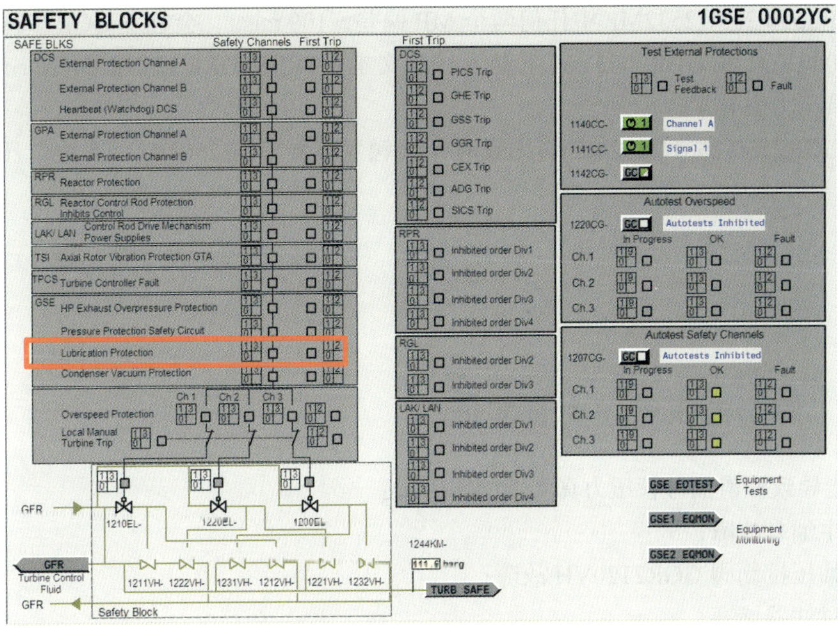

图 6-3　汽轮机跳闸页面

6.2.2　GGR 润滑油压力监视页面

在图 6-4 主控页面 GGR0001YC 上也可以通过 GGR2510KM 来监视润滑油母管的压力。GGR2510KM 由 GGR2530/2531/2532MP 经次大值选择后得出。

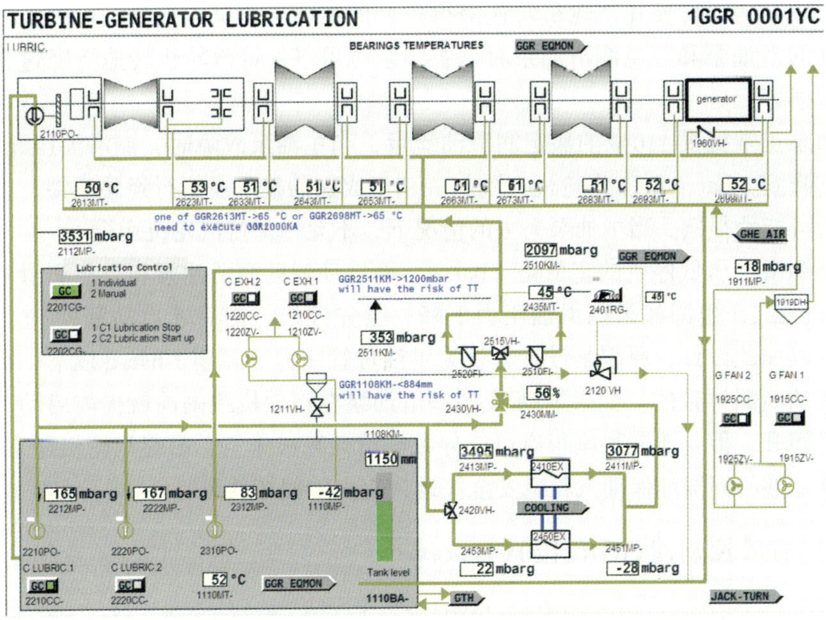

图 6-4　GGR 润滑油母管压力主控监视页面

GGR2530/2531/2532MP 中任何两个 MP 偏差>100 mbar，会触发 GGR2508KS，并在 GGR0001YC 和 GGR0003YM 上触发红色文本：PRESSURE LUBE OIL Drift，以提醒操纵员压力表异常。

当 GGR2530/2531/2532MP 均无效时，会触发报警 GGR2504KA（3 取 3 压力测量失效）。

6.3 影响因素

6.3.1 润滑油母管压力真实低

可能导致润滑油母管压力真实低的原因有：

① 主油泵故障；

② 油压控制阀 GGR2120VH 故障；

③ 过滤器堵塞；

④ 辅助/应急润滑油泵出口逆止阀卡开；

⑤ 设备泄漏。

（1）主油泵故障

汽轮机正常运行过程中，润滑油由主油泵 GGR2110PO 来提供，它是由转动的大轴来提供驱动力，即便在汽轮机转速降得较低的情况下，仍能提供一定的油流量。当失去辅助润滑油泵和应急润滑油泵时，主油泵也可以保证汽轮机转速下降过程中不会受到严重损坏。

主油泵正常提供 110% 的额定润滑油流量，当主油泵故障时，润滑油压无法保证，当油压下降到 1 bar. g 时，汽轮机会跳闸。基于成熟的技术及运行经验反馈，主油泵出现故障的可能性很低。当主油泵失去的情况下，不允许保持汽轮机运行。

目前润滑油压低停机的定值是 1 bar. g，而启动辅助润滑油泵和应急润滑油泵的定值是 0. 9 bar. g，也即如果润滑油压力下降，会先停机，然后才启动辅助/应急润滑油泵。之所以如此设计，原因是设计方认为供油母管压力下降到 1 bar. g 以下，很有可能是由润滑油泄漏导致的。如果辅助/应急润滑油泵在汽轮机跳闸前就提前启动，虽然油压会短时回升，但是泄漏加剧很有可能导致润滑油箱被排空，最终汽轮机还是会停运，而且没有足够的润滑油保证汽轮机安全停运，有大轴损坏的风险。

（2）油压控制阀 GGR2120VH 故障

润滑油压力调节阀 GGR2120VH（见图 6-5）正常用于控制润滑油母管压力在 1. 5 bar. g，

防止润滑油母管过低或过高。它通过控制温控三通阀 GGR2430VH 下游、过滤器上游回流主油箱的油流量来实现润滑油压的控制。正常 GGR 联轴油泵能提供 110% 的润滑油流量，多余的 10% 就是通过 GGR2120VH 排回主油箱。它是通过机械结构来保证润滑油母管压力的恒定。压力定值可以通过调整螺栓来进行调整。

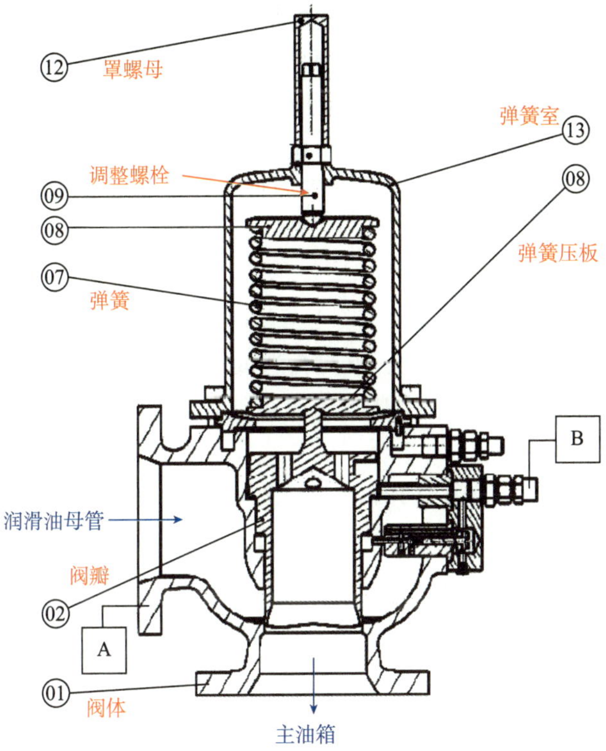

图 6-5　GGR2120VH 简图

如果 GGR2120VH 故障开大（管线直径 DN150），则润滑油供油母管中的油将被卸往主油箱，很有可能导致润滑油母管压力下降，造成油压 <1 bar. g 导致触发停机信号。

（3）过滤器堵塞

如果过滤器堵塞，也可能导致润滑油母管供油压力不足，应及时切换至备用过滤器，具体已在 GGR 润滑油过滤器压差高停机中进行过分析。

（4）辅助/应急润滑油泵出口逆止阀卡开

逆止阀 GGR2211/2221/2311VH 是由厂商 SOCLA 制造的 895V 型止回阀，GGR2211/2221VH 尺寸为 DN150，GGR2311VH 尺寸为 DN200。根据专业人员反馈：该阀门关闭有弹簧助力，正常工作介质是润滑油，逆止阀卡涩或无法回座的概率较低。

如果弹簧长期动作失效，则可能存在无法回座的风险。

《T-1-GGR-001 GGR 系统润滑油泵可用性试验》试验周期为四周，试验期间会对 GGR2210/2220/2310PO 进行启停，以验证其可用性。如果在试验过程中，当油泵停运后，油泵出口逆止阀 GGR2211/2221/2311VH 未正常回座，保持开启状态，就会对主油泵出口润滑油进行分流，存在润滑油母管供油压力不足的风险。

《工前会单——T-1-GGR-001（GGR 系统润滑油泵可用性试验）》中针对逆止阀卡涩的风险提示和干预措施：停运润滑油泵时，若润滑油压力下降至初始值后仍快速下降，立即重新启动刚停运的润滑油泵，防止因逆止阀未回座导致润滑油压力非预期降低而停机。需要注意的是，润滑油母管压力低停机无延时，停泵时需随时做好重启准备。

（5）设备泄漏

当润滑油系统设备出现泄漏时，首先会造成油箱油位下降，触发油箱油位低报警 GGR1101KA。如果漏量较大，可能造成油箱油位低 2 停机或者润滑油母管压力低停机。

可能出现的泄漏情况是阀门内漏、仪表管线泄漏、油箱泄漏（GGR 1110BA）、膨胀节泄漏（GGR 2629/2639/2649ZD）、热交换器（GGR2410/2450EX）或过滤器（GGR2510/2520FI）泄漏、GGR 油箱底部紧急排油管线隔离阀内漏（正常能通过泄漏探测管线发现异常）等。

【案例】某机组大修停机过程中，在主汽轮机打闸惰走盘车状态下，主控出现 GGR006AA（GGR001BA 主油箱油位低≤68% 57.8 m^3），运行人员现场检查发现 GGR101RF（备用）底部法兰大量漏油，通知专业人员检查并紧固螺栓，在关闭 GGR101RF 与 GGR201RF 的连通阀 GGR025VH 且紧固螺栓后，漏量减为约每 7 s 一滴，GGR001BA 油位保持稳定。

6.3.2 仪控回路故障

仪控回路故障可能导致 GSE 润滑油母管压力低信号误触发，另外仪表失效也会从逻辑上直接触发润滑油母管压力低停机保护。

正常情况下，参与保护的仪表由 GSE1111/1112/1113MP 两两小选后再选大得到，相当于选取的是中间值。

当一个仪表故障后，则故障仪表替代值为 0，同时在剩余两个有效仪表的输出及故障仪表替代值 0 三个值中取大参与保护。此时，若剩余的两个仪表偏差>0.8 bar，则会直接触发停机。

当两个仪表故障时，直接触发停机。

参与润滑油母管压力低保护的仪表包括 GSE1121/1122/1123MP，它们是 ROSE-MOUNT 生产的型号为 3051TA3A2B21AB4M5P1Q4V5S5 的压力变送器，配有一个型号为 0306RT22BA11 的二次阀组（MPM）。

可能导致仪表故障的情况包括以下方面：

① 仪表测量管线堵塞；

② 仪表测量管线断裂；

③ 仪表零点漂移；

④ 仪表接线故障。

第7章　RPR停机

7.1　基础知识

7.1.1　保护目的

为避免反应堆停堆后由于一/二回路功率不匹配导致一回路过冷而造成反应堆重返临界，在反应堆停堆后，会发信号使汽轮机跳闸。

7.1.2　保护原理

反应堆停堆信号触发后，延时 2.2 s，发送汽轮机跳闸指令。这里的反应堆停堆信号包括 ECP 上手动停堆、SAS 发来的停堆信号，以及 PS 本身的停堆信号。

RPR 停机信号是在 RPR ALU B 子列产生的，每列的 ALU B1 和 ALU B2 分别产生一个停机信号，然后组成“与”逻辑输出（此逻辑未在逻辑图中体现出来，体现在 RPR 仪控架构中），每列输出一个停机信号，组成 4 取 2 逻辑产生最终的停机信号。

7.1.3　保护逻辑

RPR 停机信号简图如图 7-1 所示。

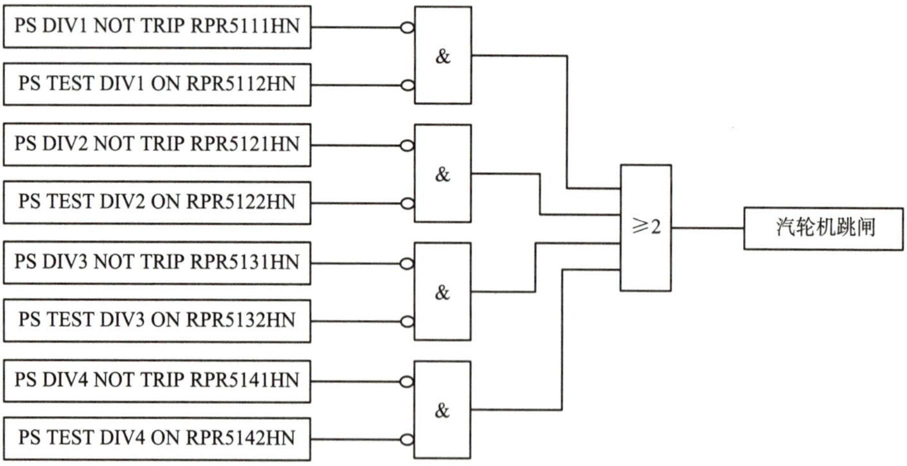

图 7-1　RPR停机信号简图

其中单列 PS 停机信号生成逻辑简图见图 7-2。

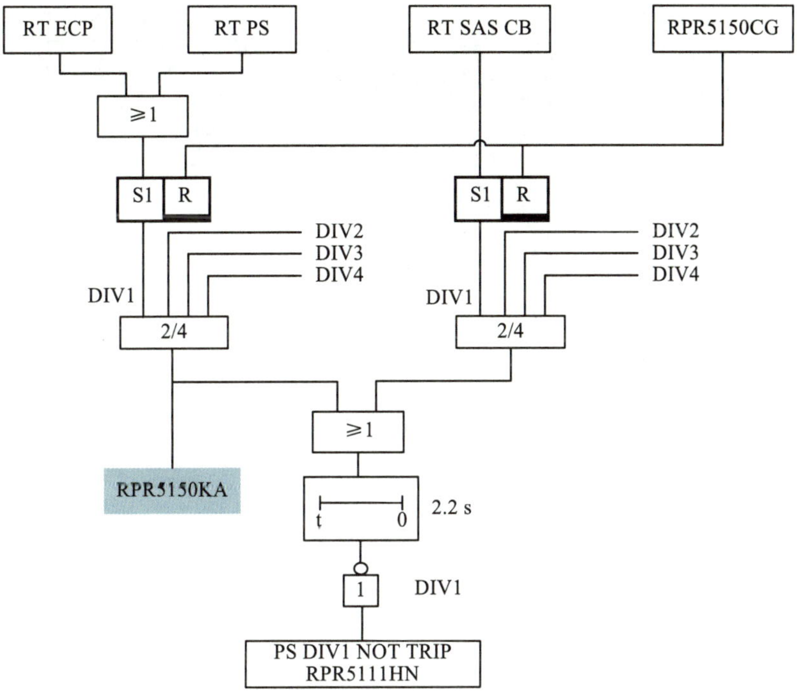

图 7-2　单列 PS 停机信号生成逻辑简图

7.1.4　反应堆停堆后延时 2.2 s 停机原因

根据 FR 文件和 FSAR，从反应堆跳闸反馈到汽轮机跳闸启动之间的时间延时要设置在 2.2～4.2 s 之间，此延时未考虑 GSE 截止阀的关闭时间。设置此延时的目的是防止汽轮机跳闸过早导致二回路超压。

7.1.5　RPR 输出的自动汽轮机跳闸信号定期试验

《T-PT-I-X-RPR-010 RPR 输出的自动汽轮机跳闸信号定期试验》试验周期为一个循环，此试验的目的是检查 RPR 产生的停机信号从 ALU 正确输出、硬接线输出逻辑正常以及信号能正常传输到 P320 中。此试验能在任何机组状态下执行，不过建议在大修期间进行，以避免任何可能的误停机。

试验是仪控通过运行脚本的方式逐列进行的。在进行某一列试验时，此列停堆导致停机的信号是被闭锁的，因此 RPR 停机的 4 取 2 逻辑自动降级为 3 取 2 逻辑。同时也会在 GSE0002YC 页面上（见图 7-3）触发此列停机信号被闭锁的 KS 灯（GSE1120/1121/1122/1123KS）。如果闭锁时间＞120 s，则会触发报警 GSE1179KA（闭锁 PS RC-

SL 汽轮机跳闸信号时间过长），以提示维修人员取消闭锁。

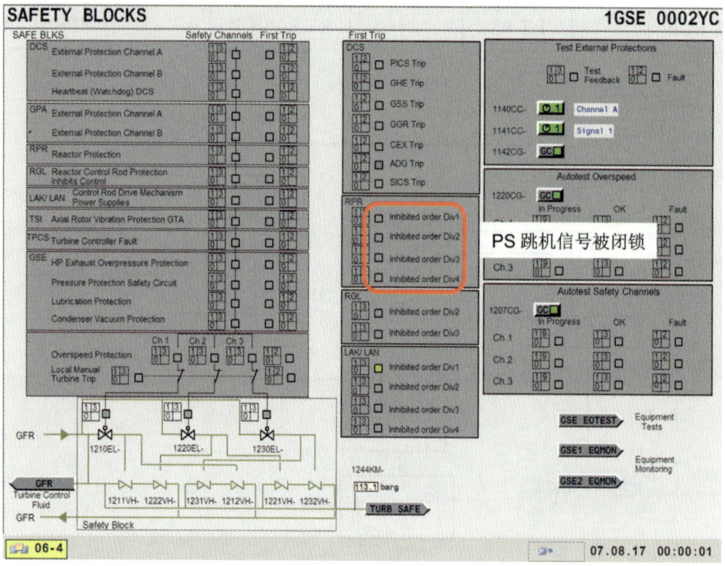

图 7-3　RPR 输出的自动汽轮机跳闸信号定期试验显示页面

7.2　主控监视

如果是由反应堆停堆导致的停机，会在 GSE0002YC 页面上触发 GSE1106KS，并且 RPR 首发停机对应的指示灯 GSE1151KS 也会点亮，如图 7-4 所示。

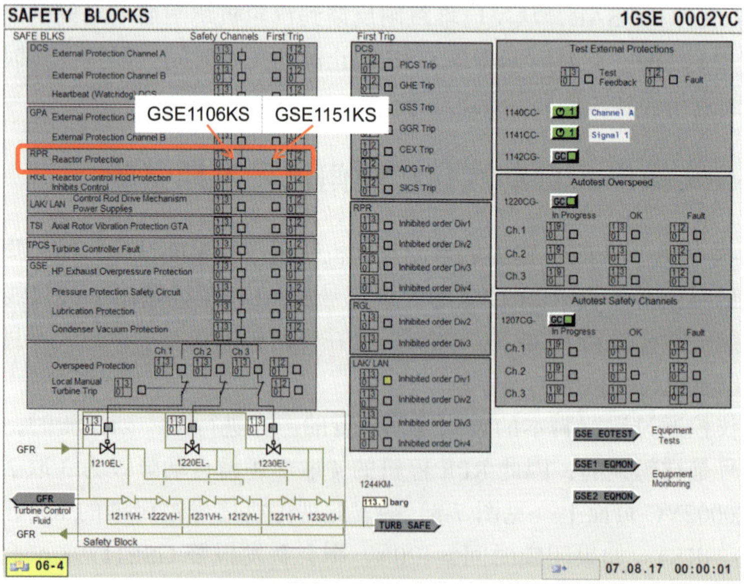

图 7-4　GSE0002YC 页面

7.3　影响因素

7.3.1　RPR 至 P320 停机回路断线影响分析

正常 PS DIVi NOT TRIP 信号为 1，当 RPR 至 P320 停机回路一列发生断线时，其信号变为 0，停机信号由 4 取 2 逻辑降级为 3 取 1 逻辑，此时只会在就地 P320 机柜上触发 GSE1120/1121/1122/1123 KS 和 GSE0013/0016/0019/0022KS，不会在主控触发工艺报警和仪控报警。此时其他三列成为动态 SPV 点，当有任何其他一列误触发时，就会触发 RPR 停机。日常运行期间应定期巡视重大设备保护信号在线状态以便及时发现异常。

【案例】某机组执行 PT RPA030《用 RPA621KC 进行安全壳喷淋信号试验》，将 RPA621KC 置“试验”位置后，EAS001PO 未启动，试验不合格，导致 EAS001PO 不可用导致机组产生随机第一组 I0。维修检查发现 EAS001MO 接触器 LHA106JA 远方合闸 48V 继电器线圈断线。

7.3.2　停堆触发后若未停机时的事故分析

FSAR 中，汽轮机运行时，将紧急停堆后出现汽轮机跳闸作为一个 DBC 分析的基本原则。汽轮机跳闸并非安全级功能，但 FSAR 假定了紧急停堆后会出现汽轮机跳闸，主要是考虑汽轮机截止阀/调节阀是冗余设置，它们都能保证将蒸汽流速降至零，且这些阀门的设计满足“故障安全”准则。而且在初始为状态 A 的假设事故的事故分析中，汽轮机跳闸作为事故序列分析的一个重要步骤。FSAR 中没有针对停堆后未及时停机进行专门的分析，但是停堆后未停机的工况类似的工况有 DBC-2 分析中的“汽轮机入口阀门误开”以及 DBC-4 分析中的“蒸汽系统管道破裂”。

参考 FSAR，蒸汽流量过度增加引起 SG 不受控降压。SG 的这种降压会造成反应堆冷却剂温度和压力降低。在负慢化剂温度系数作用下，这种冷却导致堆芯停堆裕量减少。在 SG 压降速率或压力达到一定程度时，将出现“SG 压降速率高”信号或“SG 压力低”信号，所有主蒸汽隔离阀（MSIV）自动关闭。在 MSIV 关闭之后，汽轮机进汽将会被隔离（相当于蒸汽管线破口被隔离），事件对一回路的影响进而中止，则电厂参数趋于稳定。MSIV 隔离之后，汽轮机失去供汽，最终触发逆功率保护再次触发停机信号并断开发变组出口断路器。

当机组处于功率运行状态时，不同于 FSAR 中分析蒸汽管线破口的情况。停堆之后且 MSIV 隔离之前，在高压缸入口压力限制的作用下 GRE 阀门会关小，发电机功率迅速下降，GRE 切换至直接模式，之后汽轮机功率也会随着一回路平均温度下降而下降。随着 SG 压力下降，新蒸汽压力限制生效，进一步降低了汽轮机功率，新蒸汽压力继续降低后 MSIV 关闭，切断了汽轮机的进汽，随后 GPA 逆功率保护动作，断开发变组出口断路器。此外，RCP 排热增加引起 RCP 温度和压力的下降，可能会由“PZR 低压力（MIN3）”信号触发安注和部分冷却。

因此，若真实出现停堆后未自动停机的情况，会导致一回路压力的大幅下降，有导致安注启动的风险。因此，在机组发生停堆后必须确保汽轮机停机操作的有效性。

如果 GRE 机柜中 T8800 卡件故障，在反应堆自动停堆后，汽轮机将无法自动跳闸，也无法通过 GSE1201/1202CG 来手动跳闸，此时可通过在机头按下紧急停机按钮 GSE1180AU 来实现就地打闸停机。

第8章 GPA逆功率保护

8.1 基础知识

8.1.1 保护目的

当汽轮机主汽门关闭后，发电机变为同步电动机运行，发电机从发出有功功率变为从电网吸收有功功率，即逆功率，这时保护动作跳开发电机，此种保护称为逆功率保护。

逆功率对发电机本身并无损坏，但对于汽轮机而言，长时间无蒸汽运行将会导致排汽缸温度升高及尾部叶片过热。由于汽缸中充满了不流动的蒸汽，它会与汽轮机叶片摩擦产生热，使汽轮机叶片过热和低压缸排汽温度升高，可能导致汽轮机叶片强烈振动甚至断裂。所以发电机逆功保护的目标是汽轮机。

8.1.2 保护原理

逆功率保护通过断开发变组出口断路器、跳励磁开关以及关闭主汽门，将汽轮发电机组同电网脱开，避免汽轮机损坏。

发电机逆功率保护分为逆功率保护1段和逆功率保护2段。逆功率保护1段仅在汽轮机主汽门关闭时起作用。逆功率保护2段适用于当原动机故障而主汽门尚未关闭的情况。

正常汽轮机跳闸后，发电机组与电网断开就是通过逆功率保护1段来实现的。

8.1.3 保护逻辑

GPA逆功率保护逻辑简图如图8-1所示。

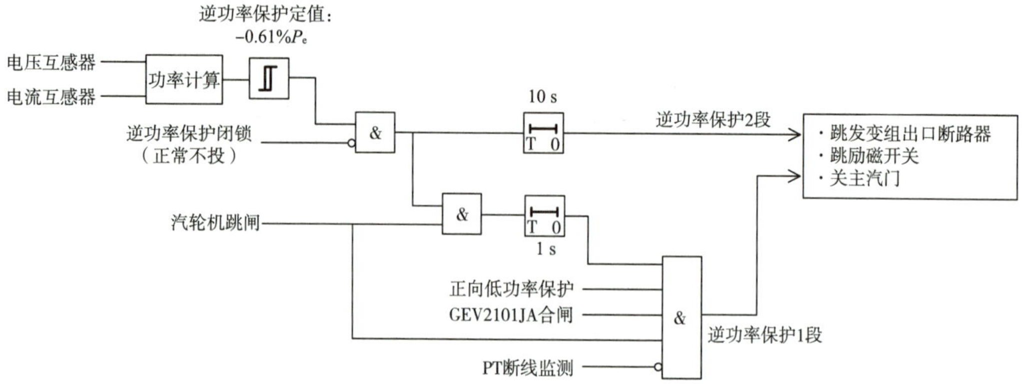

图 8-1　发电机逆功率保护逻辑简图

8.1.4　测量信号

逆功率保护中参与计算发电机功率的信号取自电流互感器 GEX1015/1055/1095TI（对于第二套保护是 GEX1019/1059/1099TI）和发电机出口电压互感器 GSY3035/3075/3115TU（对于第二套保护是 GEX3036/3076/3116TU，分别对应 A/B/C 三相）。其所在的位置如图 8-2 所示。

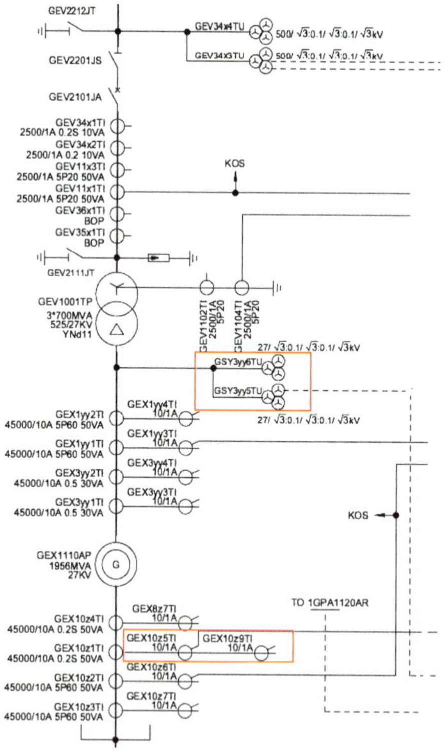
图 8-2　逆功率保护测量仪表

8.1.5　逆功率保护定值

逆功率保护定值是以二次侧视在功率的百分比形式设定的，机组定值设置为 $-0.61\%P_e$：

$$定值=\frac{P_{sec}}{S_{Nsec}}=\frac{P_{Mach}}{S_{NMach}}\cdot\frac{U_{NMach}}{U_{Nprim}}\cdot\frac{I_{NMach}}{I_{Nprim}}$$

其中：

P_{sec} ——与定值对应的二次侧功率；

$S_{N\,sec}$ ——二次侧额定视在功率：$\sqrt{3}\cdot U_{Nsec}\cdot I_{Nsec}$；

P_{Mach} ——与定值对应的发电机功率；

S_{NMach} ——发电机额定视在功率；

$U_{N\,Mach}$ ——发电机额定电压；

$I_{N\,Mach}$ —— 发电机额定电流；

$U_{N\,prim}$ ——电压互感器一次侧额定电压；

I_{Nprim} ——电流互感器一次侧额定电流。

8.1.6　逆功率保护 1 段和 2 段的区别

正常情况下，当汽轮机跳闸后，GSE 进汽阀关闭，当计算出的功率超过阈值，判断发电机进入逆功率运行，此时经过 1 s 延时，逆功率保护 1 段动作，会发指令去断开发变组出口断路器和励磁开关，关闭汽轮机主汽门。正常的汽轮机跳闸就是通过逆功率保护 1 段来实现发电机停运的。

如果汽轮机主汽门未关闭，但探测到逆功率运行，经过 10 s 延时，逆功率保护 2 段动作，会发指令去断开发变组出口断路器和励磁开关，关闭汽轮机主汽门。逆功率保护 2 段相当于逆功率保护 1 段的备用。

8.2　主控监视

逆功率保护测量使用的电流互感器和电压互感器无法直接在主控监视，但可以通过 GEX0001YC 页面上见图 8-3 的发电机出口电流 GEX3304MI 和电压 GEX3304MU 来间接监视。发电机有功功率可以通过 GEX3301MW 来监视。

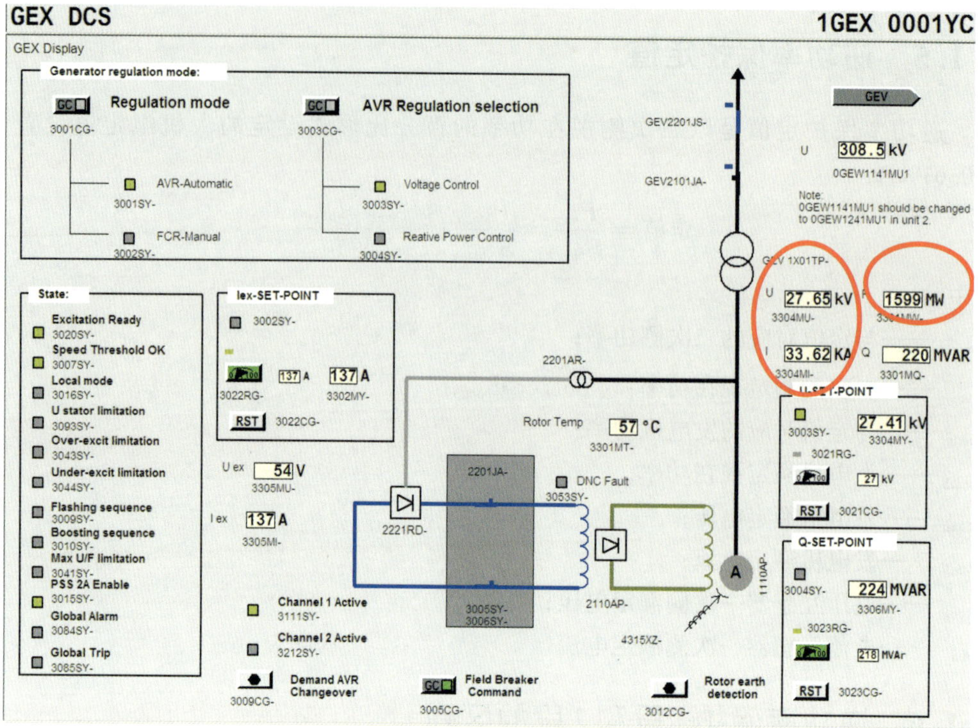

图 8-3　GEX0001YC

当 GPA 系统出现故障时，主控会收到综合报警 GPA1180KA（保护系统故障），其触发信号有 GPA 1181/1182/1183/1153/1681/1682/1683/1001SY. XG02。注：以上这些信号点是装置本身故障或失电的报警。一次设备故障，GPA 正确动作跳闸时，GPA 本身无故障时不会有以上报警。此时由各具体保护功能相应的 SY 去触发主控报警。

每个信号点的含义见表 8-1。

表 8-1　各信号点的含义

信号点	含义
GPA1181SY. XG02	发电机及主变保护屏 A（GPA1110AR）相关故障
GPA1182SY. XG02	发电机及主变非电量保护屏（GPA1130AR）相关故障
GPA1183SY. XG02	发电机及主变保护屏 B（GPA1120AR）相关故障
GPA1153SY. XG02	发电机及主变非电量保护屏（GPA1130AR）20 Hz 发电机注入信号故障
GPA1681SY. XG02	厂变 A/厂变 B 第一套保护屏相关故障（GPA1610AR）
GPA1682SY. XG02	厂变保护故障（GPA1620AR）
GPA1683SY. XG02	厂变 A/厂变 B 第二套保护屏相关故障（GPA1630AR）
GPA1001SY. XG02	与 DCS 接口屏失电或开关故障

其中逆功率保护分别配置在发电机及主变保护屏 A（GPA1110AR）和 B（GPA1120AR）中，双路冗余，任何一路触发保护即可触发，以防止保护拒动。

以 GPA1181SY 为例，其代表的是发电机及主变保护屏 A（GPA1110AR）相关故障。根据 GPA 厂家图，其触发原因有：

① 发电机及主变保护屏 A 信号回路失去电源；

② 发电机及主变保护屏 A 跳闸回路失去电源；

③ 发电机及主变保护屏 A 跳闸矩阵 1104UR 失去电源；

④ 发电机及主变保护屏 A 跳闸矩阵 1104UR 故障；

⑤ 发电机及主变保护屏 A 变压器保护 1103UR 故障；

⑥ 发电机及主变保护屏 A 发电机保护 1101UR 故障；

⑦ 发电机及主变保护屏 A 发电机保护 1102UR 故障。

当报警出现后，可以通过建立对应的信号点，初步判断故障是在哪个屏上，以便于快速锁定故障。

对于发电机/主变电量保护以及厂变 A/B 电量保护，由于其均设置两套，所以任意失去一套保护只是失去冗余，不会导致保护拒动；但对于发电机及主变非电量保护屏，由于其仅设置一路，如果出现故障如电源失去，可能导致保护拒动，需要尽快处理。

8.3　影响因素

8.3.1　可能导致保护信号误动的设备及主要故障模式

对于逆功率保护链路，可能出现故障导致误发停机/断发变组出口断路器/发电机灭磁信号的设备/子部件及其主要故障模式见表 8-2。

表 8-2　逆功率保护链路上设备的故障模式

设备	子部件	故障模式
GCB 汇控柜 GEV2110AR 励磁调节柜 GEX3001AR 发电机及主变保护屏 A GPA1110AR 发电机及主变保护屏 B GPA1120AR 机端 PT 柜 GSY3001AR 中间 CT 柜 GEX6002AR GIS	继电器	误动，拒动
	端子	接触不良，短路
	开关	节点误闭合，接触不良
	电缆	绝缘失效
	保护压板	有正电时误投
	跳闸矩阵	误动
	微机保护装置	误动
	电压互感器	短路，上漂，下漂
	电流互感器	开路，上漂，下漂
	GCB GIS 气室	密封失效

在上述机柜、设备及其周边开展工作时，要注意提醒工作负责人防止误碰或者信号干扰，以免误触发保护信号。

8.3.2 逆功率保护触发时执行机构拒动的风险

如果逆功率保护触发后，发变组出口断路器拒动未跳开，则会触发断路器失灵保护动作，跳开 500 kV 开关，LGA/B/C/D 失电，将会启动厂辅变切换，反应堆自动停堆。因此在汽轮发电机组停机解列前，需要确认主控无 GPA 相关异常报警，逆功率保护和厂辅变切换功能正常。

【案例】机组处于调试启动阶段，核功率 40%NP，电功率 581 MW。主控出现 GSS1304KA（汽水分离再热器一级加热器疏水箱液位高 2）报警，汽轮发电机组跳闸。但由于发变组出口断路器拒动，触发 GPA（发电机和输电保护系统）失灵保护跳开 500 kV 超高压断路器，并由此引起厂辅切换（厂用电由厂变供电切换到辅变供电），4 台主泵因厂辅切换而失电停运。主泵转速低信号叠加 P12 非（稳压器压力≥130 bar. a）触发反应堆保护动作，反应堆自动停堆。经排查分析，发变组出口断路器拒动的原因为断路器分闸回路控制故障。

案例中由于发变组出口断路器的跳闸继电器选型有问题，不能长期带电，目前已更换为能够长期带电类型的继电器。

因此在汽轮发电机组停机解列前，需要确认主控无 GPA 相关异常报警，逆功率保护和厂辅变切换功能正常。机组正常下行操作汽轮机可以考虑首先断开 GEV2101JA 使得汽轮机处于空载状态，然后执行停机操作，从而避免逆功率保护失效的影响。

8.3.3 GPA 逆功率保护链路 SPV 点

GPA 逆功率保护链路上存在多个 SPV 点，对于继电器，由于其误动会导致保护误触发，所以需要定期校验，并巡检检查温湿度及凝露情况；注意控制 GCB 汇控柜、励磁调节柜、发电机及主变保护屏、机端 PT 柜以及中间 CT 柜所在房间的环境条件，运行巡检时需关注房间的通风状况和温湿度。GPA 机柜位置及房间通风见表 8-3。

表 8-3 GPA 机柜的位置及房间通风

机柜名称	ECS 编码	所在位置	房间通风
GCB 汇控柜	GEV2110AR	HEC	DVA
励磁调节柜	GEX3001AR	HMG5B80ZL	DVM
发电机及主变保护屏	GPA1110/1120AR	HFA1615	DVF
机端 PT 柜	GSY3001AR	HMD2D80	DVM
中间 CT 柜	GEX6002AR	HMF5D80	DVM

① 对于接线端子，如果接触不良或者短路，可能导致保护信号误发，需要定期检查端子排安装情况，并在检修时进行紧固，另外要注意检修时防止误碰；

② 对于 GIS 气室，需要定期巡检，关注气室压力；

③ 对于电缆，为避免其绝缘失效导致短路，需定期进行绝缘测量检查；

④ 对于提供测量信号的电压互感器和电流互感器，为避免故障导致计算出来的发电机功率错误超过阈值，从而导致保护误触发，需要定期进行特性试验。

第9章　GPA紧急停机

9.1　基础知识

9.1.1　保护目的

GPA 自动停机信号的设计目的为了确保汽轮发电机的安全运行，防止设备损坏，以及保护人员安全。当发生电气事故时，例如厂变故障，或汽轮发电机出现异常或故障时，GPA 系统会检测到这些情况并通过停机信号触发保护动作，以防止进一步的损害。保护信号触发后，通过 GPA 跳闸矩阵，跳开发变组出口断路器、励磁系统跳闸、关闭汽轮机主气门，实现二回路紧急停运。

紧急停机按钮 GPA1101TO 的功能设计为：在紧急情况下，由主控操作人员按下手动停机按钮 GPA1101TO，通过 GPA 跳闸矩阵实现二回路紧急停运。

9.1.2　保护原理

GPA 停机信号在 A/B 两个保护通道中通过 GPA 跳闸矩阵产生，任意一路触发后送到 GSE 触发汽轮机停机。其中通过 GPA 手动停机时，主控操纵员在 ECP 盘上按下紧急停机按钮 GPA1101TO 后，通过继电器 2/3 逻辑后送发变组保护机柜 GPA1110/1120AR，随后和其他 GPA 自动保护指令一样，通过 GPA 跳闸矩阵产生跳闸指令后，送到 GSE 系统触发汽轮机跳闸。

9.1.3　保护逻辑

GPA 自动停机简图如图 9-1 所示。

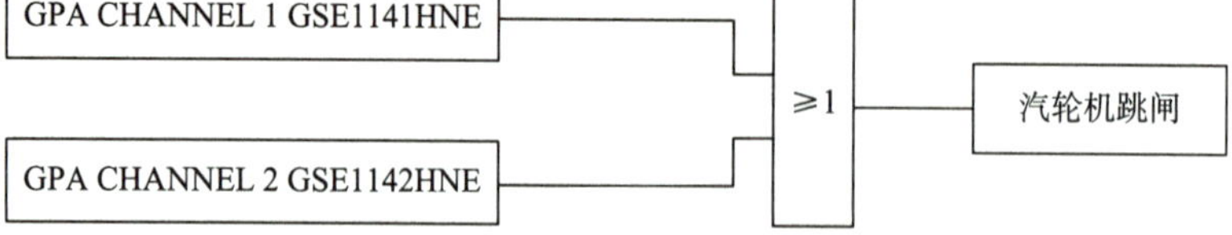

图 9-1　GPA 逻辑停机回路简图

GPA1110TO 停机简图如图 9-2 所示。

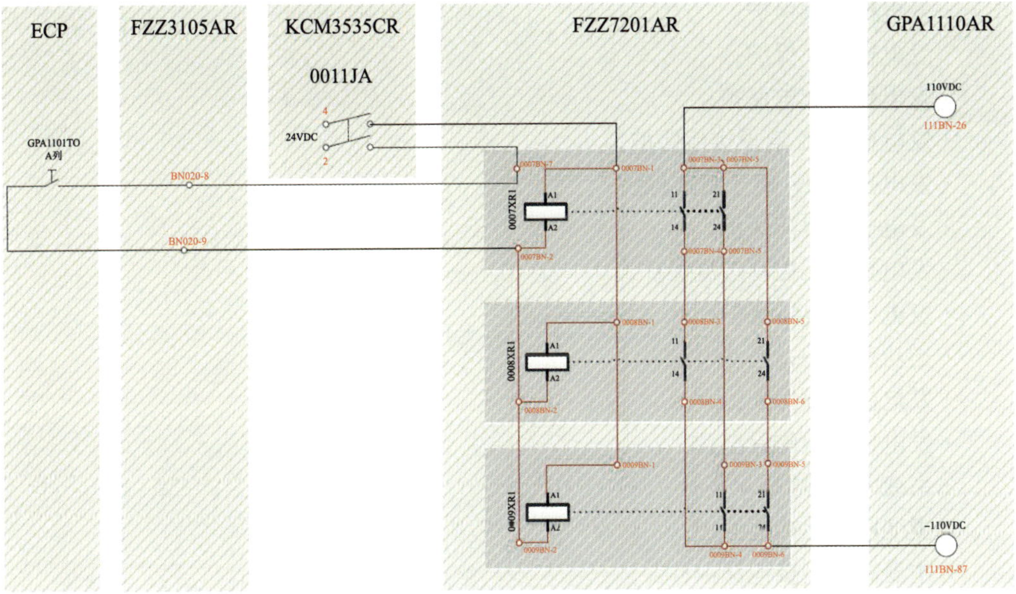

图 9-2　GPA 紧急停机回路改造方案

9.1.4　GPA1101TO 紧急停机与 PICS/SICS 手动停机的区别

从 PICS 和 SICS 发出的手动停机指令是通过 DCS 系统传输到汽轮机保护处理器中处理后停机，汽轮机跳闸后，GPA 逆功率保护动作，使发变组出口断路器和励磁系统跳闸。

而从 ECP 发出的紧急停机指令是经 GPA 通过硬接线送到汽轮机保护处理器中处理后停机。它会同时发出如下指令：跳发变组出口断路器、励磁系统跳闸、关汽轮机主汽门。

主控 ECP 盘上设置的 GPA 紧急停运按钮 GPA1101TO 按下后，会触发如下动作：跳发变组出口断路器、励磁系统跳闸、关主汽门。该动作与发变组保护本体故障跳闸出口动作一致。而正常汽轮机停运是先关主汽门，然后通过发变组逆功率保护启动跳 GCB、合灭磁开关。因此 GPA1101TO 按钮按下后，发变组出口断路器跳开，汽轮发电机组的超速风险概率会较正常停运增大。

9.1.5　会触发汽轮机跳闸的 GPA 保护

除 ECP 上 GPA 手动紧急停机会触发汽轮机跳闸外，以下保护动作时，也会通过 GPA 跳闸矩阵触发汽轮机跳闸指令（以发电机和主变保护 A 屏为例）。

· 发电机差动保护；
· 发电机失磁保护；
· 发电机负序保护；
· 发电机突加电保护；
· 发电机 95% 定子接地保护；
· 发电机 100% 定子接地保护；
· 发电机过负荷保护；
· 发电机电压控制过流保护；
· 发电机过电压保护；
· 逆功率保护；
· 发电机低频保护；
· 发电机过激磁保护；
· 主变差动保护；
· 主变限制性接地保护；
· 主变高压侧接地保护；
· 断路器失灵保护；
· GCB 三相不一致保护；
· 开关站直跳 GPA 保护；
· GEW & GEV 分位状态停机；
· 励磁系统直跳 GPA 保护。

9.2 主控监视

在主控无单独的 GPA 监视画面，GPA1101TO 位于 ECP 盘上。GPA1101TO 按下后，会触发 GPA1103KS，可以通过建曲线查看。

9.3 影响因素

9.3.1 通讯失去及网络故障影响分析

GPA 停机信号通过硬接线送往 P320，不涉及网络通讯。

9.3.2　环境及人因影响因素

在 GPA 保护相关机柜上及柜子周边开展工作时，需要关注误碰以及电磁干扰风险，防止误触发停机信号。另外，机柜所在房间的通风也要保持正常运行，以维持正常的温湿度，避免机柜凝露，从而导致继电器误动作。

【案例】某机组处于稳定功率运行，核功率 99.3%NP，电功率 1 729 MW。突然 GPA 手动停机信号触发导致发电机和输电保护系统出口断路器动作，机组停机。经分析原因为：GPA 手动停机链路上的中间继电器 GHE0001XR1 受潮湿环境影响，线路板焊点间绝缘降低，逐步恶化导致发生瞬间放电拉弧击穿绝缘，形成通路，触发停机信号。

事件中，中间继电器 GHE0001XR1 线圈在未励磁的情况下常开触点电阻异常，触发汽轮发电机组跳闸，为单一继电器设备故障引发了较为严重的后果。为此，已对中间跳闸继电器进行设计改造，改造方案为增加两个中间继电器，由此前的单个继电器动作触发保护改为 3 个继电器 3 取 2 动作触发保护。

第 10 章　GME 汽轮机振动及轴向位移高停机

10.1　基础知识

10.1.1　保护目的

正常运行期间，GME 系统持续监视汽轮发电机组的机械状态和热力状态。当汽轮发电机组振动或轴向位移过大时，为避免重要设备或部件损坏（如汽轮机大轴、轴封、叶片、轴承、滑销、励磁部件等），设置振动/轴向位移高自动停机保护。

10.1.2　保护原理

当以下几种情况之一出现时，触发汽轮机跳闸。

① 至少两个轴承的相对振动超过 H2 阈值；

② 汽轮机转子轴向位移仪表故障（3 取 2 逻辑）；

③汽轮机转子轴向位移达到+0. 8/−0. 7 mm（3 取 2 逻辑）。

注：当汽轮机转速＞1450 r/min 时，H2 阈值为 130 μm；当汽轮机转速低于 1 450 r/min 时，H2 阈值为 247 μm。

10.1.3　保护逻辑

GME 振动/轴向位移高停机信号逻辑简图如图 10-1 所示。

10.1.4　汽轮发电机组振动/轴向位移相关定值及报警

每一个轴承都配备了两块相对振动仪表（水平方向和垂直方向）和两块绝对振动仪表（水平方向和垂直方向）。绝对振动仪表测量的是转子相对于地面的振动也可以叫瓦振；相对振动仪表测量的是转子相对于探头的振动，可以理解为转子相对于轴瓦或者轴承座的振动，也叫轴振。轴承相对振动定值及动作见表 10-1。

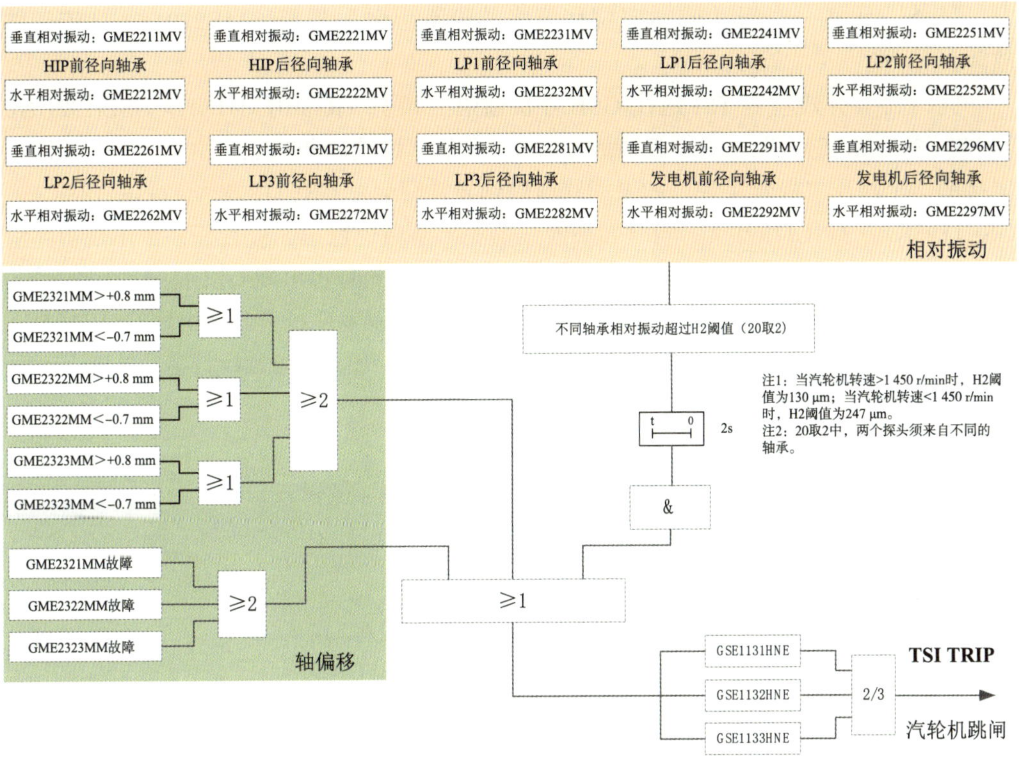

图 10-1　GME 振动/轴向位移高停机信号逻辑简图

表 10-1　轴承相对振动定值及动作

	正常运行	H1	H2
相对振动	<90 μm	90 μm（汽轮机转速>1450 r/min）； 171 μm（汽轮机转速<1450 r/min）	130 μm（汽轮机转速>1 450 r/min）； 247 μm（汽轮机转速<1 450 r/min）
动作	N/A	触发报警GME22i1KA（i=1~9），GME2295KA	· 触发报警 GME22i9KA（i=1~9），GME2296KA，2 取 1； · 汽轮发电机组跳闸（至少两个轴承的相对振动超过 H2 阈值）

汽轮发电机组还配置了三块轴向位移仪表 GME2321/2322/2323MM 用于测量转子的轴向位移，它用于估算推力轴承上的推力。轴向位移定值及动作见表 10-2。

表 10-2　轴向位移定值及动作

	正常运行	H1	H2
轴向位移	−0. 5~0. 4 mm	>+0. 4 mm <−0. 5 mm	>+0. 8 mm <−0. 7 mm
动作	N/A	· 触发报警 GME2320KA	· 触发报警 GME2324KA，3 取 1； · 汽轮发电机组跳闸，3 取 2

另外，任何一个振动或轴向位移仪表故障都会触发报警 GME2101KA（传感器故障）。

同时为了有效监测 TSI 送往 GSE 停机通道的状态（lGSEl131HNE、GSEl132HNE 和 lGSE1133HNE），在这些硬接线信号回路中设置了断线检测功能，由每个信号回路中串接的 2 个稳压二极管实现，如果回路监测到异常则触发 GSE1187KA，GSE1188KA，GSE1193KA，GSE1189KA。同时如果断线监测回路两个稳压二极管任一个出现短路故障或特性漂移压阵不稳时将触发该通道的停机信号，此时将出现 GSE1194KA 的报警，由于停机的逻辑是 3 取 2，因此一个监测通道故障不会触发停机。此时根据 GSE1194KA 的报警卡，需要专业人员确认下方信号是否有一个触发，如果触发则执行手动停机。

① 至少两个轴承的相对振动超过 H2 阈值；

② 汽轮机转子轴向位移仪表故障（3 取 2 逻辑）；

③ 汽轮机转子轴向位移达到+0. 8/−0. 7 mm（3 取 2 逻辑）。

10.2 主控监视

如图 10-2 所示，在主控页面 GME0001YM 上可以监视每个轴承的水平方向和垂直方向相对振动和绝对振动，在 GME0001YM 和 GME0003YM（见图 10-3）上可以监视轴向位移。

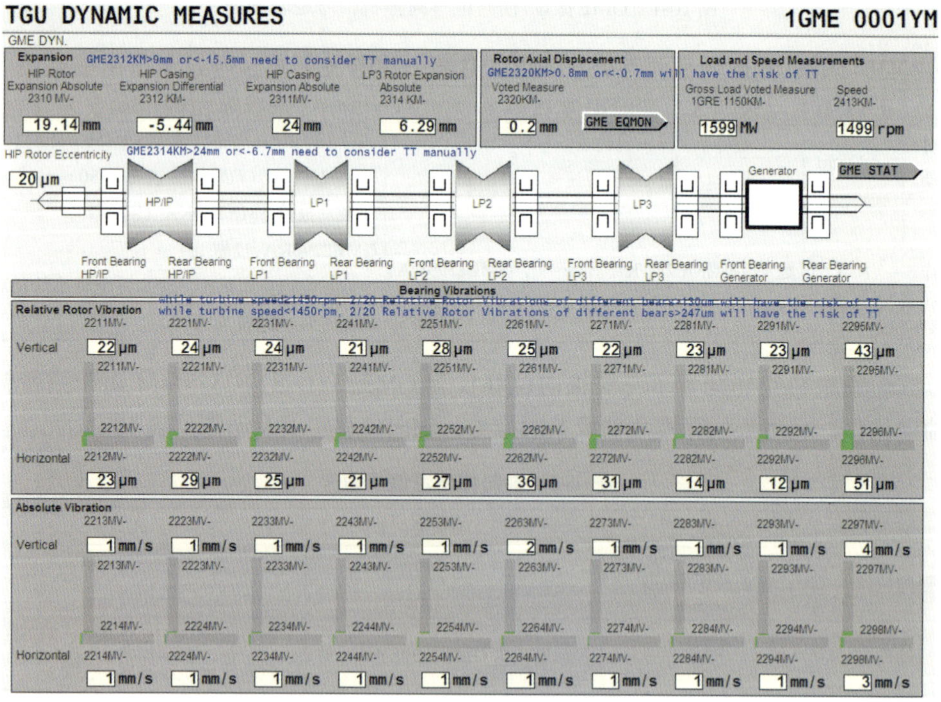

图 10-2　振动/轴向位移监视画面

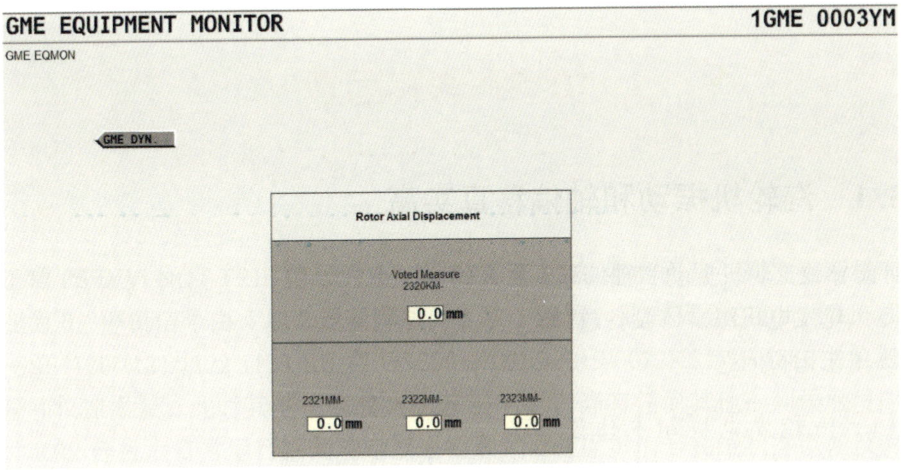

图 10-3　轴向位移监视画面

轴向位移 GME2320KM 正常取自 GME2321/2322/2323MM 次小值。当一个探头故障时，故障探头自动被剔除，GME2320KM 取自剩余两个探头小选；当两个探头故障时，GME2320KM 取自最后一个探头。此时会触发 3 取 2 轴向位移探头故障停机信号。任何一个探头故障都会触发报警 GME2101KA（传感器故障）。

当由 GME 触发汽轮机跳闸时，会在 GSE0002YC 上（见图 10-4）触发 GSE1108/1153KS，指示首发停机原因为 GME 轴承振动高/轴偏移高导致。

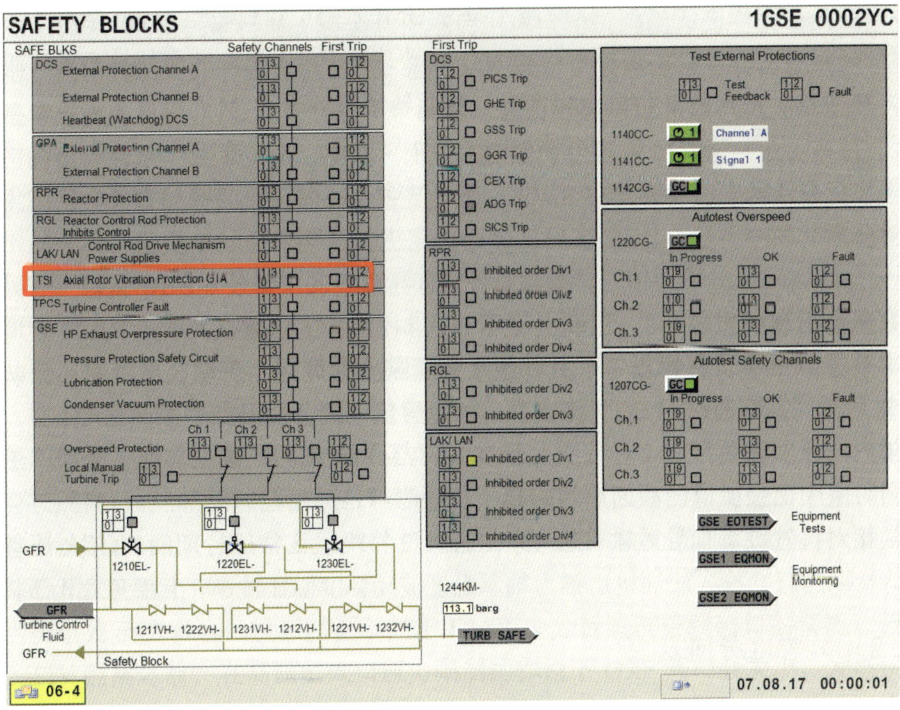

图 10-4　汽轮机跳闸页面

10.3 影响因素

10.3.1 汽轮机振动和轴偏移真实高

可能导致汽轮机振动和轴偏移真实高的原因有：

① 汽轮发电机组本体设备故障；

② 工艺运行问题。

（1）汽轮发电机组本体设备故障

汽轮发电机组本身属于 8+1 重大设备范畴，管控措施较全面，对于设备异常都有应急检修预案。汽轮机本体引起机组振动高或轴向位移高的因素较多，需关注如下几方面。

① 轴承损坏：包括轴承轴瓦损坏等异常；

② 旋转部件损坏：包括旋转部件损坏、动静摩擦等异常；

③ 轴电流：确保已有接地铜垫，且密封在箱体内；

④ 其他导致振动或轴位移增大的异常。

【案例】主控闪发 10 号瓦振动高 1 报警 GME2295KA（大于 90 μm 延时 5 s），前后共触发 4 次，报警最长持续触发 2 min。建曲线发现 10 号瓦水平轴振 GME2296MV 波动至 90 μm，随后回落至 86 μm 左右，垂直轴振 GME2295MV 无明显变化。监视发电机有功、无功无异常变化；相邻轴承的振动无异常变化；高中压缸的膨胀有轻微上涨趋势，由 24 mm 上涨至 25 mm；10 瓦温差（GME2696/2697MT）上升，持续 25 min 后回落。

10 号瓦轴振超出报警值，主要是 10 号瓦振的测量支架存在共振现象（100 Hz 信号）叠加转子实际相对轴振动升高（7～8 μm 上涨），导致振动接近和超出报警值 H1，10 号瓦水平向和垂直向轴振均存在同步小幅波动，瓦振没有类似波动现象，振动小幅波动由 1X 倍频的变化引起。10 号瓦轴振动波动期间，10 号瓦瓦温也出现波动，且存在正相关性，随着瓦温回落稳定后，振动也回落并稳定；漆膜是瓦温度波动的主要原因，同时漆膜也会使得使高速旋转的转子在漆膜部位产生轻微局部热点和暂态热弯曲，引起轴相对位置波动而导致轴振波动，当前 1/2 号机组正常运行期间，GGR 油室滤油机保持长期运行，投入滤油机后推力轴承温度波动幅度明显减小，且温度逐渐下降。

（2）工艺运行问题

如果工艺参数控制不当，也有可能导致汽轮机振动和轴偏移真实高。常见的情况如下：

① 水击；

② 低压缸喷淋异常；

③ CET 轴封供汽压力波动；

④ 汽轮机暖机时间不足；

⑤ 电网波动及其他电气影响；

⑥ GSS 供汽阀波动。

1）水击

当进入汽轮机的蒸汽中水分过高时，就有可能发生水击，导致汽轮发电机组振动/轴偏移增大。

设计上有如下措施降低蒸汽湿度和防止汽轮机进水。

① 蒸汽发生器出口布置有旋叶式汽水分离器和干燥器，可以去除新蒸汽中的水分；

② VPU 疏水管道可用排出新蒸汽管线的疏水；

③ 高压缸做完功的蒸汽在进入中压缸之前先进行汽水分离再热；

④ GPV 疏水管线排出蒸汽管线的疏水；

⑤ 瞬态工况下，为了防止 AHP/GSS/ABP/ADG 等系统水倒流进入汽轮机，还设置了抽汽逆止阀；

⑥ 当 GSS/ADG 液位高时，设置了停机/RB 信号，防止汽轮机进水。

汽轮机正常运行期间，新蒸汽管线疏水由 VPU 二级疏水来控制。正常运行期间二级疏水箱 VPU5410BA 的疏水经疏水器 VPU5445PU 和孔板 VPU5437DI 排向冷凝器。当液位高 2 时，会自动开启气动疏水阀，同时触发报警 VPU5402KA。此时需按照报警卡响应，避免二级疏水不畅，导致蒸汽管线进水。

当汽轮机负荷降至 30% 以下时，需按总体程序要求检查疏水阀 GPV2110/2120/2130/ 2140VL 自动开启，如果阀门开启指令发出 15 s 后，阀门开反馈仍未出现，则触发报警 GPV2101KA（疏水阀开启故障）。此时应尽快通知维修对阀门进行处理，以防止汽轮机进水。

2）低压缸排汽口喷淋异常

在汽轮机启动、空载及低负荷运行时，通过汽轮机末级叶片的蒸汽流量大幅下降，不足以带走低压缸内由于鼓风摩擦而产生的热量，从而导致排汽温度升高，末级叶片存在过热风险。因此设置了低压缸排汽口喷淋以降低排汽口金属温度，防止末级叶片过热损坏。

台山低压缸排汽口喷淋是由 GPV3165VL 来控制的，机组正常高功率运行时此阀门保持关闭。当汽轮机负荷降低到 20%P_e以下时，GPV3165VL 自动开启。当汽轮机跳闸后，GPV3165VL 开启 10 min，10 min 后阀门自动关闭。

当汽轮机低负荷或者空载期间，GPV3165VL 控制不当，未能及时开启或者开启/

关闭状态发生变化时，会引起低压缸排汽温度大幅变化，从而影响低压缸和转子的热力状态，有可能改变动静间隙，导致发生动静碰磨，造成轴承振动异常升高。

【案例】某机组大修后首次冲转，5 号轴承（LP2 转子前轴承）处轴振动开始出现较明显的增长现象，6 min 后 1、2 号轴承（HP 转子前后轴承）处轴振动开始出现较明显的增长现象，随后 1 号轴承处轴振动达到 0. 132 mm（报警值 0. 135 mm），5 号轴承处轴振动达到 0. 12 mm，判断出现了轻微动静碰磨，由于此时振动上升速率较快，按照预案打闸停机。

经分析原因为在汽轮机启机阶段，其内部动静间隙在不断发生变化，由于低压缸 CAR 喷淋阀手动控制不当，使低压缸排汽温度降低较多，影响了低压缸和转子的热力状态，导致转子受热不均匀程度增加，热弯曲增加，振动增大。

CPR 机组低压缸排汽口喷淋阀（CAR015VL）是调节阀，可以根据低压缸排汽温度来进行调节喷淋流量。相比之下台山 GPV3165VL 是隔离阀，没有进行流量调节。低负荷及停机时需要及时核对阀门正常自动开启，避免低压缸排汽温度大幅上升后又剧烈下降，影响汽轮机振动水平。

机组下行文件包中要求“在电功率$<20\%P_e$时，检查低压缸喷淋阀 GPV 3165VL 开启，要求现场置于手动开启状态”，直到 CET 系统停运后才将阀门恢复远控自动关闭；I6（汽轮机跳闸反应堆不停堆）程序中在汽轮机跳闸后要求确认 GPV3165VL 开启，并且在停机 10 min 后将其置于就地开启。

机组上该阀门曾出现过阀门内漏及卡涩，因此机组下行及停机后需加强对该阀门的关注。如果汽轮机负荷 $20\%P_e$ 以下或停机后 GPV3165VL 未及时开启，应尽快通知专业人员处理，以免影响汽轮机运行。目前 GPV3165VL 已作为 CCM 设备管控。

3）CET 轴封供汽压力波动

CET 轴封母管压力大幅波动一方面可能会造成轴封蒸汽温度变化或者在转子轴颈部位产生水汽等，造成转子轴颈部位温度不均匀，形成热变形；另一方面可能导致轴承处轴封压力跟随轴封母管压力大幅度变化，致使轴振。两者都有可能造成轴承振动增加。

【案例】某机组 1 号机从 85%nP 功率平台执行降功率操作，停机过程中汽轮发电机组 1 号轴承轴振在 228 MW 功率平台开始上涨持续上涨至 316 μm，操作员手动打闸停机。经分析主要原因为轴封供汽压力波动造成轴承振动高。

因此启停机及升降功率期间要特别关注 CET 轴封供汽压力，维持轴封供汽压力稳定，避免轴封供汽压力大幅波动进而影响汽轮机轴承振动。

汽轮机启动和停运期间，CET 轴封由 SVA 或 VPU 供汽（4%nP 左右切换）。汽轮机正常运行期间，低负荷时轴封由 VPU 供汽；高负荷时轴封由高中压缸两端轴封泄漏的乏汽及高压缸进汽调节阀阀杆的漏气进行自密封。

轴封供汽压力正常由 CET1120VV 维持在 50 mbar. g，压力实测值取自 CET1120/

1121MP 小选，当任何一个仪表故障下漂时，都会导致 CET1120VV 异常开大，造成实际轴封压力上涨；如果故障仪表来回波动，则可能造成 CET1120VV 频繁开关进而造成轴封压力来回波动，从而影响到汽轮机轴承振动。因此这种情况下，可以考虑将 CET1120VV 置于手动维持轴封压力，避免来回波动。同时尽快通知专业人员处理，恢复阀门的自动控制。

4）机组热态启机暖机/冲转时间不足

根据各基地历史情况，出现过多次盘车状态下轴振波动上涨的情况，而且主要发生在临停机组热态启机。其主要特点是，临停机组热态启机易出现动静碰磨导致盘车停运或盘车转速变化。主要原因是汽轮机冷却收缩过程中，局部动静间隙会趋小，产生动静碰磨风险增加。如果叠加轴封系统扰动可能导致转子局部温度出现不均匀，可能出现局部轻微碰磨，形成转子局部热变形。这种系统和设备特性存在较低发生概率，发生后及时发现，可通过连续盘车或暖机等待进行消除。

【案例】某机组按计划执行临停后汽轮发电机组冲转工作，汽轮机冲转至 836 r/min 时（核功率为 14.5%NP），5 号轴承绝对振动最高波动至 13.11 mm/s，触发振动高保护跳闸信号（跳闸值 10.5 mm/s），汽轮机跳闸。现场检查发现冲转前 20 r/min 盘车状态下，5 号轴承相对振动已上涨至 89 μm，明显偏高。

经分析，事件的直接原因为盘车状态下转子出现暂态热弯曲，根本原因为运行和专业人员文件中对于汽轮机冲转控制要求不明确、汽轮机启停机保驾文件中技术标准不完善。对于正常热态停机后重新启动，为了避免热态启机盘车时间不足导致可能的汽轮机局部动静碰磨，需要保证充足的盘车或暖机时间，尤其是热态启机前在盘车状态下汽轮机振动比正常偏高时就更要注意不要急于冲转。

5）电网波动及其他电气影响

当电网出现波动时，可能会导致汽轮发电机组轴承振动瞬时增大，尤其是 9 号瓦和 10 号瓦。根据台山 1 号机、2 号机自并网调试以来收集到的振动数据，发电机轴承（9 号、10 号轴承）会偶发出现振动突然增大，短时间内（持续 1～2.1 s）又恢复正常的情况。振动突然增大至 H1 以上数据如表 10-3 所示，其中 2019 年 9 月 17 日短电网重合闸时 2 号机 9 号、10 号瓦振动突变最大。

表 10-3　振动突然增大至 H1 以上数据

时间	2019.9.17	2020.1.2	2020.3.30	2020.9.15	2021.1.3	2022.4.2
9号瓦垂直轴振 / μm	173.1	111	122	111	102	108
9号瓦水平轴振 / μm	103.5	106.8	105	51	82.5	110.39
10号瓦垂直轴振 / μm	82.5	52	63	65	68.59	71.4
10号瓦水平轴振 / μm	109	59	73	63	61.7	51

【案例】2022. 09. 30 上午，因雷击造成外部短电网故障，襟桂甲线和襟桂乙线自动重合闸，期间 1 号汽轮发电机组 9/10 瓦振动均已超过高 2 阈值，但超出的时间未超过 2 s，因此未触发停机。

外电网故障导致发电机振动增大机理：短时电网故障，功率短时波动导致轴系扭矩短时失去平衡，转子受到冲击（应该也有冲击型扭振现象）。从主控 logbook 上的数据来看，振动高 2 的 20 取 2 逻辑触发了 1. 99 s，差 0. 01 s 停机，但根据 OTS 离线采集的数据触发时间不超过 0. 4 s。GME 的振动数据，无论是离线数据采集、FMC 信号、DCS 建曲线、还是 logbook 数据，数据来源均为现场安装的同一传感器，数据表现存在差异是由于后端数据处理的方式和过程不一样。

① OTS 离线数据采集的是传感器产生的模拟波形，分辨率较高（采样周期<1 ms），与 DCS 等其他方式相比能较好地反映信号的真实形态。

② FMC 信号是采集卡采集之后，通过卡件硬接线转换输出的。其采样周期是 10 ms。

③ DCS 显示的振动数值和 LOGBOOK 数据要经过信号处理及传输环节（经过了网关 CM906），由于网络通讯的固有刷新特性会存在失真，其信号采样周期是 500 ms 且存在丢包的固有特性。

所以从准确性上来讲：OTS 离线采集数据>FMC 读取的信号>DCS 主控显示以及 logbook 数据。

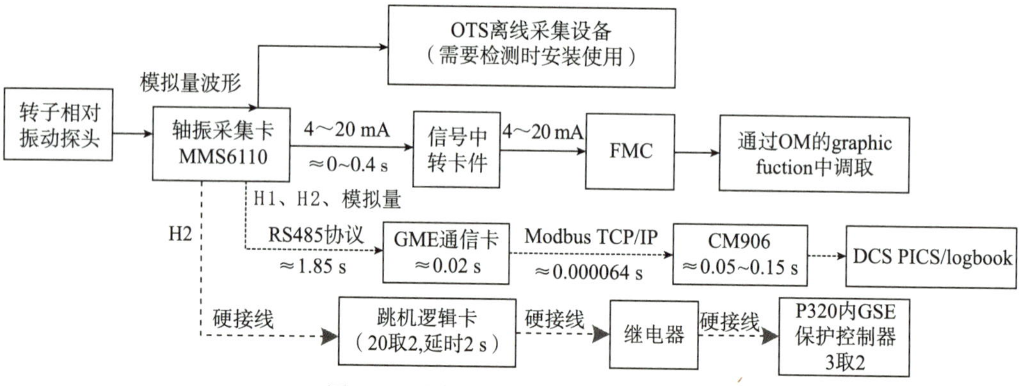

图 10-5　汽轮机轴振信号传输原理图

【案例】机组上行期间，汽轮机升功率到 300 MW 平台工况下 10 瓦水平向轴承振动（GME2298MV）达 6 mm/s，较前期日常运行数据大幅升高。后续从 313 MW 升功率至 600 MW 平台，10H 瓦振信号（GME2298MV）从 6. 9 mm/s 上涨至 13. 5 mm/s，与此同时该测振支架上的轴振 10X 信号（GME2296MV）从 62 μm 上涨至 79. 5 μm。

专业人员分析认为 10 号瓦振信号异常是由于在线测振支架结构固有频率与发电机 100 Hz 的磁拉力接近，产生了一定共振现象，使得测振支架发生异常振动被在线探头捕捉，并非发电机轴承的真实振动。

6）ADG/GSS 供汽阀波动

当 GSS 供汽阀波动时，可能导致低压缸进汽温度的不正常变化，造成低压缸膨胀收缩发生异常变化，有导致汽缸变形、发生动静碰磨的风险。

【案例】某机组大修后升功率到 800 MW 时，由于 RGL R1 棒 LC 保险烧毁引发控制棒下落停堆停机。问题处理后，机组进行冲转，冲转过程中及并网后，汽轮机轴振逐渐爬升，9 号轴承振动高（9V）102 μm，超过建议停机值（101 μm），运行人员手动进行汽轮机打闸操作。

经分析认为，GSS115VV 波动是引发低压缸进汽温度波动，从而导致低压缸动静摩擦，进而引起汽轮发电机组振动高的原因。

台山 GSS 新蒸汽进汽调节阀 GSS3110VV 在机组启动过程中多次出现故障，如果由于某种原因导致 GSS3110VV 大幅波动，引起新蒸汽进汽压力的波动，则有可能影响低压缸的进汽温度，进而影响汽轮机的振动水平。因此一旦 GSS3110VV 出现开度大幅波动的情况，需要及时采取包括手动控制等措施进行干预，确保进汽压力稳定。

【案例】机组升功率期间，当功率到达 506 MW 时，GSS 二级加热器自动投运，GSS3120VV 开度从 80% 开至 100%。GSS 二级加热大阀 GSS3110VV 开始开启，由于 GSS3110VV 在 8% 开度下调节性能差，导致阀门频繁调节，开度在 0%~4% 之间波动，使得进入中压缸的蒸汽不停变化，振动随即上涨。当振动上涨至 40 μm 时，停止升功率，鉴于振动上涨较快，主控将机组功率降至 475 MW，并退出 GSS 二级加热后振动稳定在 70 μm 左右。分析认为，GSS 二级加热投运，同时叠加 GSS3110VV 调节阀的频繁调节使得缸内流场及温度场快速变化，引起缸内部件变形。

同样，升功率过程中 ADG 的供气方式由新蒸汽向第五级抽汽切换过程中，也会导致高压缸内流场剧烈变化，从而导致汽轮机的振动增加，因此根据汽轮机的振动情况必要时采取手动控制等措施，维持汽轮机振动稳定。

10.3.2　仪控回路故障

如果一个振动探头仪控回路故障，比如断线等，则此探头参与的保护不触发；如果一个振动探头上漂导致保护触发，此时将触发 GME22i9KA（i=1~9）、GME2296KA，如果再有一个探头故障误触发则将导致停机；

如果一个轴向位移探头仪控回路故障，则保护逻辑由 3 取 2 降级为 2 取 1。

【案例】主控闪发 GME2101KA，原因为 GME2297HME. XG02 触发导致，检查发现为汽轮机 10 瓦瓦振 GME2297KM 闪发红框，专业人员判断信号通道故障。

针对仪表故障的情况应及时通知专业人员处理，同时处理过程中做好风险管控，避免其他列误触发。

第11章　GSS加热器冷凝水箱水位高及隔离故障停机

11.1　基础知识

11.1.1　保护目的

台山EPR机组的新蒸汽在高压缸膨胀做功以后，其湿度增加，为限制对中压缸叶片的冲刷腐蚀，提高做功效率，在高压缸排汽进入中压缸之前，通过GSS系统以排除高压缸排汽中的水分，并提高进入中压缸的蒸汽温度。第一、二级加热器的疏水由冷凝水箱BRC1/2收集，为防止冷凝水箱水位过高导致疏水进入汽轮机造成汽轮机损坏，设计BRC1/2水位高及隔离故障停机信号。

注：本文中BRC1代指一级加热器冷凝水回收箱GSS1320/2320BA，BRC2代指二级加热器冷凝水回收箱GSS1420/2420BA。

11.1.2　保护原理

GSS1/2级加热器冷凝水箱水位高及隔离故障停机信号分为以下四种情况。

① 当GSS1325/1326/1327MN（右侧为GSS2325/2326/2327MN）探测到BRC1水位高2时（2 000 mm，次大值），延时35 s发出汽轮发电机组跳闸信号；

② 当GSS1425/1426/1427MN（右侧为GSS2425/2426/2427MN）探测到BRC2水位高2时（2 600 mm，次大值），延时21 s发出汽轮发电机组跳闸信号；

③ 当BRC1液位超过2 000 mm或BRC1的三个液位计均无效（左侧为GSS1325/1326/1327MN，右侧为GSS2325/2326/2327MN），叠加GSS1110/2110VV供电开关断开，或LKC配电盘失电，或GSS第一级隔离故障，无延时发出汽轮发电机组跳闸信号；

④ 当BRC2液位超过2 600 mm或BRC2的三个液位计均无效（左侧为GSS1425/1426/1427MN，右侧为GSS2425/2426/2427MN），叠加GSS1210/2210VV供电开关断开，或LKB配电盘失电并且上SAR管网压力<6 bar，或GSS第二级隔离故障，无延时发出汽轮发电机组跳闸信号。

11.1.3 保护逻辑

GSS1/2 级加热器冷凝水箱水位高及隔离故障停机信号逻辑简图如图 11-1 所示（以左侧为例）：

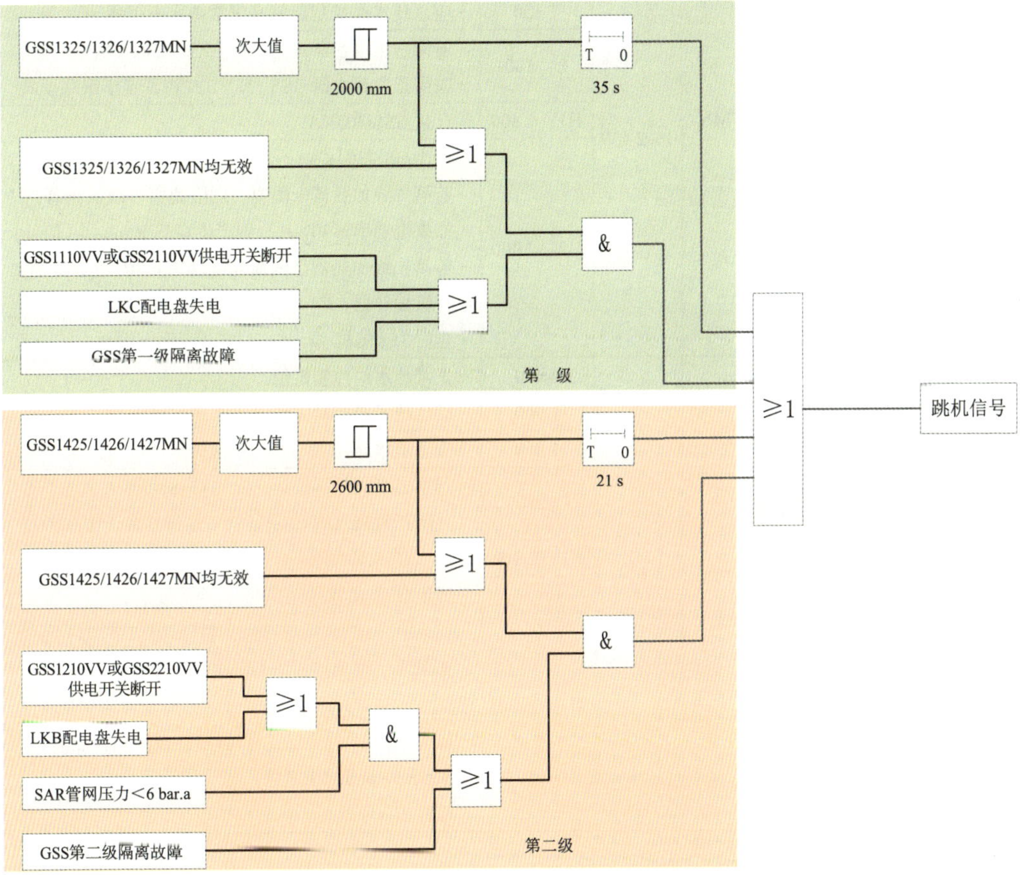

图 11-1 GSS 左侧 1/2 级加热器冷凝水箱水位高停机逻辑简图

11.1.4 GSS 第一、二级加热器冷凝水箱液位相关定值及报警

GSS 配置了 GSS1325/1326/1327MN（左侧）和 GSS2325/2326/2327MN（右侧），用于第一级加热器冷凝水箱的正常及应急疏水阀控制、保护及液位监视，配置了 GSS1425/1426/1427MN（左侧）和 GSS2425/2426/2427MN（右侧），用于第二级加热器冷凝水箱的正常及应急疏水阀控制、保护及液位监视。

GSS1/2 级加热器冷凝水箱液位仪表及相关定值和动作见表 11-1。

表 11-1　GSS1/2 级加热器冷凝水箱液位仪表及相关定值和动作

疏水箱（i=1，2）	液位计（i=1，2）	量程/mm	定值/mm	动作（i=1，2）
GSSi320BA-BRC1	GSSi325/326/327MN-次大值	1～2 439	1 100	·正常疏水阀控制定值
			1 400	·应急疏水阀控制定值（正常疏水可用）
			1 150	·应急疏水阀控制定值（正常疏水不可用）
			L：500	·若第一级再热器投运，产生 GSSi302KA； ·关闭正常疏水阀 GSSi358VL 并将其置于跟踪模式
			H1：1 800	·产生 GSSi303KA
			H2：2 000	·产生 GSSi304KA； ·若第二级加热器未隔离，则隔离第一级加热器； ·如果电功率>30%P_e，则产生 GSS Runback1 信号； ·若第二级加热器已隔离且电功率<30%P_e，则隔离第一级加热器； ·延时 35 s 停机
GSSi420BA-BRC2	GSSi425/426/427MN-次大值	−61～2839	1 450	·正常疏水阀控制定值
			1 900	·应急疏水阀控制定值（正常疏水可用）
			1 500	·应急疏水阀控制定值（正常疏水不可用）
			L：500	·若第二级再热器投运，产生 GSSi402KA； ·关闭正常疏水阀 GSSi458VL 并将其置于跟踪模式
			H1：2 300	·产生 GSSi403KA
			H2：2 600	·产生 GSSi404KA； ·如果第一级加热器投运，则隔离第二级加热器； ·如果第一级加热器隔离且电功率<30%P_e，则隔离第二级加热器； ·如果电功率>30%P_e，同时第一级加热器隔离，则产生 GSS Runback1 信号； ·延时 21 s 停机

BRC1 应急疏水阀 GSS1368/2368VL 正常液位控制定值为 1400 mm，以 GSS1368VL 为例，当出现以下情况时，其控制定值会自动切换到 1150 mm。

① GSS BRC1 液位<500 mm。

② AHP1210VV. BV09：汽轮机跳闸（30 s 脉冲）或停堆后 AAD 泵在运行时小阀开度均<3% 或 AHP6 号高加液位>690 mm 或 AHP1210VV 手动状态下关闭/不在开位置；

③ GSS1343MP 与 AHP1224MP 压差<1 bar；

④ 抽汽阀 GSS1110VV 关闭；

⑤ SAR 供气压力<6 bar；

⑥ 电磁阀失电：LVL 母线失电或 KCM3501AR 失电或 KCM 机柜中 GSS 对应的供电开关断开。

切换过程为：当正常疏水阀不可用时，应急疏水阀整定值立即从 1 400 mm 切换到当前液位+10 mm 并保持 3 s，随后以 400 mm/min 的速率切到 1 150 mm 整定值。使应急疏水阀快速响应，控制液位回落。当正常疏水阀恢复后，应急疏水阀整定值从 1 150 mm 定值回切到 1 400 mm，速率为 200 mm/min，避免应急疏水阀突然关闭。

BRC2 应急疏水阀 GSS1468/2468VL 正常液位控制定值为 1 900 mm，以 GSS1468VL 为例，当出现以下情况时，其控制定值会自动切换到 1 500 mm。

① GSS BRC2 液位＜500 mm；

② AHP1230VV. BV09：汽轮机跳闸（30 s 脉冲）或停堆后 AAD 泵在运行时小阀开度均＜3% 或 AHP7 号高加液位＞560 mm 或 AHP1230VV 手动状态下关闭/不在开位置；

③ GSS1443MP 与 AHP1244MP 压差＜1 bar；

④ 抽汽阀 GSS1210VV 关闭；

⑤ SAR 供气压力＜6 bar；

⑥ 电磁阀失电。PIL-V UC LOSS S2：LVL 母线失电或 KCM2501AR 失电或 KCM 机柜中 GSS 对应的供电开关断开。

切换过程为：当正常疏水阀不可用时，应急疏水阀整定值立即从 1 900 mm 切换到当前液位+10 mm 并保持 3 s，随后以 400 mm/min 的速率切到 1 500 mm 整定值。目的是使应急疏水阀快速响应，控制液位回落。当正常疏水阀恢复后，应急疏水阀整定值从 1500 mm 定值回切到 1 900 mm，速率为 200 mm/min，避免应急疏水阀突然关闭。

11.1.5　GSS 第一、二级加热器隔离信号

注意，在任何时刻，GSS 都应保持左右两列对称运行，第 1 级加热器或第 2 级加热器被隔离的工况没有时间限制。但在同时隔离第 1 级和第 2 级加热器的工况下，汽轮机最多仅能运行 2 h，如果之后仍不能启动任意一级加热器，则出现 GSS 1207KA，要求手动打闸汽轮机。

（1）GSS 第一级加热器隔离信号

GSS 第一级加热器自动隔离信号有：

① GSS1110/2110VV 任何一个故障并在关闭位置；

② 汽轮机跳闸；

③ 第二级加热器未隔离且第一级进汽压力高（GSS1115/2115MP＞35 bar. a）；

④ BRC1 液位 H2（2000 mm）或三个液位计同时无效，与上第二级加热器未隔离；

⑤ BRC1 液位 H2（2000 mm）或三个液位计同时无效，与上第二级加热器隔离且电功率＜30%P_e。

（2）GSS 第二级加热器隔离信号

GSS 第二级加热器自动隔离信号有：

① BRC2 液位 H2（2 600 mm）或 3 个液位计同时无效，与上第一级加热器在运行（GSS1110/2110VV 开启）；

② BRC2 液位 H2（2 600 mm）或 3 个液位计同时无效，与上电功率＜30%P_e；

③ 汽轮机跳闸；

④ GSS 预热期间第二级管板温度＞140 ℃。

11.2　主控监视

在图 11-2 所示主控页面 GSS0005/0006YM 上可以监视 BRC1/2 的液位。

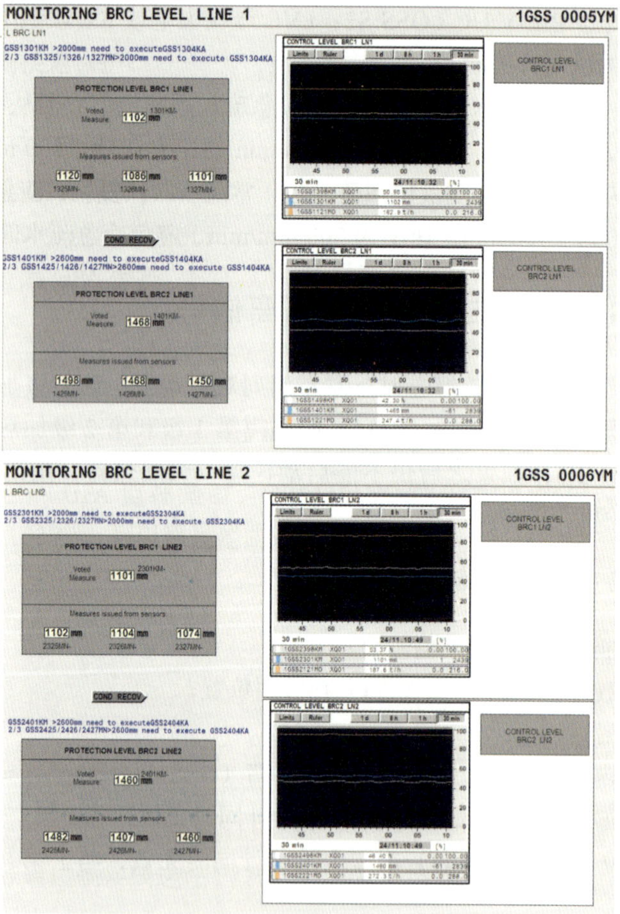

图 11-2　GSS 加热器冷凝水箱液位主控监视页面

GSS1301/1401/2301/2401KM 的取值正常均是取自各自对应的三个 MN 的次大值。

当任何一个 MN 与同一个水箱的另外两个 MN 偏差＞200 mm，则会触发相应的报警 GSS1305/1405/2305/2405KA（BRC 液位计漂移），以提醒操纵员响应。

当同一个水箱三个 MN 均不可用时，会触发报警 GSS1308/1408/2308/2408KA（液位保护仪表不可用 3 取 3）。

11.3　影响因素

11.3.1　GSS 加热器冷凝水箱液位真实高

可能导致 GSS 加热器冷凝水箱液位真实高的原因有：

① AHP 故障（如液位高）导致 GSS BRC 正常疏水隔离；

② GSS1343/1443/2343/2443MP 及 AHP1224/1244/2224/2244MP 漂表导致 GSS 正常疏水阀关闭；

③ GSS 正常疏水调节阀失气或者电磁阀失电导致关闭；

④ 在线异常导致 GSS 液位升高。

（1）AHP 故障（如液位高）导致 GSS BRC 正常疏水隔离

如图 11-3 所示，当 AHP 由于某种原因（如液位高或供汽隔离阀关闭）导致 GSS BRC 的正常疏水阀 GSS1358/1458/2358/2458VL 关闭，则会造成 GSS BRC 液位上涨，应急疏水阀 GSS1368/1468/2368/2468VL 开启，期间可能造成 GSS BRC 液位异常升高，甚至达到停机值，尤其是当应急疏水阀故障或者响应慢的情况下。

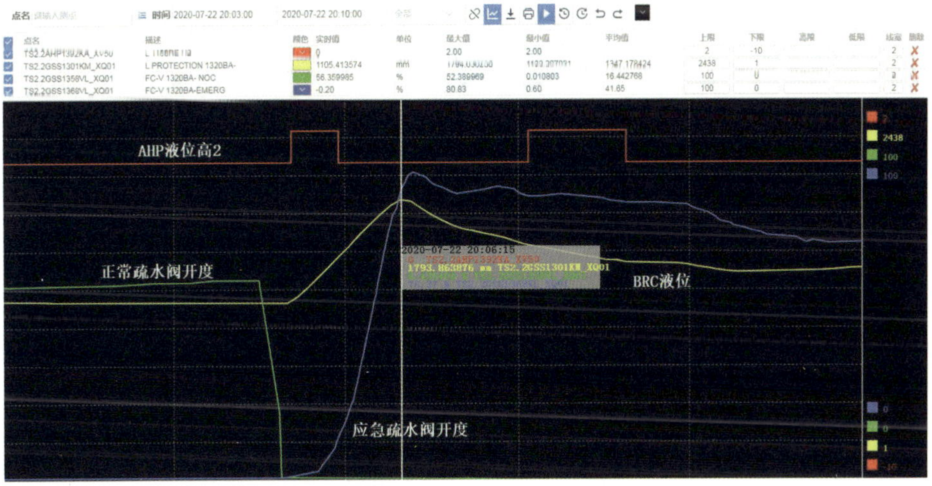

图 11-3　2AHP1160RE 非预期隔离

【案例】机组满功率运行，按计划执行 AHP1160RE 液位控制水位计 AHP1361MN 更换相关工作，现场执行 AHP1361MN 所在液位柱 AHP1361BAN 的隔离及排水工作。在用 SER 对相关管线冲洗过程中，导致 AHP1160RE 真实液位高造成其汽侧隔离，引起 GSS 正常疏水阀 GSS1358VL 关闭，应急疏水阀 GSS1368VL 开启，期间 GSS1320BA 液位最高上涨至 1795 mm（H1 定值是 1800 mm）。

在机组正常下行过程中，当电功率降至 30%P_e以下时，AHP6 号高加的正常疏水阀 AHP1340/2340VL 会自动关闭。如果其应急疏水阀 AHP1350/2350VL 未正常开启，则会导致 AHP6 号高加隔离，进而造成 GSS BRC1 由正常疏水切至应急疏水。在 GSS 应急疏水阀故障或者响应慢的情况下，有导致 GSS BRC 液位高停机的风险。因此在机组下行过程中，要密切关注 30%P_e切换点 AHP/GSS 的响应情况，如有异常及时进行干预。

另外，如果机组停机时间较长，汽轮机冲转前，考虑到水质问题，会将 ABP/AHP/GSS 等系统疏水切至应急疏水运行；待电功率升至 40%P_e以上，OPC 化验水质合格并征得其同意后方可将疏水切回正常疏水运行。在此期间，应急疏水阀成为水位控制的 SPV 点，需要密切监视 GSS 水位，必要时及时手动干预。

【案例】机组降功率过程中，当电功率降至 30%P_e以下时，高加 6A 的正常疏水阀 AHP1340VL 自动关闭，但其应急疏水阀 AHP1350VL 未能正常开启，导致高加 6A 隔离。引起 GSS 正常疏水阀 GSS1358VL 关闭，应急疏水阀 GSS1368VL 开启，期间 GSS1320BA 液位最高上涨至 1580 mm。

（2）GSS1343/1443/2343/2443MP 及 AHP1224/1244/2224/2244MP 漂表导致 GSS 正常疏水阀关闭

设计上，当 GSS 与 AHP 压差过低时（<1 bar），会自动关闭正常疏水阀，以避免 GSS 加热器隔离或快速升功率时 GSS BRC 液位大幅波动，同时还会将应急疏水阀的液位整定值自动切换到一个较低的值。

以左侧 BRC1 为例，当 GSS1343MP 下漂或者 AHP1224MP 上漂导致两者压差小于 1 bar 时，就会导致正常疏水阀 GSS1358VL 关闭，应急疏水阀 GSS1368VL 定值切换到 1 150 mm。因此在这种情况下应急疏水阀的响应就很关键，如果应急疏水阀调节异常或者响应缓慢，就存在 GSS BRC 液位高停机的风险。另外，在 GSS1343/1443/2343/2443MP 及 AHP1224/1244/2224/2244MP 故障或进行相关工作时，也要注意到此风险，提前采取预防措施，密切关注 GSS 应急疏水阀的响应情况，必要时手动干预。

（3）GSS 正常疏水调节阀失气或者电磁阀失电导致关闭

GSS 正常疏水调节阀的失气状态为关闭，GSS 应急疏水阀的失气状态为开启。当上游气源丧失或者由于供气阀误关或者漏气导致 GSS 供气气源整体丧失，则正常疏水调节阀将会失气关闭，应急疏水阀将会失气开启，GSS 冷凝水箱液位由应急疏水阀来控制避免液位高停机。注：GSS/ABP/AHP/APA 多个气动阀上游由同一个隔离阀供气。

如果仅正常疏水调节阀的气源失去，则正常疏水阀关闭，冷凝水箱水位升高，如果应急疏水阀调节不佳或响应缓慢，有导致冷凝水箱水位高的风险。

GSS 正常疏水调节阀的电磁阀 GSS1358/1458/2358/2458VLX 制作厂家为 ASCO，型号为 MB。单台机组共有 9 个同型号电磁阀，包括 6 个 GSS 正常疏水阀和 3 个 ABP 正常疏水阀。电磁阀带电励磁后，GSS 正常疏水调节阀才可以在定位器控制下开启。当 GSS 正常疏水下游高加隔离或高加液位达到高 2 值或 GSS 疏水箱液位低时，GSS 正常疏水阀的电磁阀会失电，阀门快关。GSS 正常疏水调节阀的结构简图如图 11-4 所示。

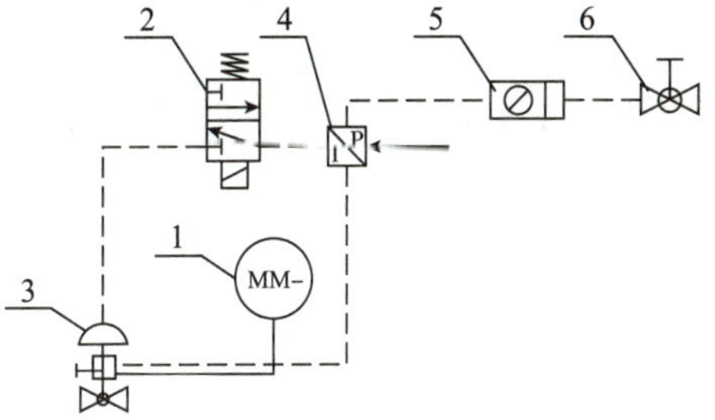

序号	1	2	3	4	5	6
名称	定位器	电磁阀	执行机构	位置反馈装置/阀位定位器	过滤减压器	空气隔离阀

图 11-4　GSS 正常疏水调节阀结构简图

当电磁阀 GSS1358/1458/2358/2458VLX 收到 PtyAO 指令时，电磁阀失电，SAR 压缩空气会排往大气，正常疏水调节阀 GSS1358/1458/2358/2458VL 会失气关闭；当电磁阀 GSS1358/1458/2358/2458VLX 收到 PtyAC 指令时，电磁阀带电励磁，此时正常疏水调节阀 GSS1358/1458/2358/2458VL 通过定位器来进行水位控制。

如果电磁阀供电出现故障，导致电磁阀失电，就会造成正常疏水调节阀意外关闭。如果 GSS 应急疏水阀故障或者响应慢的情况下，有导致 GSS BRC 液位高停机的风险。

【案例】机组满功率运行，GSS1420/2420/2620BA 的正常疏水阀 GSS1458/2458/2673VL 突然全关，GSS1420/2420/2620BA 液位迅速上升，最高上涨至 2 485 mm/2 587 mm/2 842 mm（停机值：2 600 mm/3 200 mm），随后应急疏水阀 GSS1468/2468/2658VL 正常响应，将 GSS1420/2420BA 液位稳定在 1 700 mm 附近，GSS2620BA 液位稳定在 2 400 mm 附近，过程如图 11-5 所示。经检查发现 KCM2501AR 柜内 GSS2512JA 和 GSS2511JA 供电空气开关同时跳闸，GSS2512JA 负荷为 GSS1458VLX 电磁阀，GSS2511JA 负荷为 GSS1458\2458\1673\1681VLX 的控制电磁阀。电磁阀失电导致上述正常疏水调节阀关闭。

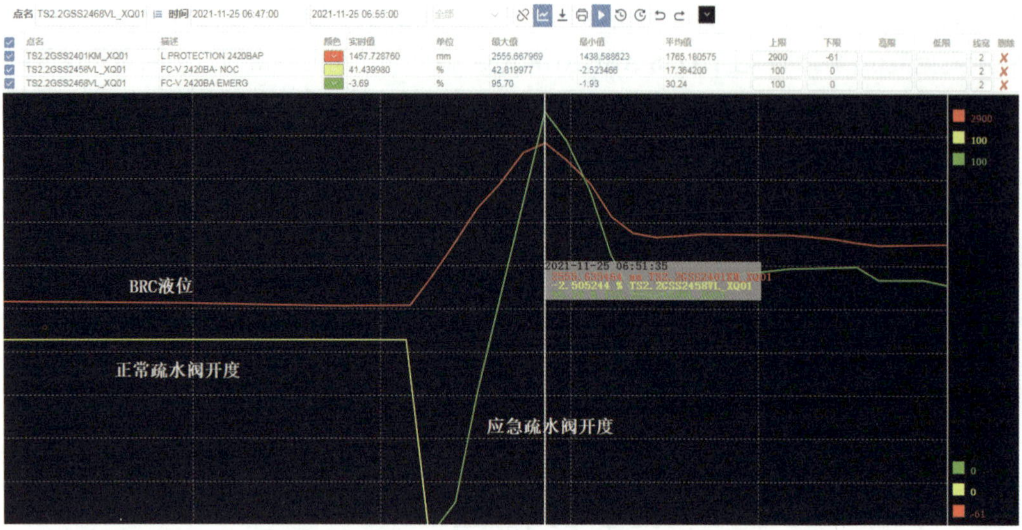

图 11-5　T2 机组 GSS 正常疏水调节阀的电磁阀失电导致 GSS 切换到应急疏水

在上面这个案例中，正常疏水阀关闭后，应急疏水阀开启，GSS BRC 液位上涨至超过 H1 定值，接近 H2 定值。

（4）在线异常导致 GSS 液位升高

机组启动前，需要仔细核对 GSS 系统在线，尤其是正常疏水/应急疏水管线上手动隔离阀状态，GSS 液位计在线情况，避免在线异常导致冷凝水无法及时排出或者 GSS 液位计无法真实反映冷凝水箱液位，带来汽轮机进水或者虚假液位高停机的风险。另外，冲转并网期间，需密切监视 GSS 各水箱液位计，如发现液位计长时间保持不动或者异常上涨，需及时检查在线情况。

【案例】机组执行并网操作，并网成功后，GSS1320BA 液位显示一直保持在−32 mm，GSS2420BA 液位显示一直保持在−81 mm，且正常/应急疏水阀均未开启。经现场检查发现，GSS1320/2420BA 液位计均被隔离。

【案例】机组处于 40%nP 功率平台。现场操作员执行将 GSS1320BA 应急疏水切至正常疏水操作，切换过程中，正常疏水阀 GSS1358VL 正常开启，但由于管线上隔离阀 GSS1350VL 未开启，GSS 1320BA 液位持续上涨，主控逐次下指令开大应急疏水阀 GSS1368VL 辅助排水，最终由于开启不及时导致 GSS1320BA 液位高于 2 000 mm 导致汽轮机跳闸。

在保护液位计仪表罐下部隔离阀 GSS1325/1425/2325/2425VL 未开启的情况下，存在蒸汽在仪表罐冷凝引起液位虚高进而导致停机的风险。如图 11-6 所示，如果 GSS1325VL 未开启或误关闭，则随着蒸汽的冷凝，保护液位计仪表罐 GSS1325BAN 液位会逐渐上涨，导致保护液位计 GSS1325/1326/1327MN 的液位逐渐上升，甚至达到停机值的风险。如果在上部隔离阀 GSS1326/1426/2326/2426VV 未开启或误关的情况下，随着机组升功率，冷凝水箱压力升高，由于上部未联通，仪表罐中水位会逐渐上升，也有达到停机值的风险。

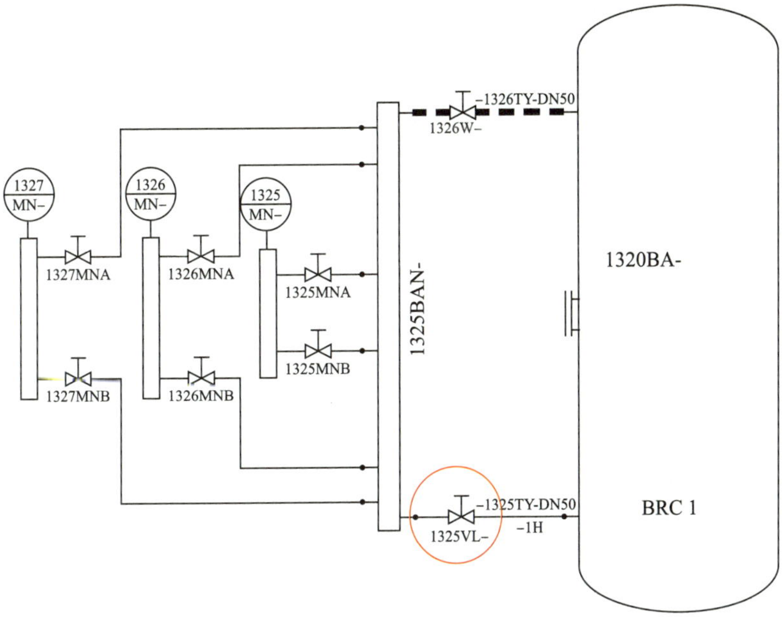

图 11-6　GSS BRC 液位计隔离阀布置简图

【案例】某机组汽轮机功率升至 330 MW 时，GSS230BA 出现高-高水位报警，随即派人到现场开启应急疏水阀，GSS230BA 的真实水位下降，但 GSS230BA 的高-高水位报警并未消失。随后检查 GSS044/046/043/045SN 水位计的液相隔离阀，发现下部隔离阀 GSS425VL 关闭，导致蒸汽在水位计内凝结，水位计内的水位逐渐上升，以致触发高-高报警，最终导致汽轮机跳闸。

11.3.2　GSS 加热器冷凝水箱液位计故障

自台山 1/2 号机调试以来，GSS 液位计多次出现故障。最初设计 GSS 液位计使用的是浮筒式液位计。台山核电 1/2 号机已于 2019 年 T100 小修期间前后对 1/2 号机进行过液位计改造，由浮筒式液位计换型为导波雷达型液位计：由美国 Magnetrol 厂家生产，探杆具体型号是 X7MQ 型，表头是 705 型。换型后的液位计也曾多次出现过故障。

【案例】机组处于 RP 模式稳定运行，热功率约为 46%nP，GSS1626/1627MN 液位虚高超过 H2 值 3200 mm（其中 GSS1626MN 到达 3 272 mm，GSS1627MN 液位达到 3 209 mm），触发停机信号，导致汽轮机跳闸。

【案例】主控巡盘发现 GSS1420BA 液位计 GSS1425MN 与 GSS1426/1427MN 示数

偏差较大，GSS1425/1426/1427MN 波动范围分别为 1 360～1 408 mm、1 438～1 475 mm、1 455～1 497 mm，GSS1425/1427MN 偏差最大达到约 100 mm。专业人员判断为偏差扩大原因为表头变送部分性能存在变化。

导波雷达式液位计的测量原理简介如下。

如图 11-7 所示，Magnetrol 导波雷达液位变送器采用了 TDR（时域反射）原理。这种原理是由发生器产生一个沿导波杆（探头）向下传送的电磁脉冲波，当遇到比先前传导介质（空气或蒸汽）介电常数大的液体表面时脉冲被反射，用超高速计时电路精确地测量出脉冲波的传导时间，从而实现对液位的精确测量（这一过程与汽车雷达测速原理很类似，都是计算发射和反射的时间差，从而算出距离）。

（1）根据麦克斯维电磁场理论，变化的电场会产生变化的磁场，变化的磁场会产生变化的电场，这种可变电场和磁场交替产生的波称之为电磁波；

（2）电磁波的物理特性：当电磁波从介质 1 传输到介质 2，如果介质 2 的介电常数大于介质 1 的介电常数时，电磁波会反射；

（3）超高速计时电路计算脉冲从发射到反射的时间差 ΔT，雷达顶部到液面的距离 $S=V*\Delta T/2$，如果罐高为 H，则液位为 $L=H-S$。

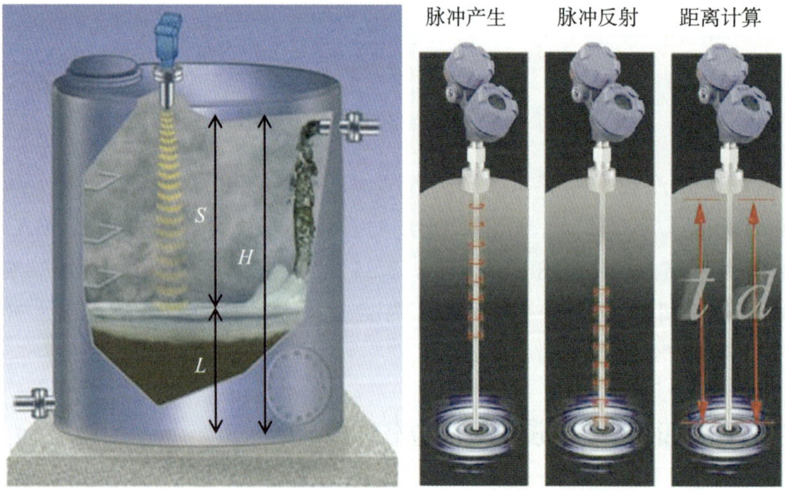

图 11-7　导波雷达液位变送器测量原理

11.3.3　压力突变导致闪蒸

当由于机组负荷突变或者其他原因导致 GSS 冷凝水箱内压力突降时，GSS 冷凝水箱内水会发生闪蒸，导致水位瞬时快速升高，甚至有达到停机值的风险。在瞬态情况下，要密切关注 GSS 疏水阀的响应情况，尤其是在甩负荷时，由于 AHP 高加液位由于闪蒸极有可能触发 H2 从而将 GSS 正常疏水关闭，此时 GSS 应急疏水的响应就尤为关键。

【案例】机组处于稳定功率运行状态，配合调试试验，主控将汽轮机置直接模式。汽轮机置直接模式后，汽轮机阀门根据目标值设定减小，电功率从 437 MW 快速下降至 399 MW。导致 GSS2320BA 的压力突降 1 bar 出现大量闪蒸，而 GSS 罐子的 MN 为浮筒式的液位计，液位急速上升，同时由于水质原因正常疏水没投，叠加紧急疏水 PLC 的 PID 调节器中比例系数太小未响应过来（原设计 GSS 紧急疏水由 PLC 控制，后改造为 T2000 直接控制），GSS 疏水箱水位高 2 信号产生延时 35 s 后触发停机。

11.3.4　通讯失去冗余以及通讯中断分析

对于 GSS BRC 液位高 2 停机信号而言，绝大多数都是采用硬接线直接传输信号，不涉及网络通讯问题。仅 GSS2326MN 参与的停机逻辑涉及网络传输，具体描述如下：

GSS2325MN 通过硬接线送往 KCM5106AR（CI1），GSS2326MN 通过硬接线送往 KCM6104AR（CI2），GSS2327MN 通过硬接线送往 KCM5104AR（CI1）。GSS2325MN 和 GSS2327MN 的测量信号再通过 CI1 PAS 总线、电厂总线、CI2 PAS 总线，最后再传输到 KCM6104AR 中，实现停机逻辑运算。

由于交换机为冗余配置，任意失去一个，不影响信号的传输。BRC 液位停机相关 MN 网络通讯简图如图 11-8 所示。

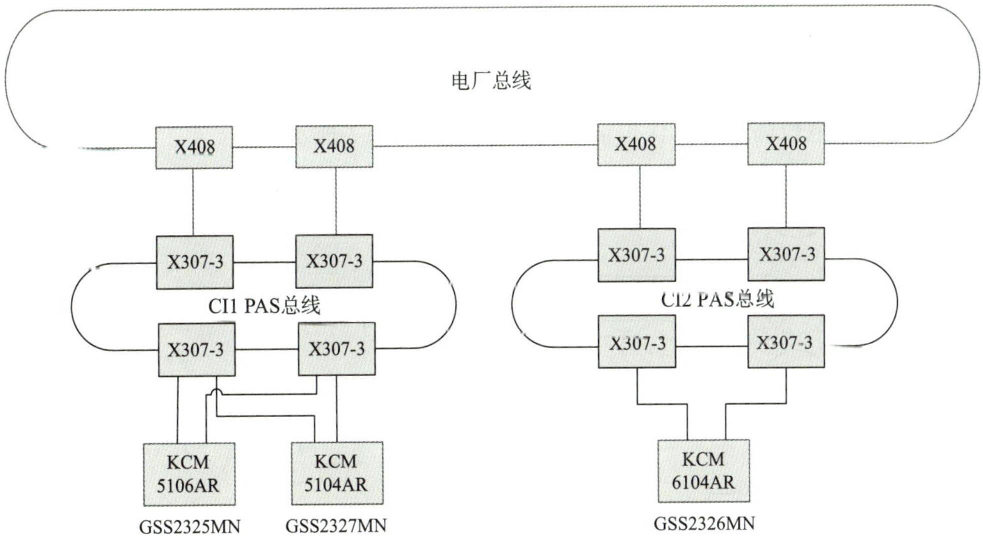

图 11-8　BRC 液位停机相关 MN 网络通讯简图

如果两路通讯均失去，由于停机逻辑通过 VOTER 来运算，VOTER 输入中两路无效，其输出取剩余的有效值，因此也不会误发停机信号。同时，如果液位真实低，也不影响其停机信号的发出。

第 12 章　GSS BRP 液位高 2 停机

12.1　基础知识

12.1.1　保护目的

GSS BRP 液位高 2 停机保护目的是防止疏水进入汽轮机导致汽轮机损坏。

12.1.2　保护原理

GSS 系统两列 BRP（GSS1620BA/2620BA）中，任一列的 3 个液位计次大值达到高 2 阈值（3 200 mm），则触发停机信号。此外，GSS BRP 液位计无效（3 取 2）逻辑延时 2 s 也会触发停机信号。

12.1.3　保护逻辑

GSS BRP 液位高 2 停机保护信号逻辑简图如图 12-1 所示。

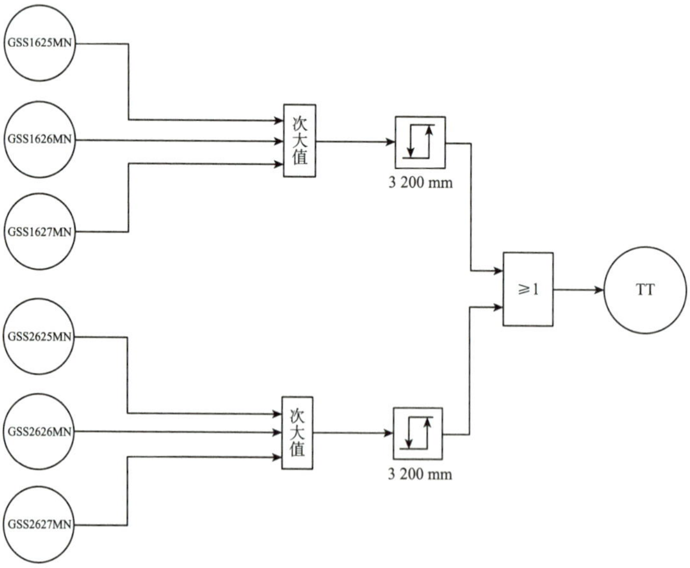

图 12-1　GSS BRP 液位高停机保护信号逻辑简图

12.1.4　GSS BRP 水箱液位相关定值及报警

GSS 系统两列 BRP 配置了 GSS1625/1626/1627MN（左侧）和 GSS2625/2626/2627MN（右侧），用于 BRP 的液位控制和保护。

GSS BRP 水箱液位仪表及相关定值和动作见表 12-1。

表 12-1　GSS BRP 水箱液位仪表及相关定值和动作

疏水箱（i=1，2）	液位计（i=1，2）	量程（mm）	定值（mm）	动作（i=1，2）
GSSi620BA	GSSi625/i626/i627MN-次大值	426~3474	L2：700	· 正常疏水阀 GSSi673VL 全关； · GSSi660PO 自动跳闸； · 小流量隔离阀 GSSi681VL 开启； · 触发报警 GSSi602KA
			L1：1 200	· 触发报警 GSSi603KA
			1 800	· 正常疏水阀液位整定值
			2 400	· 应急疏水阀液位整定值
			H1：2 800	· 触发报警 GSSi604KA
			H2：3 200	· 汽轮机跳闸； · GSSi660PO 自动跳闸； · 触发报警 GSSi605KA

12.2　主控监视

12.2.1　GSS BRP 液位监视

GSS BRP 液位可以在 GSS0003YC 上通过 GSS1601/2601KM 监视，单一仪表失效后，此 KM 也会正常显示；若两个仪表失效则 KM 显示为红框，同时会触发停机。具体每个 MN 的输出可以在 GSS0007YM 上进行监视，如图 12-2 所示。

任一仪表与本列其他仪表偏差大于 100 mm 触发在 GSS0007YM 上触发 GSS1606/2606KS，文本显示“Protection sensors drift”；若任一仪表与本列其他仪表偏差 >200 mm，则主控会触发 GSS1601/2601KA；任一液位计失效后替代值为 0，正常也会与其他仪表偏差>200 mm，进而触发 GSS1601/2601KA，同时触发相应的仪控报警。

【案例】主控闪发 GSS1601KA，建立曲线发现为 GSS1627MN 阶跃上涨至 2 159 mm，与其他两个液位计 GSS1625/1626MN 偏差>400 mm 导致（GSS1627MN 阶跃上涨后，然后其上涨和下降趋势与其他两个液位计趋势保持一致），报警续约 7 min，然后 GSS1627MN 恢复到正常值，就地未发现异常。

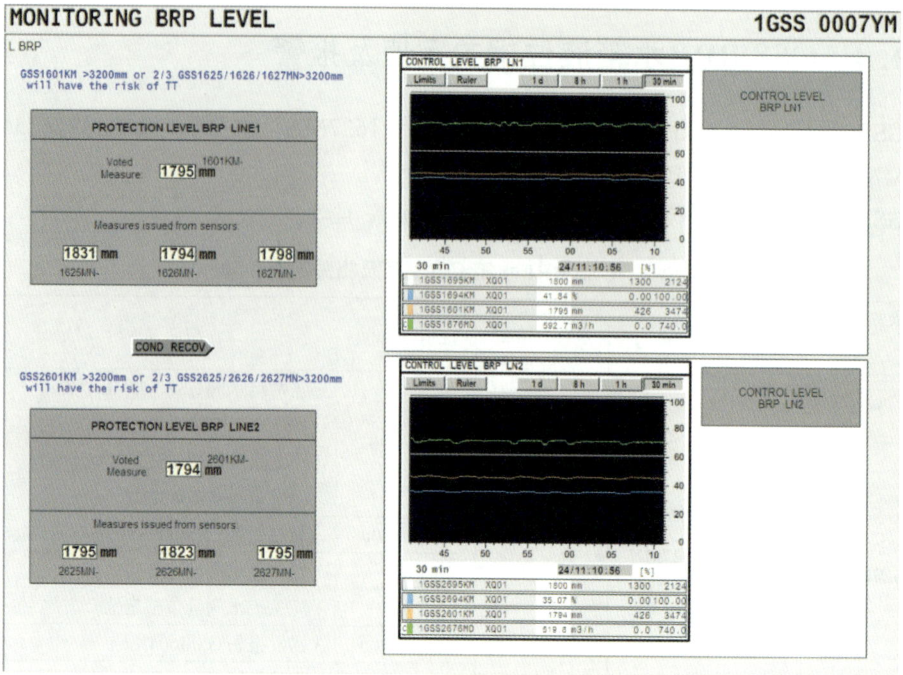

图 12-2 GSS BRP 液位计监视页面

若一列 BRP 的液位高 2 导致汽轮机跳闸，GSE0002YC 上（见图 12-3）GSE1136KS 灯亮（首发停机原因 GSS TRIP）和 GSE1101/1102KS 灯亮（DCS 停机信号）。

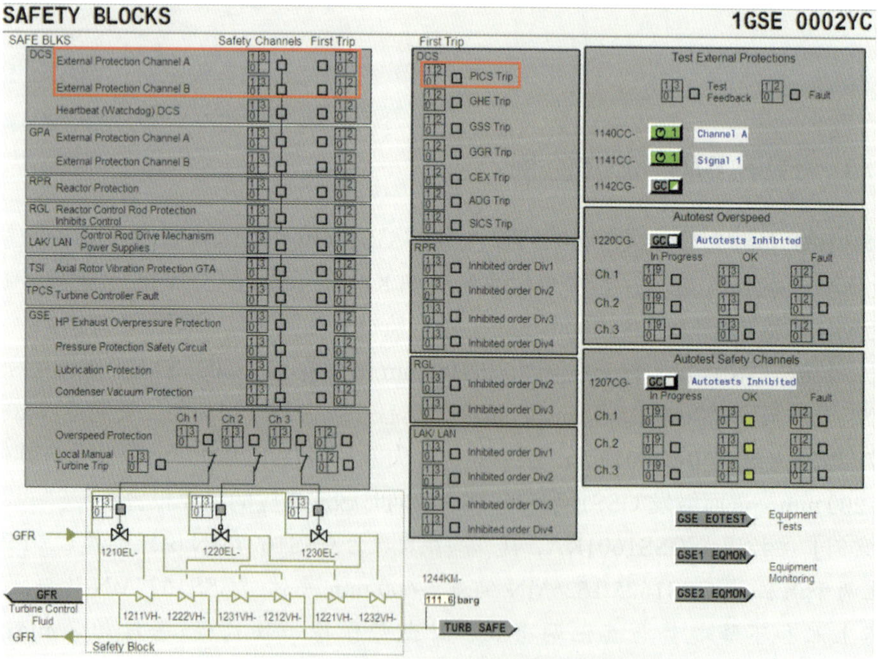

图 12-3 GSS BRP 液位计故障停机页面监视

12.2.2 信号通道监视

正常运行期间通过 T-X-GSE-002 试验，模拟外部保护停机信号从 DCS 传输到汽轮机保护处理器 CE3500 的有效性。

需要注意的是，执行该试验期间，本列的外部保护停机信号（CH A 或者 CH B）由 2 取 2 切换为 2 取 1，若另一路信号误发则触发停机，因此试验前需要检查其他外部保护停机信号均不存在。

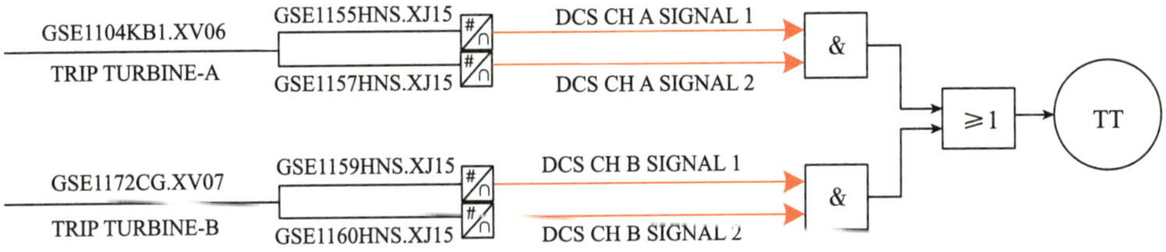

图 12-4 GSE 外部保护停机信号逻辑

12.3 影响因素

从图 12-5 所示信号传输链路上看：CI1 内，A/B 列的 BRP 液位高 2 信号各自在 AP556 和 AP554 产生停机信号，但 AP556 产生的停机信号通过网络传输到 AP554 之后经硬接线送往 TPCS；CI2 内，A/B 列的 BRP 液位高 2 信号只在 AP654 内产生停机信号并经硬接线送往 TPCS。

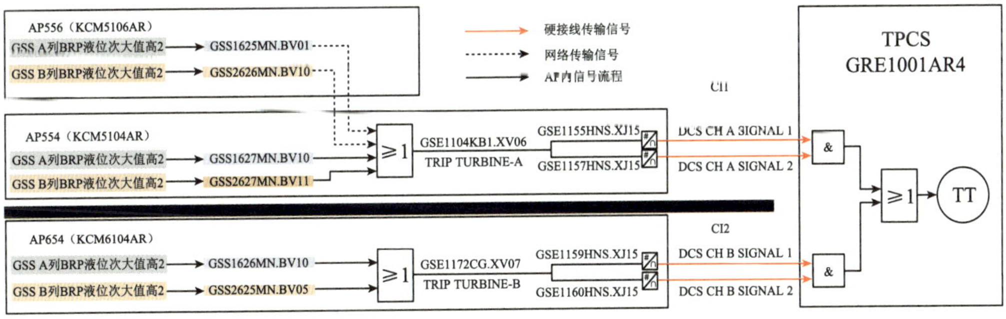

图 12-5 GSS BRP 液位高 2 停机保护信号链路简图

导致 GSS BRP 液位计高停机保护触发的原因包括：

（1）GSS BRP 液位真实高

① 冷凝来水增多；

② 疏水排水减少。

（2）液位虚假高

① 闪蒸引起液位虚高或液位计波动；

② 仪表隔离阀未开启导致蒸汽冷凝在仪表罐引起液位虚高；

③ 仪控回路误触发液位高信号。

12.3.1 GSS BRP 液位真实高

（1）冷凝来水增多

高压缸排汽管 U 型管水封疏水到 GSS BRP 导致 BRP 液位上涨。

【案例】主控巡盘发现 GSS1620BA 液位 GSS1625/1626/1627MN 短时波动，从 1800 mm 左右波动最大值 1920/1943/1957 mm，GSS1673VL 正常响应。专业人员检查答复 GSS1625/1626/1627MN 无异常，阀门响应无滞后。分析突然来水是 GPV 汽轮机高压排汽管道至 GSS1620BA 的 U 型管内的水封，原因为汽轮机高压排汽流量大，经过 GSS 汽水分离时压差变大，使该 U 型管水封不稳定被排至 GSS1620BA 内。

（2）疏水排水减少

导致 BRP 内疏水排水减少主要考虑以下几个方面：

① 疏水泵（GSSi660PO）跳闸；

② 正常疏水调节阀故障；

③ 再循环阀故障；

④ 应急疏水调节阀故障。

1）疏水泵（GSSi660PO）跳闸

正常运行期间，GSS BRP 正常疏水通过疏水泵（GSSi660PO）将疏水注入到 ADG 中，若疏水泵跳闸，则会导致正常疏水无法注入 ADG，GSS BRP 液位上涨，若应急疏水响应故障可能导致 GSS BRP 液位高信号触发。

根据 TEC4，导致疏水泵 GSSi660PO 跳闸信号包括：

· Load shedding 信号（LIB/C1120XT）；

· GSS BRP 液位（GSSi625/i626/i627MN 次大值）低 2；

· 汽轮机跳闸反馈（GSE1177/1179HNE1）；

· 汽轮机电功率＞15%（GRE1123HME）。

【案例】机组处于功率运行模式（RP），热功率 99%nP，电功率 1 639 MW，机组状态稳定，突然出现 GST/GFR/GSS 相关报警，经核实 GST1215PO、1GFR1210PO 和 GSS1660PO 突然同时跳闸，GST/GFR 备用泵自动启动，GSS 响应正常切至应急疏水，现场检查已启动备用设备运行正常，机组状态稳定。后续检查发现故障原因为 LIC 配电盘直流母排接触不良导致这些设备跳闸。

2）正常疏水调节阀故障

正常疏水调节阀故障保护信号导致的阀门误关闭或失气失电导致阀门误关闭，导致正常疏水调节阀（GSSi673VL）关闭信号包括：

· GSSi625/i626/i627MN 次大值低 2（700 mm）；

· ADG 液位高 2（3305 mm）或【ADG2139MN、ADG2140MN、（ADG2135/2136/2137MN 失效，3 取 2）】3 取 2 失效；

· ADG1110VV CBO 信号丢失；

· 汽轮机负荷<15%；

· GSSi660PO 停运；

· GSSi660PO 出口压力与 ADG 压力偏差小（不高于 ADG 压力 3. 384 bar）；

· 常规岛供气压力（SAR1140/1150/1160MP 次小值）<6 bar. g；

· LVL/LVM 失电；

· KCM2501/3501AR 供电失去（包括 KCM 柜内 GSS2514JA/GSS3513JA 断开）。

其中，若 ADG2139/2140MN 同时故障，则会导致 GSS BRP 去往 ADG 的疏水被隔离，而机组曾出现过 ADG2139/2140MN 同时波动的情况。

【案例】8. 5 跳机事件瞬态过程中，ADG 所有 8 个液位计中（5 个保护，3 个调节），ADG2139/2140MN 同时有一个大的尖峰式的波动，波动导致 GSS BRP 正常疏水被隔离，BRP 液位上涨。

GSS 正常疏水调节阀的失气状态为关闭，GSS 应急疏水阀的失气状态为开启。若 GSS BRP 正常疏水调节阀（GSSi673VL）失去 SAR 供气，或 GSSi673VLX 失去供电都会导致 GSS BRP 正常疏水调节阀（GSSi673VL）关闭，GSS BRP 液位上涨。

当上游气源丧失或者由于供气阀误关或者漏气导致 GSS 供气气源整体丧失，则正常疏水调节阀将会失气关闭，应急疏水阀将会失气开启，GSS 冷凝水箱液位由应急疏水阀来控制避免液位高停机。

如果仅正常疏水调节阀的气源失去，则正常疏水阀关闭，冷凝水箱水位升高，如果应急疏水阀调节不佳或响应缓慢，有导致冷凝水箱水位高的风险。

3）再循环阀门故障导致GSS　BRP液位上涨

【案例】机组处于功率运行模式（RP），电功率为 1 100 MW，主控通过仪控报警发现 GSS1620BA 正常疏水泵 GSS1660PO 跳闸，同时 GSS1620BA 液位迅速上涨，主控手动开启应急疏水阀 GSS1658VL 稳定水位，将液位重新稳定在 2 400 mm 后将 GSS1658VL 放自动。专业人员检查后答复 GSS1660PO 跳闸原因是由于 GSS1660PO 流量低时 GSS1681VL 开启时间超过 10 s，GSS1658VL 开启超时的原因是阀门反馈杆有弯曲导致开启过程存在机械卡涩。

目前机组逻辑已经改造，取消了 GSS1676MD 流量低且 GSS1681VL 开启时间超过 10 s 跳 GSSi660PO 的信号。但如果 GSS1676MD 故障下漂导致 BRP 再循环阀 GS-Si681VL 意外开启或再循环阀故障开启（该阀门为 PTV 阀门，稳态位置为开启），这将会导致 GSS 疏水泵下游出口压力降低，为了控制液位 GSSi673VL 也将开大，最终导致 GSSi660PO 流量增大。在满功率时，泵流量超过额定流量 736. 7 m^3/h（最大流量可能到 930 m^3/h），但经评估不会导致泵和电机损坏。但此种工况可能导致 GSS 疏水泵下游出口压力降低，在 GSS 泵本身出口压力较低，出口压力与 ADG 压力偏差小时可能造成 GSS 正常疏水阀关闭，应急疏水阀开启。

4）应急疏水调节阀故障

在机组正常下行过程中，当电功率降至 15%P_e以下时，GSS BRP 正常疏水泵会停运，正常疏水阀会关闭，此时 BRP 液位会上涨，需要应急疏水阀投入控制液位，若应急疏水阀响应异常将会导致 BRP 液位上涨，可能触发 BRP 液位高停机。

12. 3. 2　GSS BRP 液位虚假高

（1）闪蒸引起液位虚高或液位计波动

由于机组负荷突变或者其它原因（如爆破盘误动，安全阀误开启等）导致 GSS 冷凝水箱内压力突降时，GSS 冷凝水箱内水会发生闪蒸，导致水位瞬时快速升高，甚至有达到停机值的风险。在瞬态情况下，要密切关注 GSS 疏水阀的响应情况，尤其是在甩负荷时，由于 ADG 液位由于闪蒸极有可能触发 H2 从而将 GSS 正常疏水关闭，此时 GSS 应急疏水的响应就尤为关键。

GSS BRP 液位计量程为 426～3 474 mm。若超过量程的−10%～110%，则液位计失效，INVALID 信号触发，当信号恢复到−5%～105% 时 INVALID 信号复归。台山核电两台机组运行期间，多次出现 GSS 液位计波动情况。

（2）仪表隔离阀未开启导致蒸汽冷凝在仪表罐引起液位虚高

机组启动前，需要仔细核对 GSS 系统在线，尤其是正常疏水/应急疏水管线上手动隔离阀状态，GSS 液位计在线情况，避免在线异常导致冷凝水无法及时排出或者 GSS 液位计无法真实反映冷凝水箱液位，带来汽轮机进水或者虚假液位高停机的风险。另外，冲转并网期间，需密切监视 GSS 各水箱液位计，如发现液位计长时间保持不动或者异常上涨，需及时检查在线情况。

（3）仪控回路误触发液位高信号

以 GSS 左列 BRP 为例，正常疏水控制在 AP554 中进行，而应急疏水在 AP654 中进行。而右列 BRP 则正常疏水控制在 AP654 中进行，而应急疏水在 AP554 中进行。AP554 或 AP654 完全故障会影响一列的正常疏水和另一列的应急疏水，但不会导致 GSS BRP 液位高 2 信号直接触发。AP654 及 AP554 同时故障则会直接触发停机信号导致停机。

目前尚未出现仪控回路故障（如 AP 故障）导致 BRP 液位高信号误发的情况。

12.3.3　通讯失去及网络故障影响分析

（1）仪表到 FUM 卡件的信号失效

GSS BRP 液位计测量信号由 FUM230 进行采集。

若仪表与 FUM230 卡件连接断线，包括中间继电器柜（MZZ/FZZ 等）内接线故障，则直接导致仪表无效。GSS 液位计通过不同的 FUM 卡采集，单个 FUM 卡件及其信号链路只影响单个仪表，不会导致 BRP 液位高停机。

（2）FUM 卡件到 AP 的信号传输

每个液位测量仪表通过 FUM 卡件，然后经过 IM616 送往 AP 处理，若 FUM230 与 AP 之间 Profibus-DP 断线或 IM616 故障则会导致该仪表失效。

以 GSS 左列（A 列）BRP 为例，每个 AP 通过 FUM 卡直接采集一个 MN 的信号，同时接收其他两个 AP 然后通过硬接线或网络传输的 MN 的信号，每个 AP 中经 VOTER 后与阈值比较，经过 3 取 2 逻辑触发停机信号。因 3 取 2 逻辑，单一仪表故障不会导致保护触发；每对 AP 都同时采集每列 3 个 MN 的测量信号与阈值比较后进行 3 取 2 运算，单对 AP 完全失去不影响停机信号的发出。

AP 与两列 BRP 液位计的信号采集关系如图 12-6 所示。

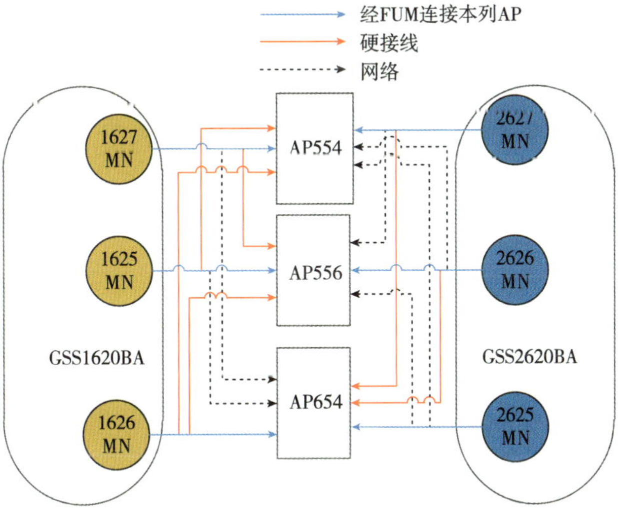

图 12-6　AP 与两列 BRP 液位计的信号采集简图

（3）AP之间的信号传输

CI1 下的 AP 与 CI2 下的 AP 通过 PLANT BUS 传输信号，网络通讯简图如图 12-7 所示。

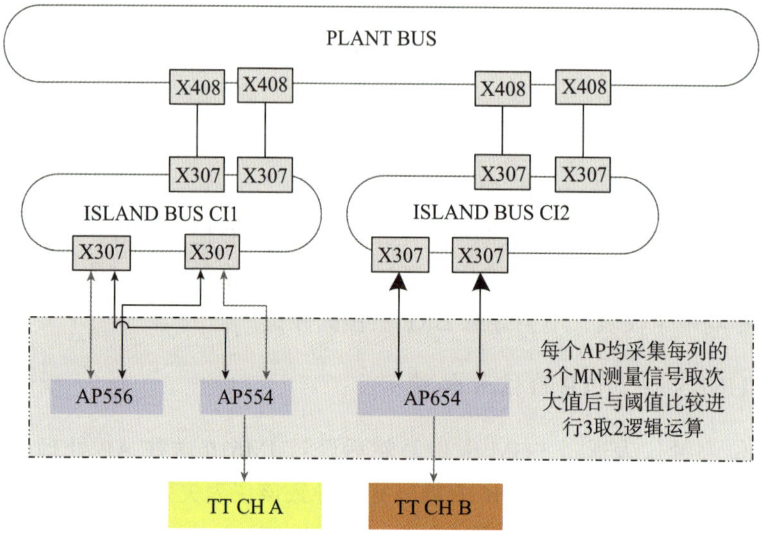

图 12-7　GSS BRP 液位计与 AP 网络通讯简图

（4）DCS 到 TPCS 的信号传输（硬接线）

若送往 TPCS 的一路停机信号（SIGNAL1 或 SIGNAL2）丢失，则本列无法发出停机信号，主控和现场均无显示，但另外一列的信号仍然能保证停机。

若送往 TPCS 的一路停机信号误触发，现场 P320 工作站触发 GSE1196~1199KS，主控无显示。

12.3.4　GSS BRP 液位控制回路逻辑关注问题

（1）GSS　BRP 疏水泵跳闸后重新启动问题

GSS BRP 疏水泵（GSSi660PO）跳闸后，会使正常疏水阀（GSSi673VL）跟踪开度 0，同时将 PID 调节器的上限以 1000% /s 的速率切换到 0。若 GSS BRP 疏水泵（GSSi660PO）重新启动，则会发出正常疏水阀（GSSi673VL）强制自动信号（1 s 脉冲），同时将 PID 调节器的上限以 0. 083% /s 的速率切换到 100，即 20 min 之后 PID 调节器的输出才不受限制，期间若 GSS BRP 疏水较多，可能正常疏水调节能力有限导致 BRP 液位上涨；此外，GSS BRP 疏水泵（GSSi660PO）启动后，会发出 PtyAO 信号优先开启 GSSi646VL，导致 GSS BRP 液位进一步上涨。

若此时应急疏水阀故障，则有 GSS BRP 液位将快速上涨导致停机的可能。GSS BRP 的截面积为 4. 9 m^2，正常疏水阀控制液位 1 800 mm 时，距停机液位 3 200 mm 的体积为 7. 84 m^3；在应急疏水阀控制液位时，BRP 液位液位维持在 2 400 mm，距停机液位 3 200 mm 的体积为 3. 92 m^3。满功率正常疏水以 600 m^3/h 计算，若正常疏水阀故障关闭，则约 17. 6 s 后液位达到应急疏水控制液位 2 400 mm，若此时应急疏水阀故障，则再过约 23. 5 s 即达到停机值。

PID 调节器上限的 BUMPLESS 模块由 0 切换到 100 较低的切换速率，主要考虑的是低功率情况下应急疏水阀向正常疏水阀切换期间避免正常疏水阀的大幅波动，但也造成了部分特殊情况下正常疏水阀的响应受限。

在 GSS BRP 疏水泵（GSSi660PO）跳闸重新启动的工况下，在重新启动 BRP 疏水泵（GSSi660PO）后将正常疏水阀（GSSi673VL）切换到手动控制至少 20 min，待 PID 调节器上限解除后再恢复自动控制。期间，加强对 GSS BRP 液位的监视，并做好现场干预应急疏水阀的准备。

（2）GSSi672MP 故障触发正常疏水调节阀 Trac 信号问题

根据 TEC4 逻辑，若 GSSi672MP 故障（如下漂）导致 GSSi672MP 与 ADG 压力偏差＜3. 384 bar，正常疏水调节阀（GSSi673VL）阀位会跟踪 0，失去对水位的调节功能，正常运行期间需加强对此 GSSi672MP 的监视。同时，与 GSS BRP 疏水泵（GSSi660PO）跳闸的情况类似，若 GSSi672MP 故障导致 GSSi672MP 与 ADG 压力偏差＜3. 384 bar 后立即恢复，因 PID 调节器的上限 20 min 之后才不受限制，正常疏水调节阀的调节受限，可能导致 GSS BRP 液位上涨。

GSSi672MP 单一仪表故障就可能导致 GSS BRP 液位上涨，且该仪表故障没有报警，仅触发仪控报警，功率运行期间需加强对此仪表的监视，以便及时发现故障。

【案例】当班值按计划投运 GSS1620BA 正常疏水，主控将 GSS1620BA 排水至 1800 mm，然后将 GSS1673VL 置自动时，阀门由 22% 开度突然全关，即使阀门的需求开度积分到 13% 时，阀门仍未自动开启，主控立即手动开启 GSS1673VL 控制 GSS1620BA 液位。检查原因为：GSS1672MP 二次阀没有开启导致仪表测量值不准确，在 GSS1673VL 投自动时触发了 Trac 信号，导致 GSS1673VL 自动关闭，GSS1620BA 正常疏水投运失败。

（3）ADG1110VV CBO 信号丢失问题

ADG1110VV CBO 信号丢失会直接开启正常疏水调节阀 GSSi673VL 的供气电磁阀 GSSi673VLX 导致疏水调节阀 GSSi673VL 关闭，导致 GSS BRP 液位上涨，应急疏水阀开启控制 GSS BRP 液位，但同时 ADG1110VV CBO 信号丢失会闭锁应急疏水阀投入控制的报警 GSSi607KA，2 min 之后才会出现 GSSi699KA（GSS i620BA 被加热），这可能导致操纵员无法及时发现应急疏水投入，导致机组在满功率时超功率而无法及时发现。另外，若应急疏水调节不佳，根据计算，2 min 之内在 GSSi699KA 出现之前，则已经可能导致 GSS BRP 液位高停机信号触发。

（4）GSS BRP 疏水阀无扰手自动切换问题

根据 TEC4 逻辑，GSS 正常疏水阀 GSSi673VL. XQ52 显示的是（BRP 液位实测值-SLOPE）*0. 075，其中 SLOPE 正常情况下为液位整定值 1 800 mm，当阀门手动时，SLOPE 为（BRP 液位实测值-10mm），即当阀门手动时 GSSi673VL. XQ52 固定显示为 0. 75，并非阀门需求开度，不能依此无扰放自动。为实现无扰切换，需要将 GSS BRP 液位调整到整定值 1 800 mm 附近，等待一段时间后再放自动，也可后台查看动态需求开度实现无扰切换。

同样，GSSi658VL. XQ52 也并非阀门的需求开度，其未考虑 PI 调节器的比例环节。需要指出的是，如果手动干预了应急疏水阀 GSSi658VL，在恢复阀门自动控制时，阀门放自动时需要将 GSS BRP 液位控制在 2 500 mm 以下使得比例环节为 0，或者根据后台动态需求开度将应急疏水阀无扰放自动。

第13章　GSS BRP液位计失效停机

13.1　基础知识

13.1.1　保护目的

SDM未明确保护触发的目的，但是该保护触发信号与GSS BRP液位高2经过一个“或”门触发停机，因此判断设置GSS液位计失效停机保护目的是防止疏水进入汽轮机导致汽轮机损坏。

13.1.2　保护原理

GSS系统两列BRP（GSS1620BA/2620BA）中，任一列的3个液位计中若有2个同时失效延时2 s，则触发停机信号。

13.1.3　保护逻辑

GSS BRP液位计失效停机保护信号逻辑简图如图13-1所示。

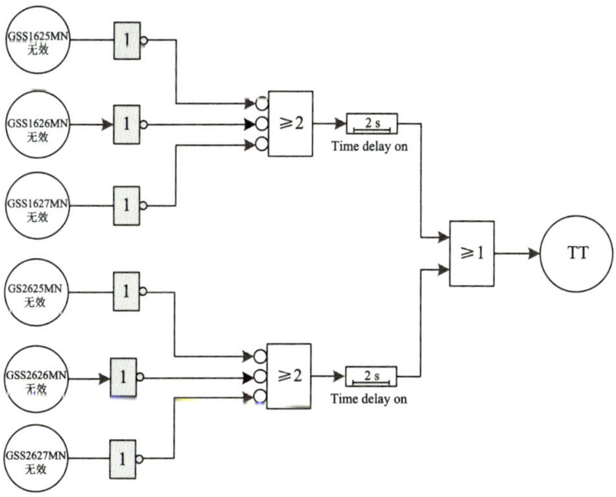

图13-1　GSS BRP液位计失效停机保护信号逻辑简图

13.2 主控监视

GSS BRP 液位可以在 GSS0003YC 上通过 GSS1601/2601KM 监视，但单一仪表失效后，此 KM 也会正常显示；若两个仪表失效则 KM 显示为红框，同时会触发停机。具体每个 MN 的输出可以在 GSS0007YM 上进行监视，如图 13-2 所示。

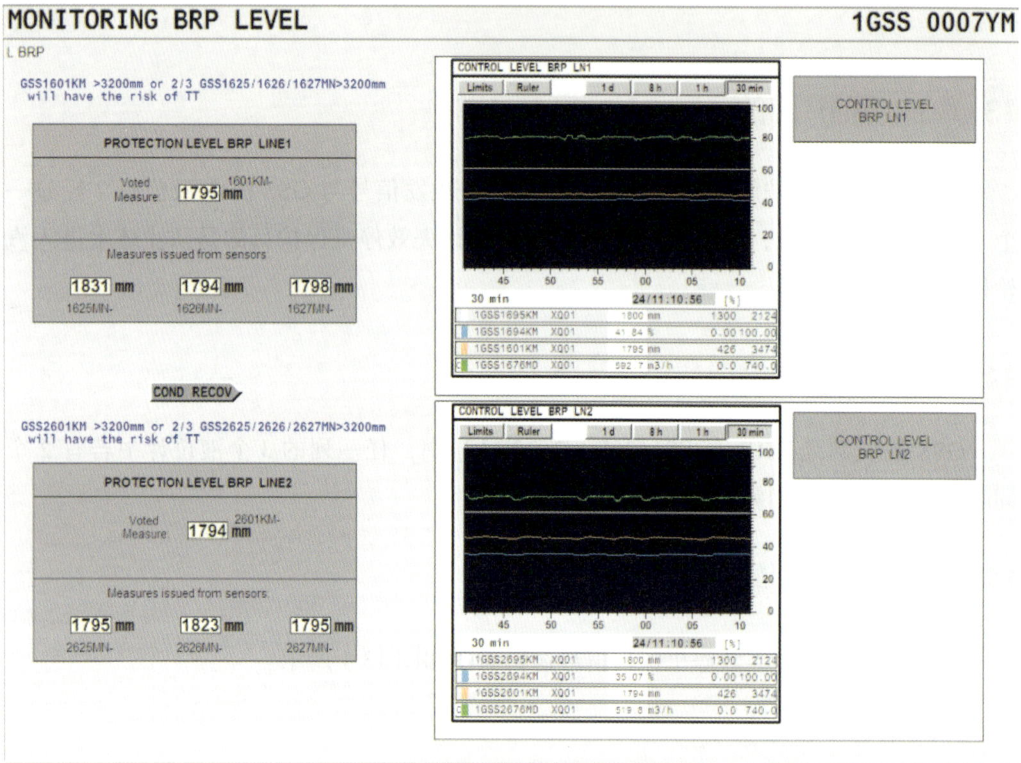

图 13-2　GSS BRP 液位计监视页面

任一仪表与本列其他仪表偏差 >200 mm 触发 GSS1601/2601KA，同时 GSS0007YM 上触发 GSS1606/2606KS，文本显示“Protection sensors drift”；任一液位计失效后替代值为 0，正常也会与其他仪表偏差 >200 mm，进而触发 GSS1601/2601KA，同时触发相应的仪控报警。

若一列 BRP 的两个液位计同时失效则触发 GSS1697/2997KA，同时导致汽轮机跳闸，GSE0002YC 上（见图 13-3）GSE1136KS 灯亮（首发停机原因 GSS TRIP）和 GSE1101/1102KS 灯亮（DCS 停机信号）。

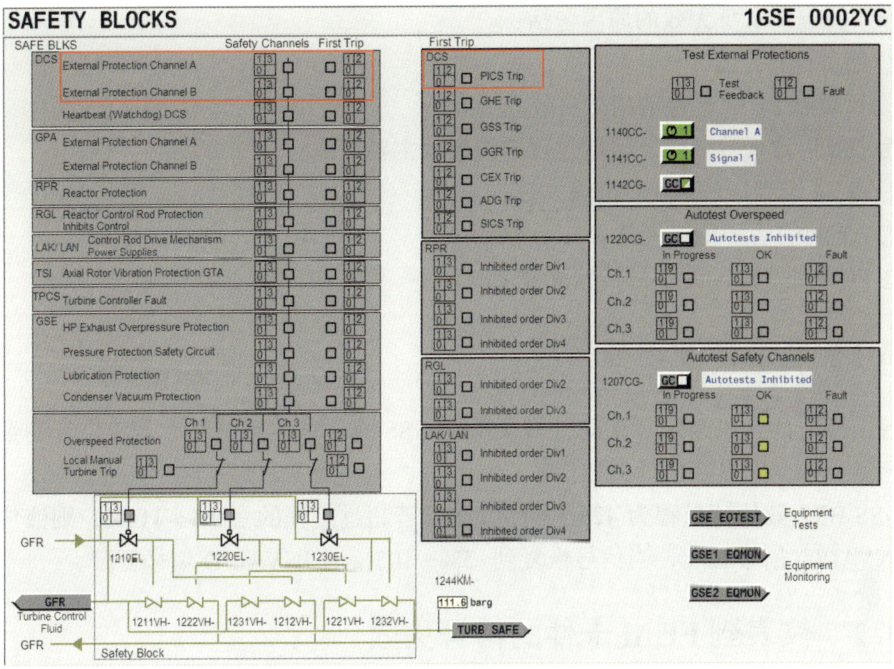

图 13-3　GSS BRP 液位计故障停机页面监视

若一列上 3 个 MN 全部失效，则该列 BRP 液位控制上 GSS1673/2673VL 切换到手动，GSS1658/2658VL 被强制自动（1 s 脉冲）且跟踪当前阀位。

13.3　影响因素

从信号传输链路上看：CI1 内，A/B 列的 BRP 液位计失效信号各自在 AP556 和 AP554 产生停机信号，但 AP556 产生的停机信号通过网络传输到 AP554 之后经硬接线送往 TPCS；CI2 内，A/B 列的 BRP 液位计失效信号只在 AP654 内产生停机信号并经硬接线送往 TPCS。

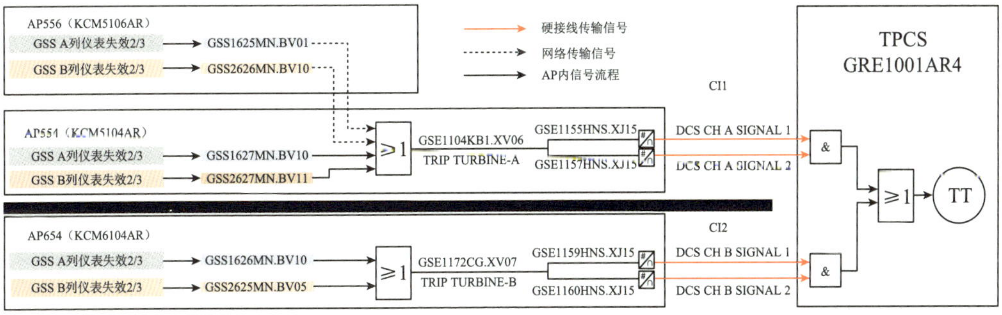

图 13-4　GSS BRP 液位计失效停机保护信号链路简图

导致液位计本身无效的原因包括：

① 超量程；

② 仪表到 FUM 卡件的信号失效。

而“液位计无效信号”传输过程中的失效主要考虑：

① FUM 卡到 AP 的信号传输失效；

② AP 间的信号传输失效；

③ DCS 到 TPCS 的信号传输失效。

13.3.1 液位计波动超量程

台山核电两台机组运行期间，多次出现 GSS 液位计波动情况，若液位计测量液位波动超量程将会发出液位计失效信号。

GSS BRP 液位计量程为 426～3 474 mm。若超过量程的-10%～110%，则液位计失效，INVALID 信号触发，当信号恢复到-5%～105% 时 INVALID 信号复归。

13.3.2 仪表到 FUM 卡件的信号失效

GSS BRP 液位计无效信号由 FUM230 进行采集。

若仪表与 FUM230 卡件连接断线，包括中间继电器柜（MZZ/FZZ 等）内接线故障，则直接导致仪表无效。GSS 液位计通过不同的 FUM 卡采集，单个 FUM 卡件及其信号链路只影响单个仪表，不会导致 BRP 液位计失效数目多停机。

13.3.3 FUM 卡件到 AP 的信号传输

每个液位测量仪表通过 FUM 卡件，然后经过 IM616 送往 AP 处理，若 FUM230 与 AP 之间 Profibus-DP 断线或 IM616 故障则会导致该仪表失效。

以 GSS 左列（A 列）BRP 为例，每个 AP 通过 FUM 卡直接采集一个 MN 的信号，同时接收其他两个 AP 然后通过硬接线或网络传输的 MN 的信号，经过 3 取 2 逻辑触发停机信号。因 3 取 2 逻辑，单一仪表故障不会导致保护触发，同一列 BRP 的两个仪表故障则触发保护动作；每对 AP 都同时采集每列 3 个仪表的失效信号进行 3 取 2 运算，单对 AP 完全失去不影响停机信号的发出。

AP 与两列 BRP 液位计的信号采集关系如图 13-5 所示。

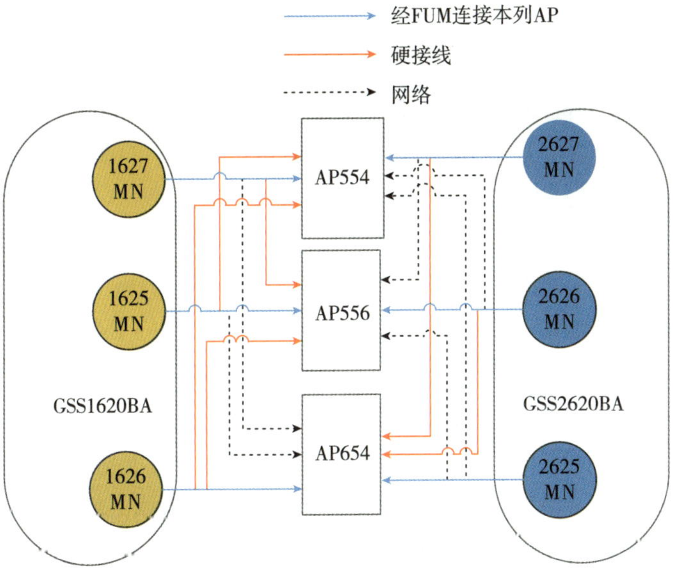

图 13-5　AP 与两列 BRP 液位计的信号采集简图

13.3.4　AP 之间的信号传输

CI1 下的 AP 与 CI2 下的 AP 通过 PLANT BUS 传输信号，网络通讯简图如图 13-6 所示。

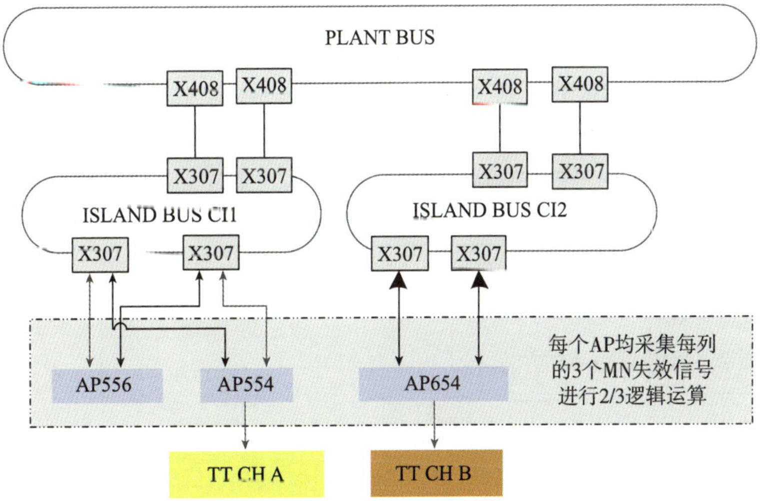

图 13-6　GSS BRP 液位计与 AP 网络通讯简图

在 CI1 与 CI2 的网络断开之后，根据 2.3 节介绍的仪表信号采集关系，位于 CI2 的 AP654 有两个通过网路传输的 MN 设备有效信号丢失，满足 3 取 2 逻辑，造成 GSS BRP 液位计失效停机信号触发。其他两个网关故障可能造成 AP 间通讯失效，造成类似效果。

【案例】专业人员在持票处理 KCO0209/0309KA（第 2 列 PAS、SAS 机柜故障）期间，主控触发 KCO0588/0598/0596KA，发现一回路热功率 RGL1225KM 显示红框，喷淋阀 2RCP6130VP 全开，一回路压力下降至 146. 8 bar. g（OAF 动作启动通断式加热器，喷淋阀自动关闭），专业人员分析原因为电厂总线环网与 2 分区 PAS 总线失去通讯，造成一回路压力整定值被设置为 0。

以 AP654 本身产生的 GSS BRP 液位计故障停机信号为例：

AP556 内 GSS1625MN 和 AP554 内 GSS1627MN 产生的 INV 信号经过非门之后通过网路传输到 AP654 再取非参与 3 取 2 运算，若 AP654 与 AP556/554 网路通讯丢失，导致送往 AP654 的两路 MN 有效信号丢失，取非后满足 3 取 2 停机逻辑，但 AP654 送往 TPCS 的停机信号是硬接线信号，不受网络通讯影响，可能触发停机。

上述逻辑设置使得 AP654 与网路断开后发出停机信号，偏向于保护触发，但在 AP654 与 AP554/556 失去通讯后，AP554 和 AP556 仍然可以正常监视液位计无效信号实现正常保护功能。因此，网络通讯丢失造成停机是否属于过保护需要进一步分析。

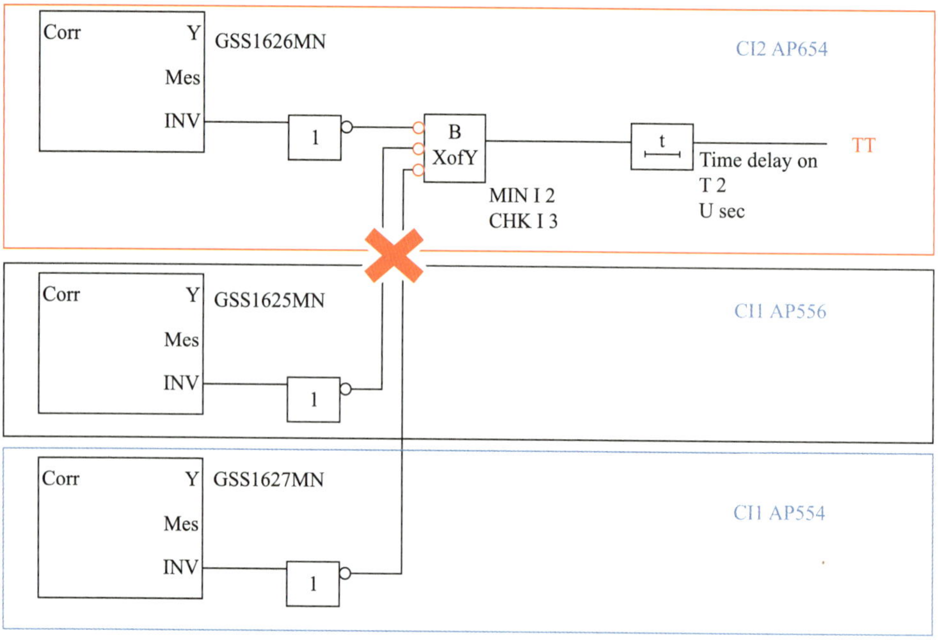

图 13-7　AP654 产生的 GSS BRP 液位计故障停机信号流程简图

可能导致 AP654 与 AP554/556 通讯失效情况包括：

① AP654 与 CI2 的 Island Bus 断开；

② CI1 的 Island BUS 与 PLANT BUS 断开；

③ CI2 的 Island BUS 与 PLANT BUS 断开；

④ AP556/554 同时与 CI1 的 Island BUS 断开。

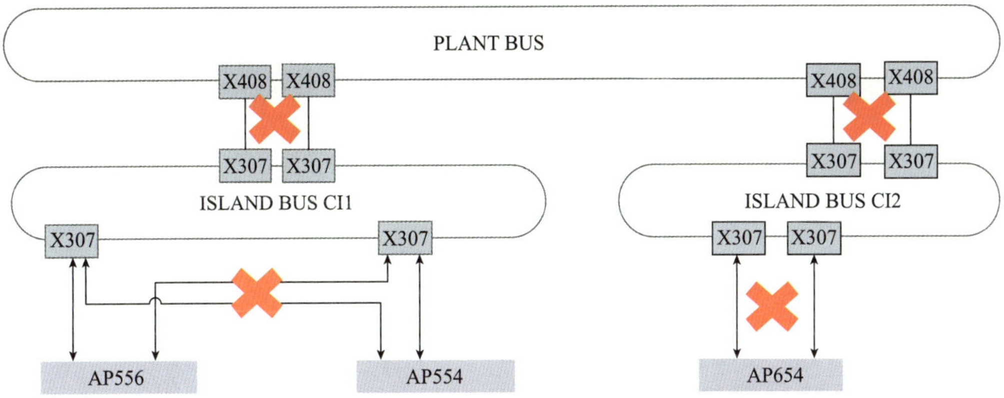

图 13-8　GSS BRP 液位计故障信号网络失效模式简图

13.3.5　DCS 到 TPCS 的信号传输（硬接线）

若送往 TPCS 的一路停机信号（SIGNAL1 或 SIGNAL2）丢失，则本列无法发出停机信号，主控和现场均无显示，但另外一列的信号仍然能保证停机。

若送往 TPCS 的一路停机信号误触发，现场 P320 触发 GSE1196~1199KS，主控无显示。

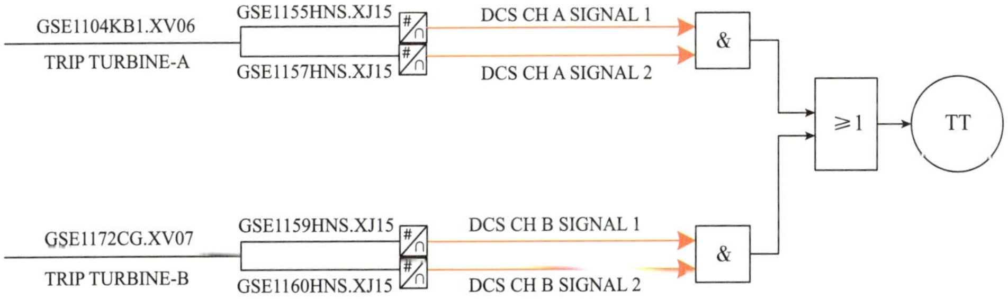

图 13-9　GSE 外部保护停机信号逻辑

第14章 GGR汽轮发电机组轴承温度高停机

14.1 基础知识

14.1.1 保护目的

汽轮发电机组径向轴承和止推轴承正常由 GGR 润滑油提供冷却，当轴承温度过高时，有轴承损坏、汽轮机振动加剧的风险。因此设计汽轮发电机组轴承金属温度高 2 停机保护。

14.1.2 保护原理

当同一个径向轴承轴瓦的前端金属温度和后端金属温度均>130℃，或者止推轴承轴瓦同一端的两个金属温度均>110℃时，发出汽轮发电机组跳闸信号（汽轮发电机组轴承合金的熔化温度一般为 240℃，软化温度一般在 130℃以上）。

14.1.3 保护逻辑

GGR 轴承温度高停机信号逻辑简图如图 14-1 所示。

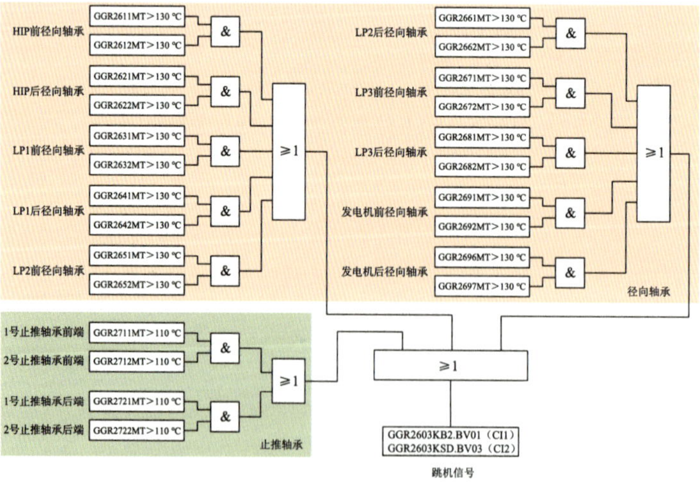

图 14-1 GGR 轴承温度高停机逻辑简图

14.1.4　汽轮发电机组轴承温度相关定值及报警

对于每个轴承，其前端和后端均配置了一个温度传感器用以探测轴承金属温度。其编码分别是 GGR2611—2691MT、GGR2612—2692MT、GGR2696/2697MT（径向轴承）以及 GGR2711/2712/2721/2722MT（止推轴承）。

另外，还配置了 GGR 2435MT 用以监视轴承润滑油进油温度，GGR2613～2693MT 以及 GGR2698MT 用以监测轴承润滑油回油温度。

GGR 轴承温度相关定值及动作见表 14-1。

表 14-1　GGR 轴承温度相关定值及报警

	正常运行	温差高 1	高 1	高 2
温度定值	115 ℃（径向轴承） 85 ℃（止推轴承）	N/A	115 ℃（径向轴承） 85 ℃（止推轴承）	130 ℃（径向轴承） 110 ℃（止推轴承）
动作	N/A	同一轴承两个温度计偏差＞20 ℃，触发 GGR2603KA（汽轮发电机组轴承前/后温差高 1）	·触发报警 GGR2601KA（汽轮机径向轴承，2 取 1）； ·触发报警 GGR2602KA（发电机径向轴承，2 取 1）； ·触发报警 GGR2701KA（止推轴承，2 取 1）	·触发报警 GGR2605KA（2 取 1）； ·汽轮机跳闸（2 取 2）

GGR 润滑油温度相关定值及动作见表 14-2 及表 14-3。

表 14-2　GGR 润滑进油温度相关定值及报警（GGR2435MT）

	正常运行	高	低
温度定值	35～50 ℃	50 ℃	35 ℃
动作	N/A	触发报警 GGR2436KA	触发报警 GGR2435KA

表 14-3　GGR 润滑油回油温度相关定值及报警（GGR2613~2693MT/GGR2698MT）

	正常运行	高 1（任一 MT）	高 2（任一 MT）
温度定值	＜60 ℃	60 ℃	65 ℃
动作	N/A	触发报警 GGR2604KA	触发报警 GGR2606KA

14.2　主控监视

在主控页面 GGR0003YM 上可以监视汽轮发电机组各轴承的温度。

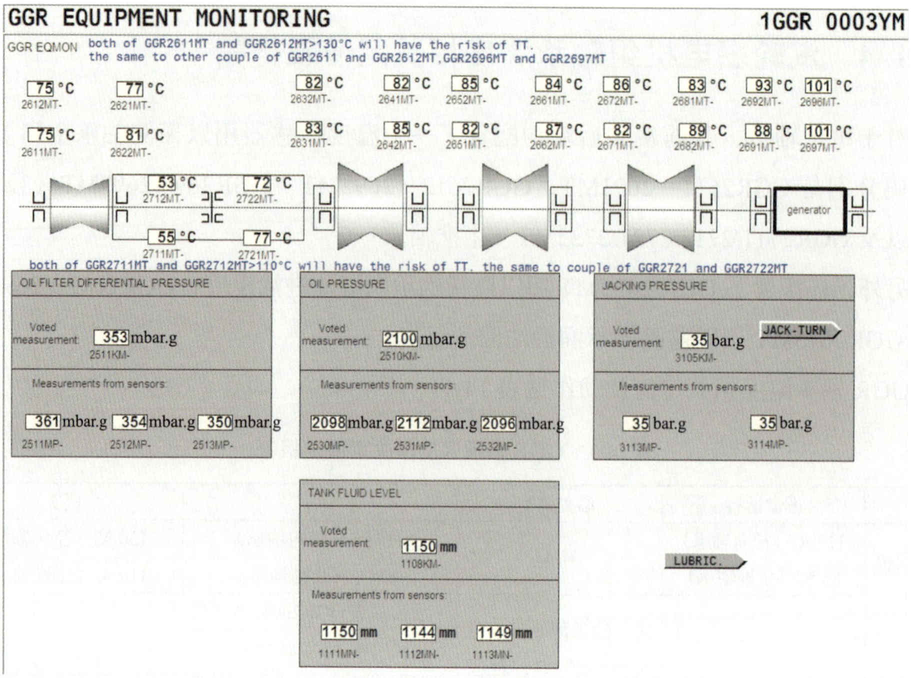

图 14-2　汽轮发电机组各轴承温度主控监视页面

对于径向轴承而言，当同一个轴承的两个测点温度偏差>20 ℃时，触发报警 GGR2603KA（汽轮发电机组轴承前/后温差）。

14.3　影响因素

14.3.1　汽轮发电机组轴承温度真实高

可能导致汽轮发电机组轴承温度真实高的原因有以下 7 种。

（1）GGR 热交换器堵塞或效率下降

GGR 润滑油温度通过 GGR2430VH 控制流经热交换器的油流量来控制，当热交换器堵塞或者效率下降时，GGR 润滑油温度会升高，GGR2430VH 会控制更多的润滑油流经热交换器以加大冷却。当超出 GGR2430VH 的调节能力时，润滑油温度上涨超过 50 ℃会触发 GGR2436KA（润滑油温度高 1），此时需要根据报警卡指引及时切换热交换器。

（2）GGR 润滑油老化变质

当 GGR 润滑油长期使用老化变质时，会影响其冷却效果，可能造成轴承温度升高。根据《T-CE-T-0-NNN-400 电厂用油技术规范》，每周会进行 GGR 润滑油取样以检查其外观、色度和含水量，每三个月会进行 GGR 润滑油取样以检查其运动粘度、闪点、酸值、颗粒度、抗乳化性以及金属含量。当取样结果不满足要求时，需要专业人员尽快处理。

（3）GGR2430VH 调节异常

1）GGR2430VH 调节原理

润滑油温度由 GGR2430VH 来调节，温度整定值由操纵员在 GGR2401RG 上设置，正常设置为 45 ℃，温度整定值与实测值 GGR2435MT 进行比较，偏差送到 PI 调节器，PI 调节器输出用于控制 GGR2430VH 的开度。它通过控制流经热交换器和流经旁路的润滑油流量从而实现润滑油温度的控制。GGR2430VH 的 100% 开度表示完全流经热交换器，0% 开度表示完全旁路热交换器。其控制简图如图 14-3 所示。

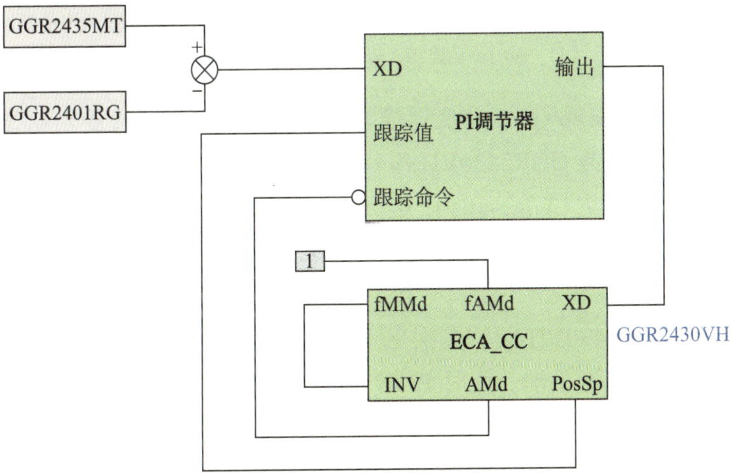

图 14-3　GGR2430VH 控制简图

当阀门阀位测量信号无效时，会触发 INV 信号，从而将阀门强制手动（强制手动优先于强制自动）。当阀门不在自动状态时，会将 PI 调节器置于跟踪模式，跟踪阀门的整定开度，避免积分输出饱和，从而影响手自动的切换。失电后，此阀门将保持原位。

2）GGR2430VH 故障

GGR2430VH 的工作模式分为三种：自动调节、就地电动调节、就地机械调节。正常情况下，此阀门处于强制自动状态，主控无法手动控制。当 GGR2430VH 调节异常或故障时，润滑油温度就无法正常控制，可能造成润滑油温度高，进而导致轴承温度高。此时就需要及时手动干预，可以考虑让仪控人员取消强制自动信号，主控手动调节阀门。如果主控无法调节，则需现场操作员现场进行手动干预。

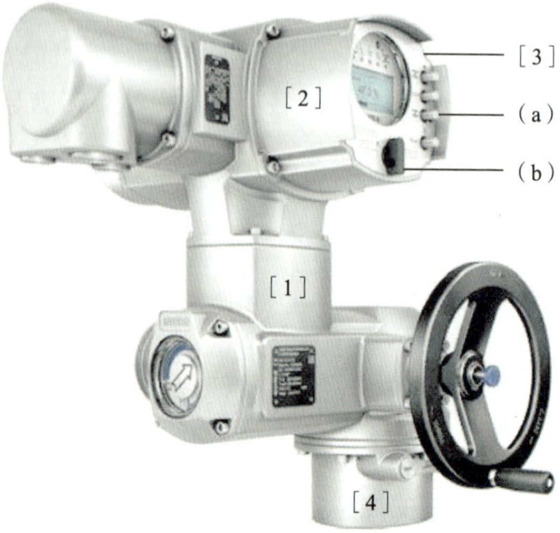

图 14-4　GGR2430VH结构图

注：[1]—配置电机和手轮的部分回转执行器；[2]—执行器控制装置；[3]—配置显示屏的就地控制装置；[4]—阀门驱动连接；(a)—选择开关；(b)—按钮。

【案例】主控巡盘发现 GGR 温度调节三通阀 GGR2430VH 为手动状态，且阀位显示坏点。专业人员核实为 GGR2430VH 阀位坏点，输出 INVALID 信号导致阀门强制手动，专业人员检查后答复 GGR2430VH 电动头内部板卡故障。

3）GGR2430VH就地/远控无扰切换

由于机组上 GGR2430VH 阀位多次出现故障，当阀位故障时，会触发阀门模块的 INV 信号，阀门会被强制手动。此时 PI 调节器跟踪阀位整定值，而此时的阀位整定值取决于主控手动设定值，如图 14-5 所示。如果故障处理期间，阀门一直处于远控，那么当阀门故障消除时，能够保证无扰切换。

但由于实际阀门处理过程中，可能会将阀门切换到就地控制模式，当阀位故障处理好后，INVALID 信号消失，GGR2430VH 强制自动信号生效，阀门被强制自动，同时 PI 调节器的跟踪信号消失，PI 调节器重新开始计算。如果不及时将阀门切回远控，在温度实测值与整定值存在偏差的情况下，PI 调节器会一直积分，但由于阀门此时仍处于就地模式，DCS 下发的远控指令不起作用，所以 PI 调节器可能会出现积分饱和的现象。如果实测温度高于整定温度，PI 调节器的输出可能会达到 100%；反之，如果实测温度低于整定温度，PI 调节器的输出可能会达到 0%。那么当现场将阀门由就地切换到远控模式时，就会造成阀门开度大幅变化的情况。

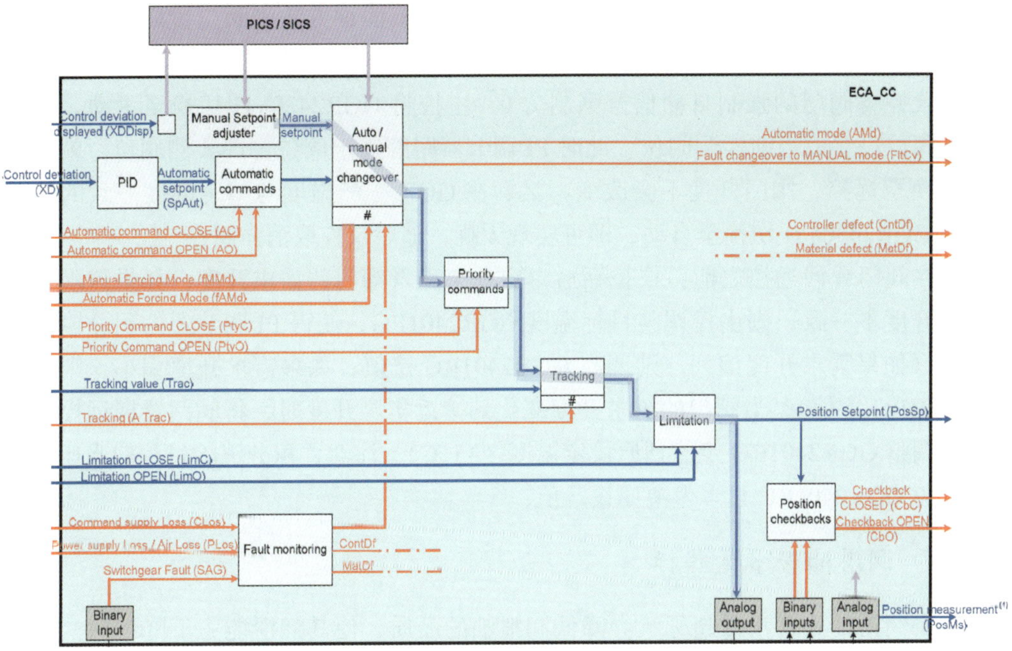

图 14-5 ECA_CC模块手自动切换原理简图

【案例】主控巡盘发现 GGR2430VH 温控阀阀位显示红框，GGR2430VH 被强制手动模式。专业人员完成故障处理后将 GGR2430VH 由就地模式切至远控，GGR2430VH 迅速从 75% 开启至 97%，随后又迅速关小，如图 14-6 所示，随后主控立即联系就地恢复初始开度。

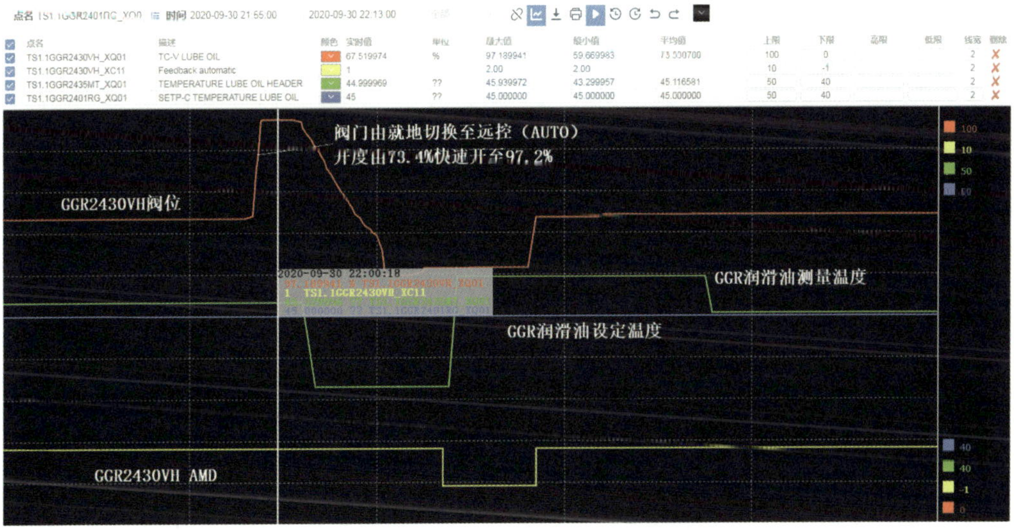

图 14-6 GGR2430VH控制模式切换后的动作曲线

因此当阀门阀位故障处理完成后，可以采取如下两种方法将阀门置回远控避免阀门开度大幅扰动：

· 仪控将阀门的强制自动信号强制为 0，主控将 GGR2430VH 切换至手动，并将其需求阀位设置成当前实测阀位。此时 PI 调节器跟踪需求阀位也即实测阀位。就地将阀门切换至远控，阀门开度不会改变。然后在 GGR 实测温度与整定温度一致的情况下，将 GGR2430VH 切换至自动，即可实现无扰，随后仪控取消强制；

· 在阀门置回远控之前，仪控在后台启动态查看阀门的需求开度，如果需求开度与实测开度不一致，则主控调整目标温度 GGR2401RG，使得 PI 调节器的积分输出发生变化（如果需求开度偏大，则调高 GGR2401RG 定值；如果需求开度偏小，则调低 GGR2401RG 定值）。当阀门的需求开度变化到接近实测开度时，将阀门置回远控。随后缓慢调整 GGR2401RG 定值到原设定温度（45 ℃）。注意，积分消除过程应当比较缓慢，避免 GGR2401RG 过多偏离原设定值。

（4）润滑油含水量超标

如果润滑油中含水量超标，会降低润滑油的品质，使其润滑能力下降，对汽轮机轴承造成润滑不良，使汽轮机轴承产生局部脱胎或者烧毁风险，同时可能造成汽轮机轴承温度高及振动超标导致汽轮机停机。

汽轮机润滑油处理系统 GTH 正常从汽轮机润滑油中滤除杂质和游离水，根据《T-CE-T-0-NNN-400 电厂用油技术规范》，润滑油中的含水量的指标为≤100 mg/L。GGR 润滑油正常取样频率为每周一次，检测方法为目视，查看油质透明、无杂质或悬浮物，而针对润滑油水分分析正常频率为 3 个月一次，机组检修启动后 3 个月内为每月取样一次，发电机氢气湿度超标或油系统检修后启动前则及时取样分析。

在某些异常工况下，润滑油的含水量存在超标的可能。比较常见的有以下 3 种情况。

1）热交换器泄漏

正常运行时，GGR 热交换器油侧压力在 3 bar. g 以内，而 SRI 水侧泵出口压力在 7 bar. g 左右，考虑到沿程阻力损失，水侧压力也比油侧压力大。因此当热交换器发生泄漏时，SRI 侧冷却水会进入 GGR 油中，造成润滑油含水量超标。对于漏量较大的泄漏，可以通过 GGR 油箱油位的异常变化来发现；对于漏量较小的泄漏，只能通过定期取样化验含水量来发现。

2）汽轮机轴封系统异常

如图 14-7 所示，当汽轮机轴封系统排汽压力不正常，比如排汽负压不足时，就可能导致轴封供汽外漏，进入汽轮机轴承箱，导致蒸汽与汽轮机润滑油混合，造成润滑油含水量超标。

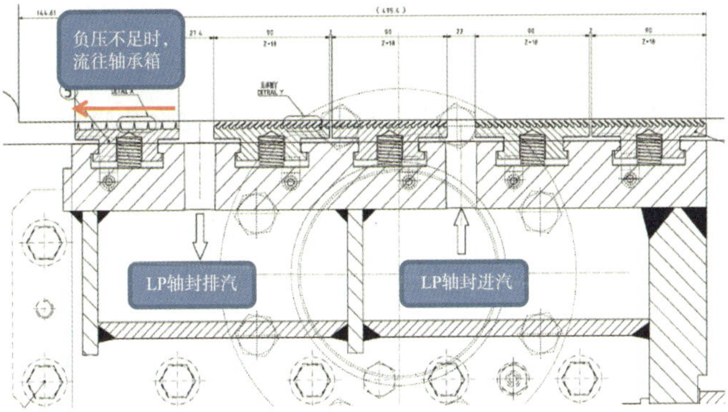

图 14-7　汽轮机轴封系统结构简图

【案例】某机组梳理汽轮机冲转条件时，对 GGR 油样进行含水量分析，专业人员答复 GGR 水分值为 9 218 mg/L（正常值为＜100 mg/L），取样结果不合格，不满足冲转条件。在启动 GTII 运行后，进行在线过滤合格后汽轮机进行冲转升功率操作。

因此为防止 GGR 润滑油中进汽，需要控制好 CET 轴封系统负压，监视 CET2110MP 压力以及 CET 轴封排气风机的运行情况。正常 CET 排汽管线负压为 −45 mbar. g，当排汽管线压力升高到 −5 mbar. g 时，会触发报警 CET2101KA（排汽管线压力高），根据报警卡需要进行风机切换或者修复故障风机。

【案例】主控出现 CET210KA（排汽管线压力高），主控建曲线发现 CET2110MP 压力显示为 −1 mbar. g 大于报警阈值 −5 mbar. g。

图 14-8 所示为 2022 年 1 月 1 日—2022 年 3 月 26 日期间 GGR 油箱负压与 CET 轴封排汽管线负压对比曲线，可见 CET 轴封排汽管线负压始终保持低于 GGR 油箱负压，可以避免蒸汽沿着汽封齿漏往轴承箱。注：图中 CET 轴封排汽管线负压波动是由于风机的切换，两台风机出力不一样，当 CET2240ZV 运行时，排汽管线负压更大。

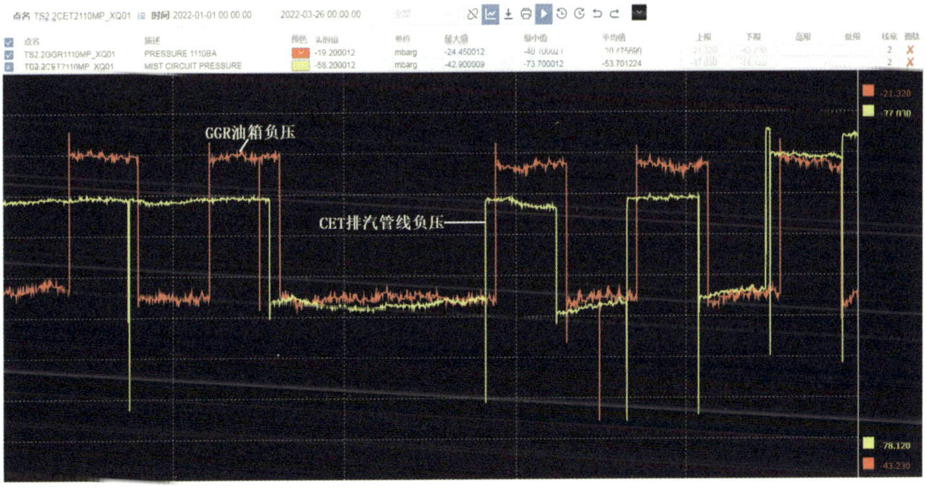

图 14-8　GGR 油箱负压与 CET 轴封排汽管线负压对比曲线图

3）油箱未及时排水

汽轮机润滑油处理系统 GTH 正常从汽轮机润滑油中滤除杂质和游离水，机组正常运行时 GTH 系统连续运行。如果 GTH 系统故障停运，润滑油中的水分无法及时排除，长时间可能造成润滑油含水量超标，需要尽快使 GTH 恢复运行，并通知化学化验润滑油品质。

针对润滑油油质超标，每次汽轮机冲转前都需要进行油质化验，以便发现可能的油质异常。目前《Q-N-1-SXX-004 冲转并网工前会单》中已有相关的风险提示以及行动项检查：冲转并网前化验油质品质，检查各瓦润滑油流量无异常。

（5）润滑油压力调节阀 GGR2120VH 异常开启

润滑油压力调节阀 GGR2120VH 正常用于控制润滑油母管压力在 1. 5 bar. g，防止润滑油母管过低或过高。它通过控制温控三通阀 GGR2430VH 下游、过滤器上游回流主油箱的油流量来实现润滑油压的控制。正常 GGR 联轴油泵能提供 110% 的润滑油流量，多余的 10% 就是通过 GGR2120VH 排回主油箱。它是通过机械结构来保证润滑油母管压力的恒定。压力定值可以通过调整螺栓来进行调整，如图 14-9 所示。

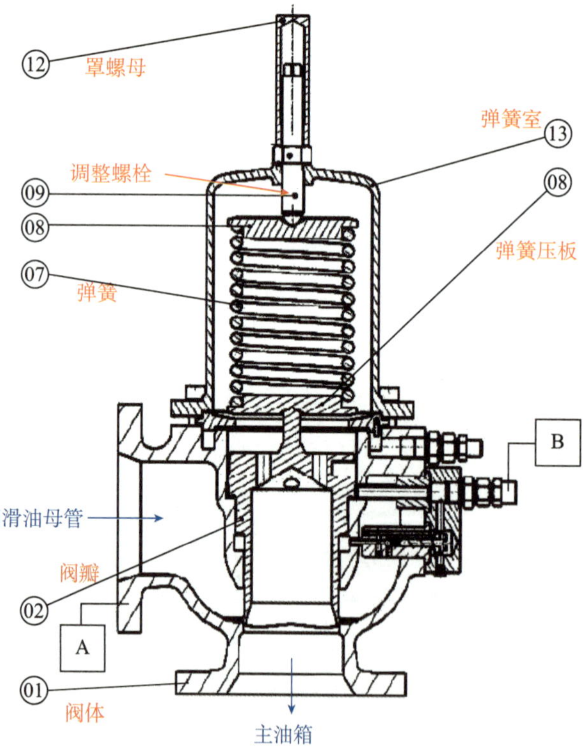

图 14-9　润滑油压力调节阀 GGR2120VH 结构简图

如果 GGR2120VH 故障开大（管线直径 DN150），则润滑油供油母管中的油将被卸往主油箱，汽轮发电机组轴承油流量不足，得不到充分的冷却，有造成轴承温度高的风险。当然，也有可能导致润滑油母管压力下降，造成油压<1 bar. g 导致触发停机信号。

（6）GGR2435MT 故障下漂

由于润滑油温度测量仪表 GGR2435MT 为单一仪表，当此仪表故障下漂时，GGR2430VH 会关小，甚至全关，导致润滑油得不到充分的冷却，可能造成润滑油温度升高，从而造成轴承温度高停机。

当 GGR2435MT 异常变化时，可以通过就地温度计 GGR2515MTL、汽轮发电机组轴承温度变化、回油温度以及 SRI 水温变化情况来辅助判断是否探头故障所致。一旦确认探头故障，可以通知专业人员对温度调节阀 GGR2430VH 实施强制，主控手动控制阀门开度，以免润滑油温度异常，或者手动微调阀门，调节的依据是参考探头故障前的阀门开度以及结合轴承温度和就地温度计的读数。

（7）汽轮发电机组轴承故障

如果汽轮发电机组轴承真实发生故障（如轴承座故障、推力轴承衬垫损坏等），也会导致轴承温度真实升高，此时应执行《汽轮机运行异常控制预案》，检查受影响的金属温度、润滑油回油温度、轴承振动，并就地检查受影响的轴承，确认轴承故障后，考虑采取降功率、停机、打闸汽轮机等措施，避免轴承严重损坏。

14.3.2　汽轮发电机组轴承温差大

对于每个轴承，其前端和后端均配置了一个温度传感器用以探测轴承金属温度。当前后端温度偏差>20 ℃时，会触发 GGR2603KA（汽轮发电机组轴承前/后温差大）。监测轴承前、后端温差的主要目的是监测轴承平行度状态，以免出现轴颈与轴承乌金偏磨的情况，造成轴承过热及轴瓦温度升高。

根据报警卡 GGR2603KA，如果汽轮发电机组轴瓦前、后端温差>25 ℃（最大瓦温<115 ℃时）或者温差>20 ℃（最大瓦温>115 ℃时）时，要求手动停运汽轮机。

台山 1 号机发电机 10 瓦多次出现瓦温高及温差大问题，最大温差曾超过 20 ℃。根据集团 8+1 重大办专家分析，结论是：支撑轴瓦瓦块表面产生漆膜，叠加轴瓦位置在功率变化过程中发生变动后自位调节能力较弱未回到初始位置，导致漆膜产生聚集和冲刷。

【案例】主控触发 GGR2603KA（汽轮发电机组轴承前/后温差高 1），建曲线发现 10 号瓦 GGR2696/2697MT 温差>20 ℃导致触发报警。GGR2697MT 最大温度为

113. 6 ℃（持续时间：6 min），GGR2696MT 为 82. 2 ℃，温差超 24℃持续时间 57 min。

当前 1/2 号机组正常运行期间，投入滤油机持续为 GGR 润滑油过滤并保持长期运行，推力轴承温度波动幅度明显减小，有效解决了 1 号机 10 瓦轴承温差大和 2 号机推力轴承温度高问题。

14. 3. 3　汽轮发电机组轴承温度探头故障

当任何一个 GGR 径向轴承温度探头故障（包括断线）无效时，其输出的温度 H2 信号会触发，径向轴承温度高停机逻辑会由 2 取 2 降级为 2 取 1，同时触发报警 GGR2605KA（轴承金属温度高 2）。此时同一个轴承的另一个温度探头成为 SPV 点。

而对于止推轴承，当温度探头故障无效时，其输出取最后一个有效值。

【案例】某机组满功率运行，电功率 1 188 MW，13 时 12 分 31 秒，3 号轴承座 5 号轴承三个测点 GME1323MT1/2/3 同时开始异常波动，13 时 13 分 02 秒，GME1323MT3 测点变为坏点（一路停机信号触发），13 时 13 分 21 秒，GME1323MT2 测点波动达到 139. 2 ℃，超过停机阈值（130 ℃，另一路停机信号触发），满足“3 取 2”逻辑，主控触发 GME9360KA（3 号轴承座温度保护停机）报警，汽轮机跳闸。

因此，当出现探头故障时，需要尽快通知仪控处理，同时加强监视另一探头温度及回油温度，以便及时发现可能的异常。

14. 3. 4　汽轮发电机组轴承温度信号采集 FUM 卡故障

GGR2611/2621/2631/2641/2651/2661/2671/2681/ 2691/2696/2711/2721MT 信号均由 FUM230 卡件 KCM5102AR. B067 采集，GGR2612/2622/2632/2642/2652/ 2662/2672/2682/ 2692/2697/2712/2722MT 均由 FUM230 卡件 KCM6102AR. B083 采集。当这两个卡件中的任何一个 FUM 卡件故障时，会触发无效信号，对于其中的径向轴承温度探头，其输出的温度 H2 信号会触发，径向轴承温度高停机逻辑会由 2 取 2 降级为 2 取 1，同时触发报警 GGR2605KA（轴承金属温度高 2）。此时同一个轴承的另一个温度探头成为 SPV 点。而对于其中止推轴承温度探头，其输出取最后一个有效值，也即初始未触发，则 2 取 2 逻辑不可能再触发，在温度真实高时有拒动风险。

14. 3. 5　通讯失去冗余以及通讯中断

对于 GGR 轴承温度高停机信号而言，GGR2611/2621/2631/2641/2651/2661/2671/2681/2691/2696/2711/2721MT 信号均通过硬接线送往 KCM5102AR（CI1），GGR2612/2622/2632/2642/2652/2662/2672/2682/2692/2697/2712/2722MT 信号均通过硬接线送往 KCM6102AR（CI2）。

其中对于 GGR2611/2612MT，GGR2621/2622MT，GGR2631/2632MT，GGR2641/2642MT，GGR2651/2652MT，GGR2661/2662MT 而言，其经过阈值比较后的信号分别通过 CI PAS 总线以及电厂总线送到另外一列参与 2 取 2 停机逻辑，从而触发 CI1 停机信号 GGR2603KB2. BV01（通过硬接线送出）以及 CI2 停机信号 GGR2603KSD. BV03（通过硬接线送出）。由于交换机为冗余配置，任意失去一个，不影响信号的传输。如果网络通讯完全中断，则中断的信号默认触发，2 取 2 停机逻辑降级为 2 取 1，而且最终 CI1/CI2 停机信号均经硬接线送到 GSE，因此不会造成停机信号的误动或拒动。

对于GGR2671/2672MT, GGR2681/2682MT, GGR2691/2692MT, GGR2696/26197MT 而言，其停机逻辑的 2 取 2 处理均在 CI1 机柜 KCM5102AR 中进行。经过阈值比较后的 CI2 信号通过 CI PAS 总线以及电厂总线送到 CI1 中参与 2 取 2 停机逻辑，一路触发 CI1 的停机信号 GGR2603KB2. BV01，另外一路通过硬接线送到 CI2 机柜 KCM6102AR 中，触发 CI2 的停机信号 GGR2603KSD. BV03。如果网络通讯失去冗余，不影响信号的传输和处理；如果网络通讯完全中断，则中断的信号默认触发，2 取 2 停机逻辑降级为 2 取 1。不会造成停机信号的误动或拒动。但由于停机逻辑均在 CI1 机柜 KCM5102AR 中处理，如果 KCM5102AR 的主从 AP 均故障，则这些停机信号存在拒动风险。

对于 GGR2711/2712MT，GGR2721/2722MT 而言，经过阈值比较后的信号直接经过硬接线送到另外一列机柜中参与 2 取 2 停机逻辑，从而触发 CI1 停机信号 GGR2603KB2. BV01 以及 CI2 停机信号 GGR2603KSD. BV03。因此不涉及机柜间的网络通讯。

以 GGR2611/2612MT 为例，其网络通讯简图如图 14-10 所示。

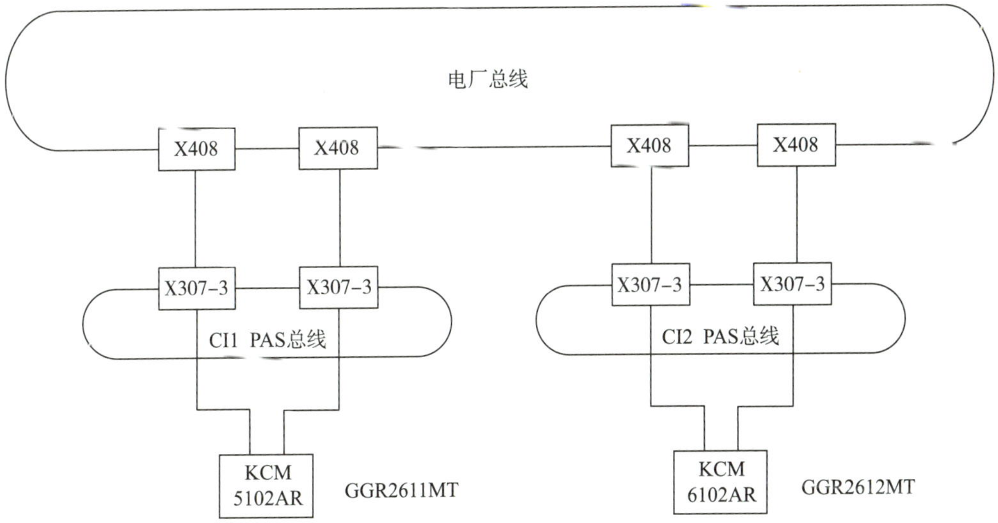

图 14-10　GGR2611/2612MT 网络通讯简图

第 15 章　GGR 润滑油箱油位低停机

15.1　基础知识

15.1.1　保护目的

GGR 油箱正常保持一定的油位，以保证主油泵的供油。当油箱油位过低时，有造成主油泵损坏以及无法保证汽轮发电机组轴承供油的风险，为此设计 GGR 润滑油箱油位低 2 停机信号。

15.1.2　保护原理

当油箱油位计 GGR1111/1112/1113MN 经次大值表决后<884 mm 时，发出汽轮发电机组跳闸信号。

15.1.3　保护逻辑

GGR 润滑油箱油位低停机信号逻辑简图如图 15-1 所示。

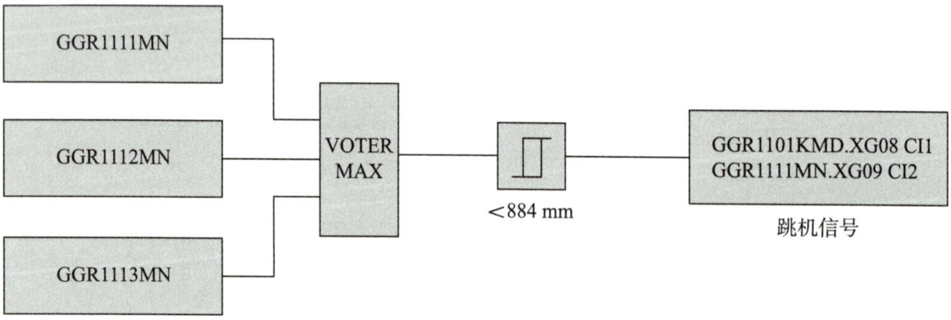

图 15-1　GGR 润滑油箱油位低停机信号逻辑简图

15.1.4　GGR 润滑油箱油位相关定值及报警

GGR 配置了 GGR1111/1112/1113MN 和 GGR1115MNL 用于监视油位。GGR 润滑油箱油位相关定值及报警见表 15-1。

表 15-1　GGR 润滑油箱油位相关定值及报警

	正常运行	高 1	低 1	低 2
油位定值	1040~1196 mm	1196 mm	1040 mm	884 mm
动作	N/A	报警 GGR1103KA	报警 GGR1101KA	· 报警 GGR1102KA； · 汽轮机跳闸； · 保护停运两台顶轴油泵； · 辅助盘车跳闸； · 将 GGR3102CG 置 C1； · 将 GGR3101CG 置 MANU

15.2　主控监视

如图 15-2 所示，在主控页面 GGR0001YC 上可以通过 GGR1108KM 监视润滑油箱的油位，也可以通过 GGR0003YM 来监视每个 MN 的油位。

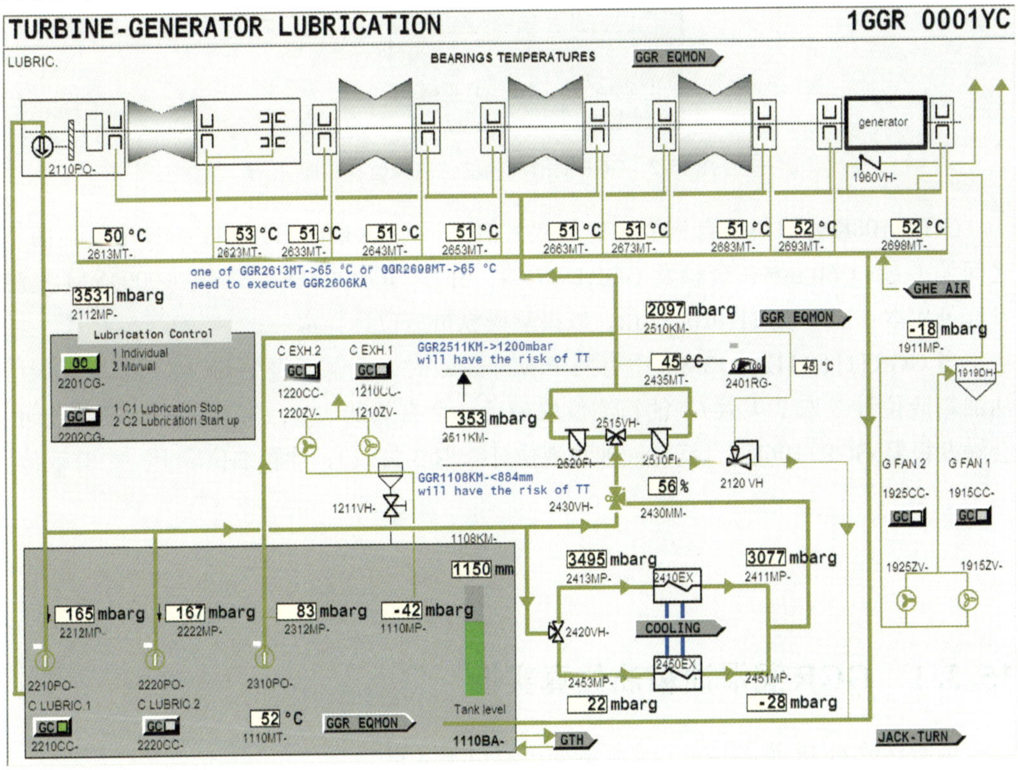

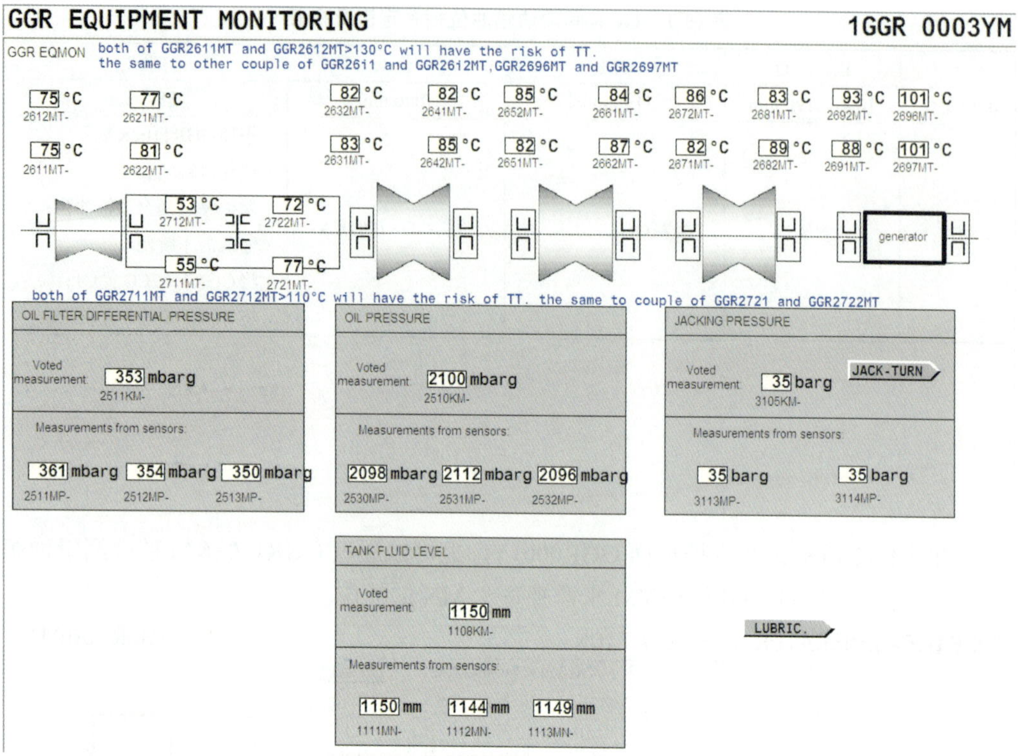

图 15-2　GGR 润滑油箱油位主控监视页面

GGR1108KM 取值取自三个 MN 的次大值。当 GGR1111/1112/1113MN 中任何两个之间偏差超过 60 mm，会触发 GGR1107KS，并在 GGR0001YC 和 GGR0003YM 上触发红色文本：LEVEL 1110BA Drift，以提醒操纵员液位计异常。

当 GGR1111/1112/1113MN 中有两个 MN 无效时，会触发报警 GGR1105KA（润滑油油箱液位计 3 取 2 失效），油箱油位取最后一个有效的 MN；当三个 MN 均无效时，会触发报警 GGR1106KA（润滑油油箱液位计 3 取 3 失效），油箱油位取上一个有效值。

15.3　影响因素

15.3.1　GGR 润滑油箱油位真实低

可能导致 GGR 油箱油位真实低的原因有以下 4 点。

（1）GGR 系统设备泄漏

机组功率运行期间，正常情况下 GGR 油箱油位受以下因素影响。

1）GGR 负压与 GHE 空侧密封油负压的大小对比关系

如果 GGR 侧负压较大，则 GHE 密封油通过中油挡往 GGR 侧漏，GGR 油箱油位上涨，随后由于 GHE 油箱油位低需要补油，GGR 油箱油位又下降；反之，如果 GHE 侧负压较大，则 GGR 油通过中油挡往 GHE 侧漏，GGR 油箱油位下降，随后由于 GHE 油箱油位高自动启动排油，GGR 油箱油位又上涨；目前 2 号机属于后一种情况：GGR 油箱油位正常在持续下降，往 GHE 漏油。待 GHE 启动排油后，GGR 油位又重新上涨。

以 GGR 油箱油位与 GHE 油箱油位曲线来看，GGR 油箱油位正常下降速率约为 1.3 mm/h，如图 15-3 所示。

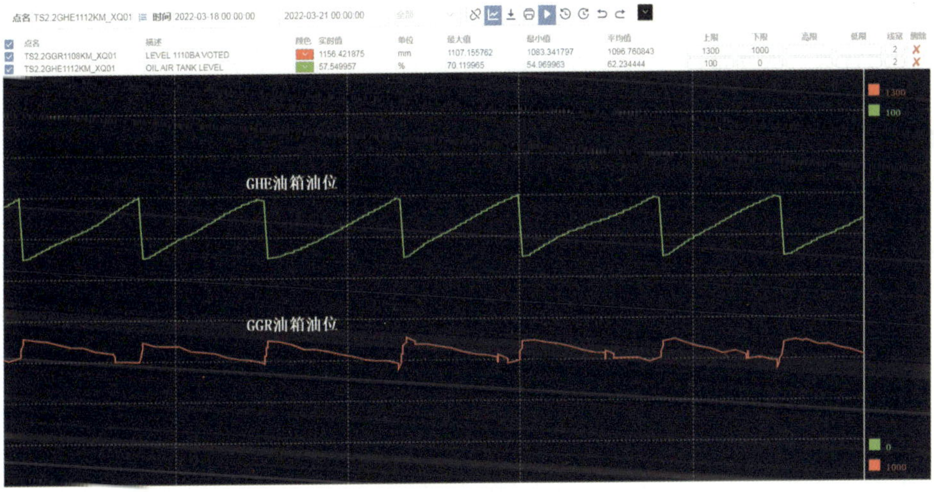

图 15-3　GGR/GHE 油箱油位变化曲线

2）GGR 排油烟机运行导致的缓慢油量损失

3）GGR1915/1925ZV 运行异常

① 发电机回油管线负压上涨：在 GGR 回油母管上设置有 GGR1911MP，用于监测发电机回油管线负压，当 GGR1915/1925ZV 运行异常时，负压低于−2 mbar. g 触发 GGR 1902KA，报警卡中提醒发电机轴承有漏油风险，需要关注。

② 发电机轴承有漏油风险：当 GGR 系统设备存在泄漏时，GGR 油箱油位下降会加速，此时要及时组织查漏，以避免可能出现的火灾风险以及泄漏扩大导致的停机风险。从低 1 油位定值到停机定值对应的油位差为 156 mm，对应的油量约为 13.23 m^3，可以根据漏量评估停机时间裕度。

可能出现的泄漏情况是阀门内漏、仪表管线泄漏、油箱泄漏（GGR 1110BA）、膨胀节泄漏（GGR 2629/2639/2649ZD）、热交换器（GGR2410/2450EX）或过滤器（GGR2510/2520FI）泄漏等。

【案例】某机组大修停机过程中，在主汽轮机打闸惰走盘车状态下，主控出现 GGR006AA（GGR001BA 主油箱油位低≤68% 57.8 m^3），运行人员现场检查发现 GGR101RF 底部法兰大量漏油。

（2）阀门在线错误或误开

当 GGR 系统某些阀门在线错误或者被误开时，也有可能导致 GGR 油箱油位下降。当液位降到低 1 后，会触发报警 GGR1101KA，根据报警卡指引要求检查 GGR 泄油阀、疏油排气阀以及一些取样阀、仪表阀的状态，以便尽快锁定故障点。GGR 油箱底部紧急排油管线两道隔离阀正常处于关闭状态，两道阀门间设置有泄漏探测管线，该管线阀门正常处于开启状态，如果紧急排油管线阀门在线错误/误开或者内漏，能通过泄漏探测管线发现异常。

【案例】某机组人员报告主控，发现 GGR002BA 及 GHE001/002BA 所在区域的地面有积油，随后检查确认：由于 GGR002BA 的液位计 GGR003LN 底部排油阀处在近于全开状态引起了跑油。

（3）GTH 润滑油处理系统漏油

汽轮机润滑油处理系统从汽轮机润滑油中滤除杂质和游离水，如果 GTH 设备发生泄漏，就有可能导致 GGR 油箱油位下降。

【案例】某机组处于满功率运行，现场巡视发现 GTH 净油机在向外冒油，油流到 GTH 污油箱，从污油箱排气阀处溢到地面。现场立即停运 GTH 净油机，关闭与 GGR 油箱连接的 GTH001VH/008VH。GGR001BA 油箱油位从 65 m^3（上值抄表数据）降到 57 m^3，接近低油位值。

GGR 油箱尺寸为 10.6×8×1.7 m，截面积为 84.8 m^2，低 1 油位定值为 1 040 mm，停机定值为 884 mm，从低 1 油位定值到停机定值对应的油量约为 13.23 m^3。根据 GTH 系统设计手册 CH3，GTH 的处理能力为 0.4 m^3/min，也即考虑最极端的情况，在完全无回油的情况下，从低 1 油位降到停机油位用时 13.23/0.4=33 min。

因此，一旦主控出现油箱油位低报警 GGR1101KA，需要立即建立曲线 GGR1111/1112/1113 MN 检查 GGR 油箱油位下降趋势。如果 GGR 油箱油位迅速下降，需要去现场查漏，一旦发现 GTH 系统有漏，应立即执行 F-1-GTH-001 中的 GTH0013YL（系统紧急停运），来停运并隔离 GTH 系统。

（4）GHE 系统漏油

如果 GHE 系统发生泄漏，GHE 空侧油箱油位下降，将自动开启补油阀 GHE1215/1225VH 进行补油。油取自 GGR 润滑油管线，因此最终会导致 GGR 油箱油位降低。由于 GGR 系统补油流程耗时较长，如果 GHE 泄漏未及时消除，有造成 GHE 空侧油箱油位低以及 GGR 主油箱油位低停机的风险。因此当触发 GGR1101KA（润滑油油箱液位低 1）时，除了检查 GGR 本身是否存在泄漏外，还应检查与其相连接系统的情况，比如 GTH，GHE 等，以便快速锁定故障点。

15.3.2 GGR润滑油箱液位计故障

GGR 三个液位计 GGR1111/1112/1113MN 经过表决选择次大值后，参与报警及停机逻辑。因此单个 MN 故障失效，表决取值由次大值降级为最大值。如果两个 MN 故障，则表决取值为剩下的有效 MN 的值，并触发报警 GGR1105KA。如果三个 MN 都故障，则表决取最后一个有效值，并触发报警 GGR1106KA。这种情况下不会导致停机信号误触发，此时应该就地检查液位计 GGR1115MNL，以获取油箱的真实油位。

当 GGR1111/1112/1113MN 中任何两个之间偏差＞60 mm，会触发 GGR1107KS，并在 GGR0001YC 和 GGR0003YM 上触发红色文本：LEVEL 1110BA Drift，以提醒操纵员液位计异常。但单个 MN 故障失效不会产生工艺报警。

15.3.3 通讯失去冗余以及通讯中断分析

对于 GGR 润滑油箱油位低停机信号而言，油箱油位测量信号 GGR1111/1112/1113MN 均经信号复制卡再通过硬接线分别送到 AP552 和 AP652 中参与停机逻辑运算，不涉及跨 AP 之间的网络通讯问题。

其中 GGR1111MNB、GGR1112MN 以及 GGR1113MNB 信号送往 AP552，进行停机逻辑运算后，产生的停机信号 GGR1101KMD. XG08 通过硬接线送往 AP556，再经硬接线送到 TPCS。GGR1111MN、GGR1112MNA 以及 GGR1113MNA 信号送往 AP652，进行停机逻辑运算后，产生的停机信号 GGR1111MN. XG09 通过硬接线送往 AP654，再经硬接线送到 TPCS。因此通讯网络中断不会导致停机信号误触发或停机信号无法发出。

由于 GGR1111/1113MNB 均由 FUM 卡 KCM5102. B075 采集（参与产生 CI1 停机信号），GGR1112/1113MNA 均由 FUM 卡 KCM6102. B011 采集（参与产生 CI2 停机信号），当这两个 FUM 卡中任何一个故障断电时，其输出信号会变成 0，同时会触发无效信号，正常情况下不会触发停机信号，但是如果发生测量信号变 0 先于无效信号的情况，由于 GGR 润滑油箱油位低停机信号无延时，在这种情况下有触发此停机信号的风险。因此日常工作中涉及相关工作时，要做好风险分析，避免停机信号误触发。

第16章　GGR润滑油过滤器压差高停机

16.1　基础知识

16.1.1　保护目的

汽轮发电机组径向轴承和止推轴承由 GGR 润滑油提供冷却，汽轮发电机组正常运行期间润滑油由联轴油泵供油，经热交换器、过滤器后供往汽轮发电机组轴承。当润滑油过滤器压差高时，可能导致没有充足的润滑油送往汽轮发电机组轴承，同时也可能导致主润滑油泵不能正常运行，从而危及汽轮发电机组的安全运行。因此设计润滑油过滤器压差高停机保护。

16.1.2　保护原理

当润滑油过滤器压差表 GGR2511/2512/2513MP 经次大值表决后＞1 200 mbar 时，发出汽轮发电机组跳闸信号。

16.1.3　保护逻辑

GGR 润滑油过滤器压差高停机信号逻辑简图如图 16-1 所示。

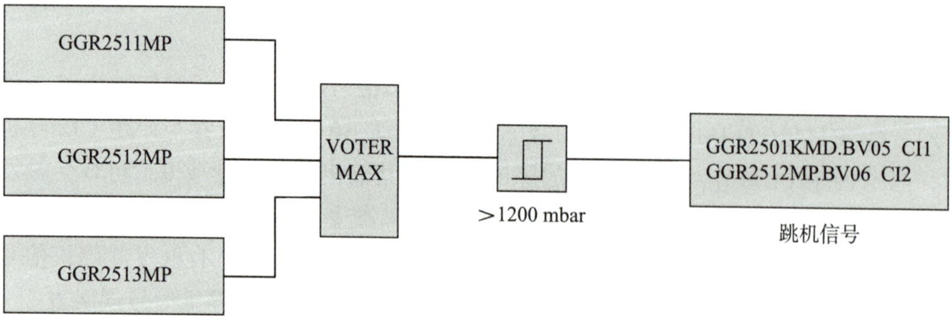

图 16-1　GGR 润滑油过滤器压差高停机信号逻辑简图

16.1.4　GGR润滑油过滤器压差相关定值及报警

GGR 配置了 GGR2511/2512/2513MP 用于润滑油过滤器压差的监视。GGR 润滑油过滤器压差表相关定值和动作见表 16-1。

表 16-1　GGR润滑油过滤器压差表相关定值及报警

	正常运行	高 1	高 2
压差定值	＜800 mbar	1 000 mbar	1 200 mbar
动作	N/A	· 触发报警 GGR2501KA	· 触发报警 GGR2502KA · 汽轮机跳闸

注：根据机组上参数，正常运行期间，过滤器压差在 270～350 mbar。

16.2　主控监视

在图 16-2 所示，主控页面 GGR0001YC 上可以通过 GGR2511KM 监视过滤器的压差，也可以通过 GGR0003YM 来监视每个 MP 的压差。

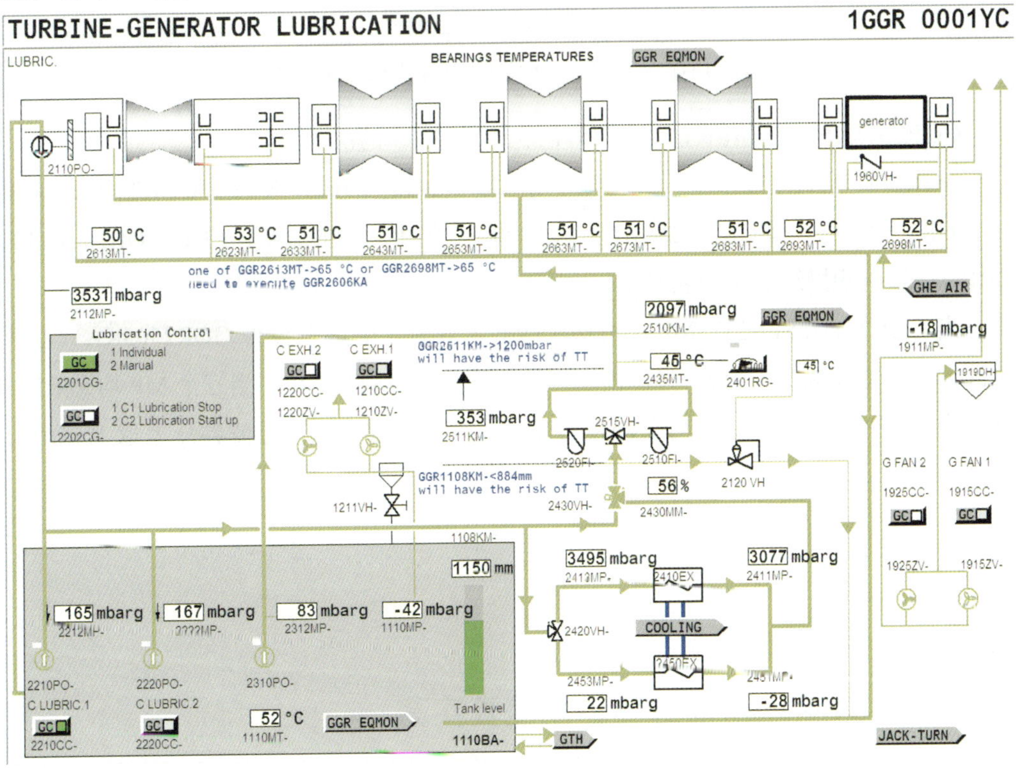

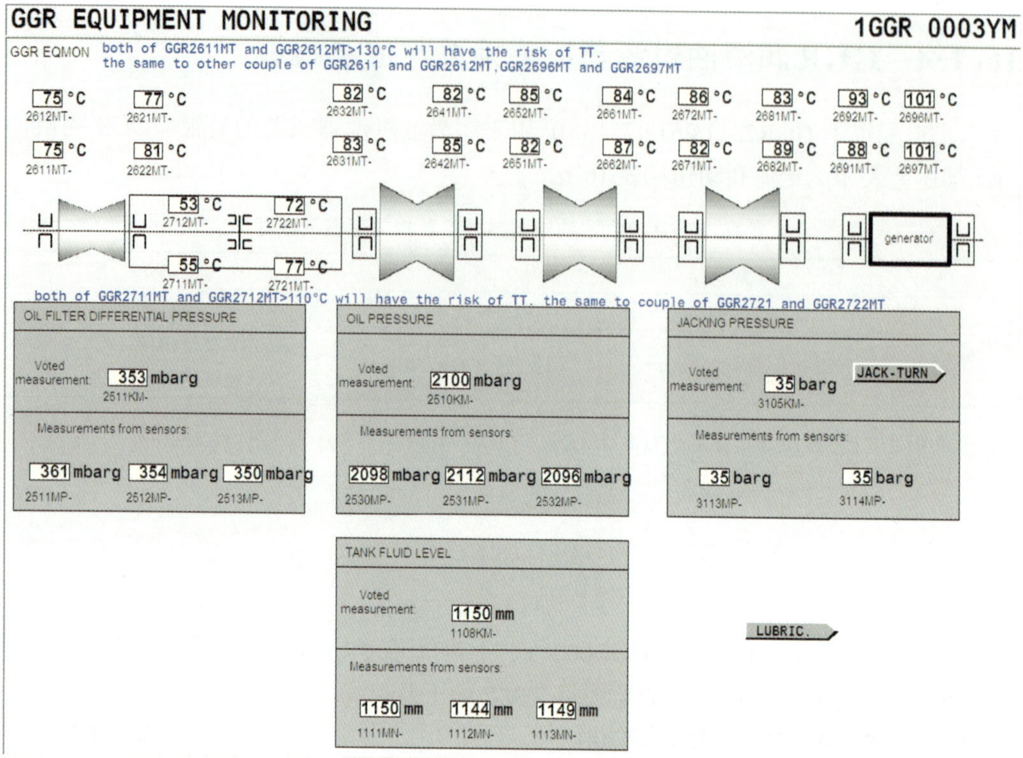

图 16-2　GGR 润滑油过滤器压差主控监视页面

GGR2511KM 的取值取自 GGR2511/2512/2513MP 的次大值。

GGR2511/2512/2513MP 中任何两个 MP 偏差＞100 mbar，会触发 GGR2509KS，并在 GGR0001YC 和 GGR0003YM 上触发红色文本：DELTA P LUBE OIL FILTER DRIFT，以提醒操纵员压差表异常。

当 GGR2511/2512/2513MP 中有两个 MP 无效时，会触发报警 GGR2505KA（母管过滤器压力表 3 取 2 失效），过滤器压差取最后一个有效的 MP；当三个 MP 均无效时，会触发报警 GGR2506KA（母管过滤器压力表 3 取 3 失效），过滤器压差取上一个有效值。

16.3　影响因素

16.3.1　GGR 润滑油过滤器压差真实高

可能导致润滑油过滤器压差真实高的原因有以下 4 点。

（1）过滤器堵塞

随着机组长时间运行，会有杂质在过滤器上聚集，导致润滑油过滤器压差逐渐升高。当压差升高到 1 bar 时会触发报警 GGR2501KA。根据报警卡指引执行过滤器切换操作，切换到备用的清洁过滤器运行。

机组正常运行期间化学每三个月会对润滑油进行一次取样，以检查其颗粒度、运动黏度等参数。如果颗粒污染度不满足要求（SAE>8 级），则要求查明和消除颗粒来源，同时维持 GTH 精密过滤装置持续运行以清洁润滑油，从而减少过滤器堵塞的风险。

另外，如果有系统零部件脱落或者异物杂质进入系统，也有可能造成过滤器堵塞进而导致压差高。

【案例】某机组停机小修时解体检查 GGR 主过滤器，发现过滤器下游的切换闸板密封圈被切断并有部分脱落，脱落部分已经进入 GGR 系统。经过专业人员对有关油管道内部检查，在该过滤器下游的逆止阀中发现脱落的残段。

（2）润滑油黏度过大

如果润滑油黏度过大，也可能造成过滤器压差高。此时需要检查润滑油温度是否正常，如果油温过低，会造成润滑油黏度变大。正常润滑油温度应该保持在 45℃的设定温度，如果润滑油温度低于此设定值，需要及时将润滑油温度恢复到 45℃。

（3）润滑油流量过高

如果润滑油流量过高，也会导致过滤器压差上涨。根据 GGR 过滤器 EOMM，通过过滤器的正常油流量为 760 m^3/h。在某些油流量异常增大的情况下（比如过滤器上游供油增加或过滤器下游压力突降），可能导致过滤器压差上涨。

机组正常运行时，GGR 润滑油过滤器正常压差为 270 mbar. g 左右。在进行《T-1/2-GGR-001 GGR 系统润滑油泵可用性试验》期间，当辅助润滑泵 GGR2210/2220PO 启动运行时，由于辅助润滑油泵出口压力高于机械联轴油泵压力，因此供油增加，过滤器入口压力增大，过滤器压差也相应上升。

【案例】主控执行定期试验《GGR 系统润滑油泵可用性试验》，辅助润滑油泵启动后，GGR 润滑油过滤器压差由正常的 270 mbar. g 最高上涨至 358 mbar. g，如图 16-3 所示。

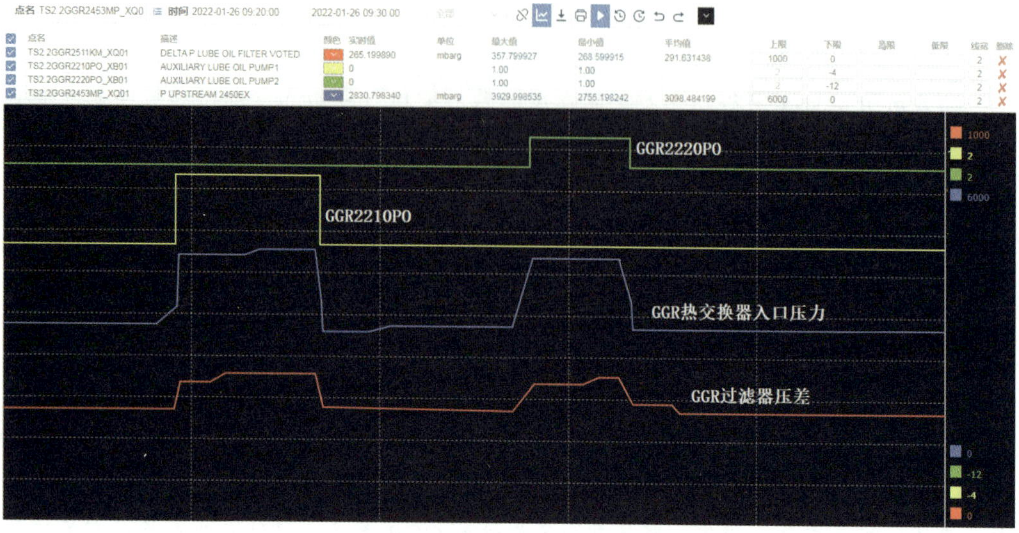

图 16-3　GGR 润滑油泵启停期间过滤器压差曲线

（4）过滤器切换时未开启平衡阀

正常进行过滤器切换时，需要先开启平衡阀 GGR2516VH，并对备用过滤器进行充油排气，当充油排气合格后才进行切换。如果不开启平衡阀，直接操作三通切换阀 GGR2515VH 进行过滤器切换操作，在备用过滤器未充满油的情况下，过滤器下游润滑油得不到及时的补充，有导致过滤器上下游压差瞬时上升超过停机阈值的风险。进行过滤器切换操作时需严格按照 GGR0008/0009YL 中操作步骤来执行。

16.3.2　GGR 润滑油过滤器压差探头故障、断线或者 FUM 卡件故障

① 当 GGR2511/2512/2513MP 由于探头本体故障、断线或者 FUM 卡件故障导致无效时，其测量值会取最后一个有效值。由于参与停机是三个压差测量信号经过 VOTER 取次大值后再与停机阈值比较，因此如果有其中一路无效，VOTER 会自动将此路剔除。

② 当 GGR2511/2512/2513MP 中有两个 MP 无效时，会触发报警 GGR2505KA（2/3 母管过滤器压力表失效），过滤器压差取最后一个有效的 MP。

③ 当三个 MP 均无效时，会触发报警 GGR2506KA（母管过滤器压力表 3 取 3 失效），过滤器压差取上一个有效值。此时只能通过热交换器下游压力 GGR2411/2451MP、过滤器下游压力 GGR2516MPL 以及润滑油供油母管压力 GGR2530/2531/2532MP 来辅助监视过滤器压差。

16.3.3 通讯失去冗余以及通讯中断分析

对于 GGR 过滤器压差高停机信号而言，GGR2511MP 送往 KCM5102AR（A 列），GGR2512MP 送往 KCM6102AR（B 列），GGR2513MP 送往 KCM5103AR（A 列）。GGR2512MP 信号通过电厂总线再经 CI1 PAS 总线送到 KCM5102AR 中进行次大值运算，GGR2513MP 信号通过 CI1 PAS 总线也送到 KCM5102AR 中进行次大值运算。产生的停机信号 GGR2501KMD. BV05（CI1）和 GGR2512MP. BV06（CI2），分别经网络送到 AP556（KCM5106AR）和 AP654（KCM6104AR）中，作为 CI1/CI2 停机信号。

如图 16-4 所示，由于交换机为冗余配置，任意失去一个不影响信号的传输。

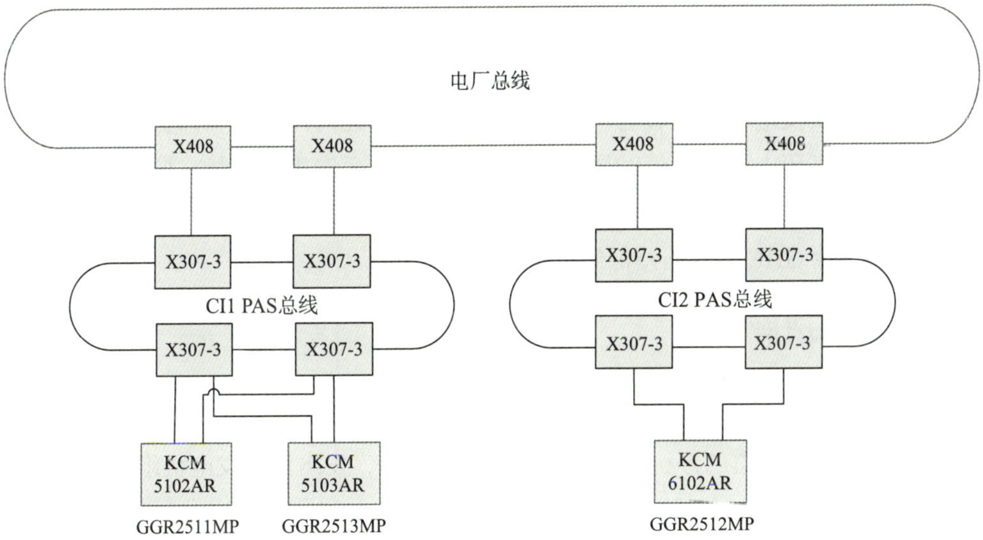

图 16-4　GGR2511/12/13MP 网络通讯简图

网络通讯中断时的保护误动分析：由于停机逻辑通过 VOTER 来运算，当网络通讯中断时，VOTER 输入中两路无效，其输出取剩余的有效值，因此在网络通讯中断时不会误发停机信号。

GGR 润滑油过滤器差压高两路停机信号分别在不同 AP，GGR2501KMD 在 AP552 中，GGR2512MP 在 AP652 中。如果网络通讯中断，另一个 AP 仍能正常处理停机信号，在压差真实高的情况下，仍能触发停机信号。

第 17 章　GHE 空侧油氢压差低停机

17.1　基础知识

17.1.1　保护目的

GHE 系统向发电机密封瓦连续提供具有一定压力、温度和流量的密封油，防止发电机内的氢气从发电机转子轴径与机壳之间环形间隙处向外泄漏，以保证发电机带负荷运行时的氢气压力在要求值，同时带走运行时密封瓦产生的热量；同时阻止外界空气向发电机内侵入，以保证发电机内的氢气纯度。当探测到油氢压差低 2 时，为避免氢气泄漏，设计 GHE 油氢压差低停机信号。

17.1.2　保护原理

当油氢压差表 GHE2433/2434/2435MP 探测到油氢压差低 2 时（250 mbar）或者仪表无效时触发一个通道的停机信号，3 取 2 后延时 5 s，发出汽轮发电机组跳闸信号。

17.1.3　保护逻辑

GHE 油氢压差低停机逻辑简图如图 17-1 所示。

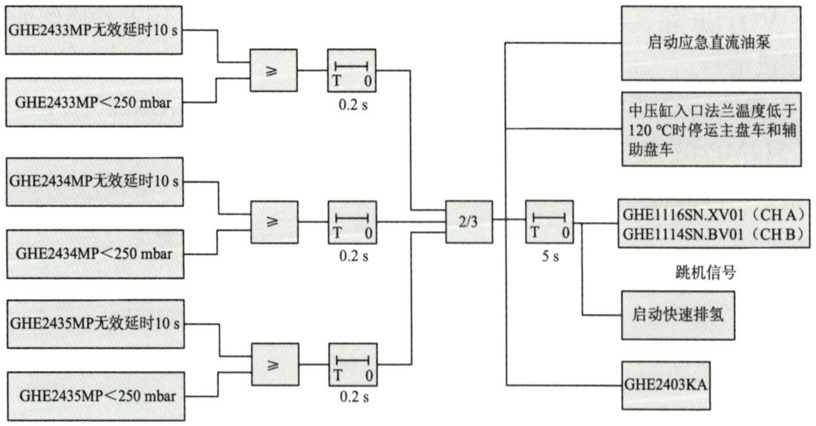

图 17-1　GHE 油氢压差低停机逻辑简图

17.1.4 GHE油氢压差相关定值及报警

GHE 配置了 GHE2433/2434/2435MP 用于监视油氢压差。GHE 油氢压差相关定值及动作见表 17-1。

表 17-1 GHE 油氢压差定值及动作

	正常运行	MIN1（3取2）	MIN2（3取2）
油氢压差定值	500 mbar	350 mbar	250 mbar
动作	N/A	· 触发报警 GHE2402KA； · 启动备用空侧油泵； · 启动应急直流油泵 GHE2135PO（AO）	· 触发报警 GHE2403KA； · 汽轮机跳闸； · 启动快速排氢； · 中压缸入口法兰温度 <120 ℃时停运主盘车和辅助盘车； · 启动应急直流油泵 GHE2135PO（PTYAO）

	MAX1（3取2）	MAX2（3取2）	MAX3（平均值）
油氢压差定值	1 100 mbar	1 300 mbar	800 mbar
动作	· 当汽轮机转速<1000 r/min 且 GRV 氢压>5.4 bar.g 时触发报警 GHE2401KA； · 如果直流油泵和两台空侧交流油泵同时在运，延时 240 s 后发出 1 s 脉冲停运直流油泵	· 当汽轮机转速<1 000 r/min 且 GRV 氢压<5.4 bar.g 时触发报警 GHE2401KA； · 如果直流油泵和两台空侧交流油泵同时在运，延时 240 s 后发出 1 s 脉冲停运直流油泵	· 当汽轮机转速>1 000 r/min 时触发报警 GHE2401KA； · 如果直流油泵和两台空侧交流油泵同时在运，延时 240 s 后发出 1 s 脉冲停运直流油泵

17.2 主控监视

如图 17-2 所示，主控页面 GHE0001YC 上可以通过 GHE2432KM 来监视油氢压差。

GHE2432KM 取值是取自 GHE2433/2434/2435MP 中有效压差的平均值。当任何一个压差表无效后，都会将此无效的表从 GHE2432KM 的计算环节中剔除，当有两个压差表无效时，GHE2432KM 会显示红框无效。

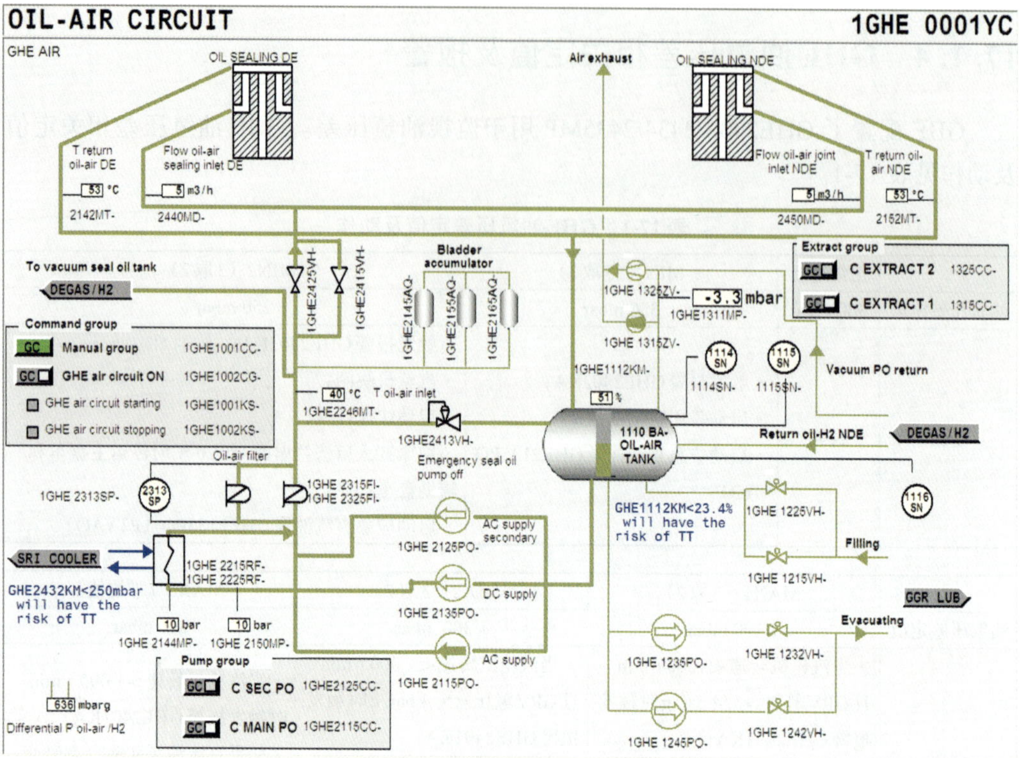

图 17-2　GHE 油氢压差主控监视页面

17.3　影响因素

17.3.1　GHE 油氢压差真实低

可能导致 GHE 油氢压差真实低的原因有以下 5 点。

（1）GHE 空侧油泵故障或出口逆止阀故障

正常运行期间，如果空侧油泵故障、跳闸，可能导致油氢压差异常波动，如果泵出力降低，油氢压差调节阀能够补偿泵出力不足，仍然可以维持油氢压差在正常范围内，如果无法补偿则油氢压差持续降低，降至 350 mbar 后备用油泵和直流油泵启动，油氢压差恢复正常。如果在运泵故障跳闸，则备用泵在延时 0. 2 s 后自动选中并启动。

GHE2115PO 的自动停运信号包括：

① GHE 空侧密封油箱油位 <23. 4% 延时 15 s（PtyAC）（GHE1114/1115/1116SN，3 取 2）；

② GHE2115CC 未发出 CFO 命令（GHE2115CC 去选或 GHE1002CG 置 C1）；

③ 上游配电盘 LKA 失电。

日常会执行《T-1/2-GHE-001 备用及应急空侧密封油泵启动试验》，试验周期为 4 周。试验过程中会通过 GHE2115/2125CC 来选中备用泵，从而实现在运泵与备用泵的切换。

以 GHE2115PO 初始在运行，GHE2125PO 备用为例，将 GHE2115PO 切换到 GHE2125PO 运行，其逻辑实现过程如图 17-3 所示。

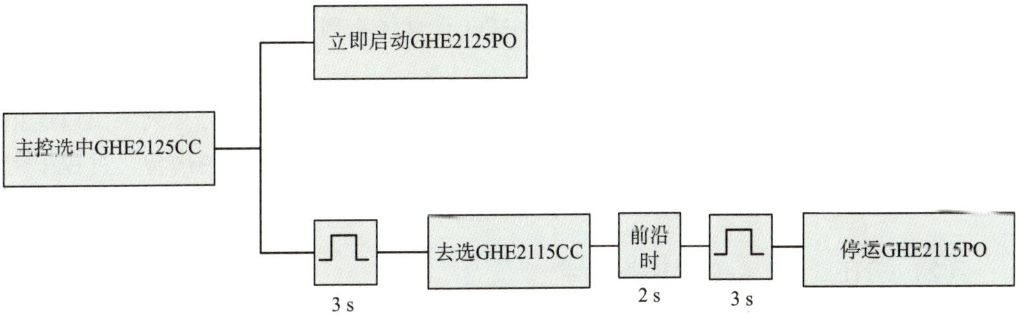

图 17-3　GHE 切泵逻辑序列

1）定期切换试验期间备用泵未启动或故障分析

由上述分析可见，正常情况下，试验过程中，由于备用泵先启动，2 s 后初始运行泵才停运，因此密封油不会断流，切换过程中也不会导致油压突降。但如果备用泵有故障，或无法启动的情况下，系统会如何响应？

当切换指令发出后，会自动启动备用泵，2 s 后停运在运泵。如果备用泵启动失败，会立即发出 NRq 信号重新选中并启动初始运行泵，保持油氢压差正常。如果 NRq 信号未触发，2 s 后初始运行泵停运，油氢压差会真实降低，一旦＜350 mbar，直流油泵和交流油泵都会接收到启动命令重新启动，使油氢压差恢复正常。如果期间 GHE2144/2150MP 任何一个表读数＜9 bar. g，也会同时启动 3 台空侧油泵 GHE2115/2125/2135PO。

2）定期切换试验期间逆止阀故障无法回座分析

由于机组上多次出现泵出口逆止阀无法正常回座的情况，那么当 GHE 运行泵出口逆止阀无法回座时执行切换操作，系统会如何响应？

以 GHE2115PO 切换到 GHE2125PO 运行为例，假设在运泵 GHE2115PO 出口逆止阀 GHE2118VH 在泵停运后无法正常回座，通过 GHE2125CC 选择备用泵 GHE2125PO 启动后，GHE2115PO 正常停运，GHE2115PO 所在管线会对 GHE2125PO 造成分流作用，造成供油不足，供油母管压力下降，造成油氢压差真实降低。

此时分为以下两种情况来讨论。

① 如果油氢压差没有降到 350 mbar 以下，备用泵不会自动启动，需要操纵员手动选择 GHE2115CC，重新切回到 GHE2115PO 运行。

② 如果油氢压差降到 350 mbar 以下，会自动给备用油泵和直流油泵发出优先启动指令，油氢压差恢复。此时三台泵均保持运行，需要操纵员手动停运不需要的泵。然后再考虑处理方案。

【案例】某机组 GHE101PO 出口三通阀 GHE102VH 阀体振动与噪音大，专业人员现场对阀门实施整体更换，在 GHE102VH 再鉴定在线投运操作过程中，机组出现发电机油氢压差低停机，后续检查发现 GHE101PO 出口逆止阀 GHE103VH 存在卡涩现象而无法关闭。

日常开展 GHE 定期试验期间切泵、某一列维修后重投时，如果停运列泵出口逆止阀卡开，存在较大的油氢压差低停机风险，因此提前做好应对措施的准备，过程中密切监视参数变化，出现异常时及时干预，避免出现停机。

（2）GHE 油氢压差调节阀异常

GHE2415/2425VH 承担油氢压差调节功能，这两个油氢压差调节阀并联布置，共同维持空侧油压比氢压高 500 mbar。其结构简图如图 17-4 所示。

Type 42-14 and
Type 42-24 B

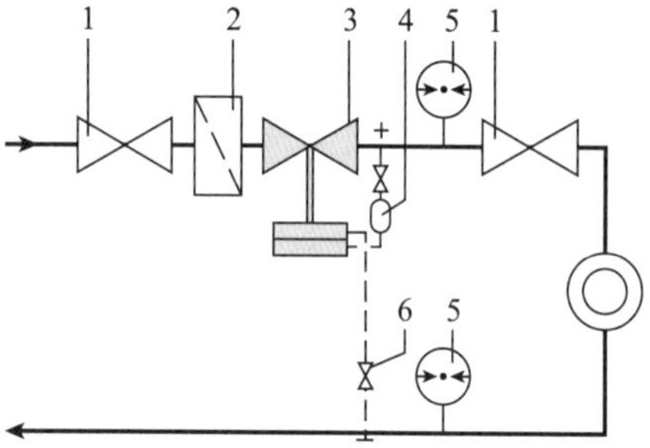

Type 42-14/-18 or Type 42-24 B/28 B
in a flow pipe

1—Shut-off valve
2—Strainer
3—Differential pressure regulator
4—Equalizing tank（optional）
5—Pressure gauge
6—Needle valve

图 17-4　GHE 油氢压差调节阀结构简图

该压差调节阀由带阀座及阀芯的阀体和带工作膜片的关闭式执行器组成。装置的差压通过高压和低压管线传送至工作膜片上，并转化为驱动力，该驱动力与弹簧力共同作用移动阀芯，从而维持油氢压差在 500 mbar。

正常由于两个压差调节阀并联，当一个压差调节阀故障时（如阀芯磨损、工作膜片故障或过滤器堵塞），另一个压差调节阀可保证压差调节。当两个压差调节阀均故障时，可能导致油氢压差异常下降。

另外，这两个压差调节阀从空侧引压管线使用同一条管线，氢侧引压管线使用同一条管线，如果氢侧引压管线或者空侧引压管线泄漏或者堵塞，会产生共模故障导致两个压差调节阀工作异常。

（3）GHE空侧油回路堵塞

当 GHE 空侧油回路出现堵塞时，空侧油压不足，也有可能导致油氢压差异常低。比如过滤器 GHE2315/2325FI 出现堵塞。当过滤器压差超过 0. 8bar 时，主控触发报警 GHE2301KA，根据报警卡要求进行过滤器切换。

进行过滤器切换的时候一定要注意严格按程序先开启平衡阀 GHE2312VH，对备用过滤器进行充油排气后才能切换到备用过滤器，否则在备用过滤器未充满油的情况下直接切换，会导致空侧油压突然下降，进而有导致油氢压差快速下降的风险。

另外，如果空侧密封油过滤器三通切换阀 GHE2311VH 故障，当过滤器压差高的时候无法及时进行切换，也有导致油氢压差低进而导致停机的风险。

（4）GHE空侧油管线意外卸压

当 GHE 空侧油管线上阀门误开、管线破裂、热交换器泄漏或者接头松脱时，可能导致大量排油，进而造成油氢压差低。

当空侧密封油压力调节阀 GHE2413/2419VH 故障开启，超出了油氢压差调节阀 GHE2415/2425VH 的调节范围时，有可能造成油氢压差降低。

当蓄能器故障泄漏或者意外泄压时，也会造成母管油压突降，存在油氢压差过低导致停机的风险，功率运行期间执行蓄能器隔离检修以及重投工作时，现场开阀和关阀操作要缓慢，避免为油氢压差带来大的扰动。

当空侧油管线接头松脱，也会造成大量跑油，存在油氢压差过低导致停机的风险。此前机组出现过 GHE 三台油泵同时运行时造成管线接头松脱的情况。

GHE 三台油泵同时运行时，GHE 的母管压力会上涨到 15 bar，由于 GHE2413VH 背压阀通流能力不足，调节性能无法满足 GHE 系统三泵运行工况性能要求，导致 GHE 系统三泵运行工况下 GHE 母管压力异常，GHE 安全阀异常动作引起 GHE 管道剧烈振动，从而可能导致与管线相连的接头松脱。为解决此问题，机组上对 GHE2413TY 的旁路管线 GHE2417TY 进行增加阀门的改造，增加了 GHE2419/2420VH。

【案例】主控出现 GHE2402KA（油氢压差＜350 mbar. g）、GHE2101KA（2 台交流油泵运行）、GHE2105KA（直流油泵故障）、GHE2106/2109KA（GHE 出口母管压力＜9 bar. a）。主控查看 GHE2144/2150MP 显示瞬间降为 0。现场核实 GHE2144/2150MPA 松脱，GHE 油持续泄漏。

值得注意的是，GHE2144/2150MP 任何一个表读数＜9 bar 就会同时启动三台空侧油泵 GHE2115/2125/2135PO，虽然进行了改造，但仍不排除有导致接头松脱的可能，在进行上述仪表相关工作的时候需要关注此风险。

（5）GHE 除气油泵跳闸

正常运行期间，如果除气油泵 GHE3215PO 停运或者意外跳闸，可能导致油氢压差异常下降。因此，如果由于故障或者工作需要停运除气油泵 GHE3215PO，在执行除气油泵停运操作前，需要关注空侧油泵的运行情况以及密切监视油氢压差，确保在油氢压差下降时备用空侧油泵能够正常响应启动，以补偿压差的下降，避免下降到停机值。

GHE3215PO 的自动停运信号包括以下三个。

· GHE1004CG 置于 C1；

· GHE 密封油箱油位<40%（GHE3116MN）；

· 上游配电盘 LKB 失电。

【案例】运行人员启动 GHE3125/3215PO 后，油氢压差上涨至 837 mbar. g。随后 GHE3215PO 跳闸，导致油氢压差下降至 296 mbar. g，空侧油泵 GHE2125PO 自动启动，油氢压差回升至 641 mbar. g。

【案例】主控触发 GHE2402KA（油氢压差<350 mbar. g），主控检查实际油氢压差突降到 300 mbar. g，GHE3215PO 自动跳闸，GHE2125/2135PO 自动启动，后续判断原因为真空侧油箱液位突降导致除气油泵跳闸所致。

17. 3. 2　GHE 油氢压差表故障

对于 GHE 模拟量仪表故障，都会触发报警 GHE1003KA，但是油氢压差表 GHE2433/2434/2435MP 无效并不会触发该报警，不利于主控室及时发现仪表故障。由于这三个仪表任意一个故障均会直接导致停机逻辑由 3 取 2 降级为 2 取 1，使得保护更易动作。需要将这三个仪表的故障信号也接入到 GHE1003KA 的触发逻辑中，以便仪表故障时及时提醒操纵员处理。

针对 GHE2433/2434/2435MP，如果一个通道故障漂表但未触发无效时，不会触发工艺报警，也不会产生 KS 及仪控报警，只能依靠主控室巡盘发现，如果下漂到 250 mbar 以下但未无效时，便会导致一个通道触发停机，停机逻辑由 3 取 2 降级为 2 取 1。

GHE2433/2434/2435MP 三块仪表的高低压侧引自同一条空侧引压管线和同一条氢侧引压管线，如果氢侧引压管线或者空侧引压管线泄漏或者堵塞，会产生共模故障导致三块仪表同时上涨或者同时下降。

17. 3. 3　仪表到 FUM 卡件的信号失效

GHE 油氢压差表信号由 FUM230 进行采集。若仪表与 FUM230 卡件之间的连接断线，则可能触发仪表无效信号。由于 GHE2433/2434/2435MP 通过不同的 FUM 卡采集，单个仪表无效不会导致停机，但会导致逻辑由 3 取 2 降级为 2 取 1，使得保护更易触发。因此当一个压差表发生故障无效时应尽快处理，并密切监视另外两个探头的情况，避免停机信号误触发。

17.3.4　通讯失去冗余以及通讯中断分析

对于停机信号分为 A/B 两列，互为冗余，两列中任何一列触发都会导致停机。对于 GHE 油氢压差低停机信号而言，GHE2435MP 送往 KCM5102AR（A 列），GHE2433/2434MP 送往 KCM6102AR（B 列），A/B 列均通过交换机 X307-3 挂在各自列的 PAS 总线上，再经过交换机 X408 挂在电厂总线上，从而实现 A/B 列之间的通讯，在 KCM5102/6102AR 中分别进行 3 取 2 逻辑处理。

如图 17-5 所示，由于交换机为冗余配置，任意失去一个不影响信号的传输。

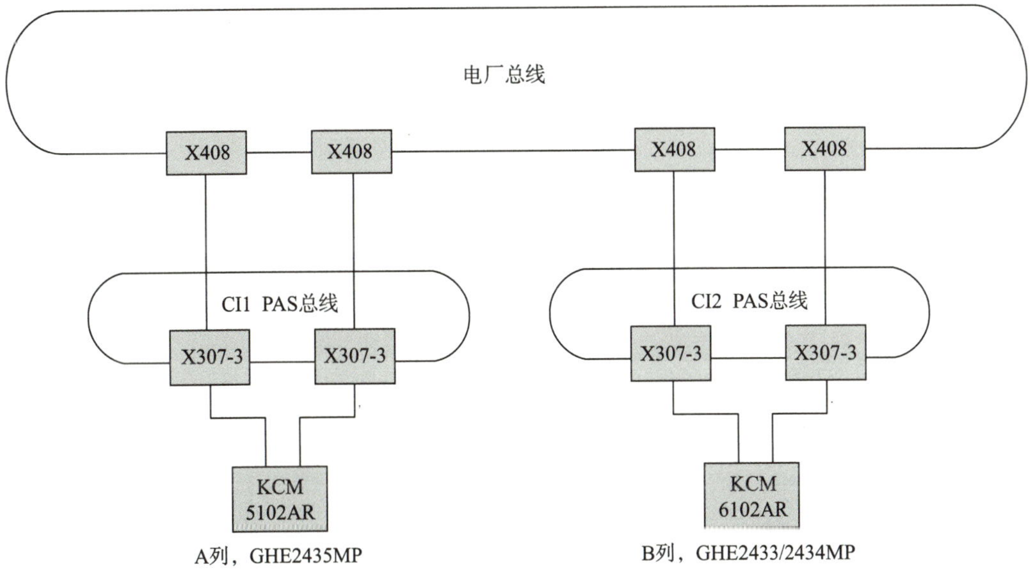

图 17-5　网络通讯简图

如果电厂总线与 PAS 总线之间的通讯丧失，则所传输的逻辑信号变为 0。对于 GHE 油氢压差低停机而言，其 3 取 2 逻辑中输入有 1 个或 2 个变为 0，不会导致停机信号误触发。同时由于其 A/B 列停机为 2 取 1 的配置，在真实出现 GHE 油氢压差低时，也不会出现拒动。

第18章　GHE空侧油箱油位低停机

18.1　基础知识

18.1.1　保护目的

GHE 系统向发电机密封瓦连续提供具有一定压力，温度和流量的密封油，防止发电机内的氢气从发电机转子轴径与机壳之间环形间隙处向外泄漏，以保证发电机带负荷运行时的氢气压力在要求值，同时带走运行时密封瓦产生的热量；同时阻止外界空气向发电机内侵入，以保证发电机内的氢气纯度。当探测到空侧油箱油位低 3 时，为避免氢气泄漏，设计 GHE 空侧油箱油位低停机信号。

18.1.2　保护原理

当空侧油箱液位变送器 GHE1114/1115/1116SN 探测到空侧油箱油位低 3 时（23.4%，3 取 2），无延时发出汽轮发电机组跳闸信号。

18.1.3　保护逻辑

GHE 空侧油箱油位低停机逻辑见图 18-1。

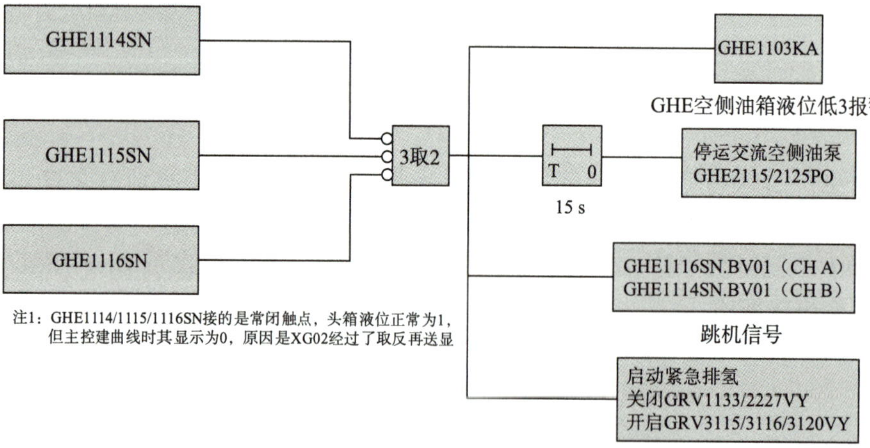

图 18-1　GHE空侧油箱油位低停机逻辑简图

18.1.4　GHE 空侧油箱油位相关定值及报警

GHE 配置了 GHE1114/1115/1116SN 以及 GHE1112/1118MN 用于监视空侧油箱油位。GHE 空侧油箱油位相关定值及动作见表 18-1。

表 18-1　GHE 空侧油箱油位定值及动作

	仪表	定值	动作
/	GHE1112/1118MN	偏差 >2%	・触发 GHE1101KA（2 号机暂无此信号）
MAX3 2取1	GHE1112/1118MN	80%	・触发报警 GHE1101KA； ・开启排油阀 GHE1232VH，启动 GHE1235PO 排油，主排油回路不可用则启动备用排油回路； ・前沿时 30 s，启动备用排油回路
MAX2 2取1	GHE1112/1118MN	70%	・开启排油阀 GHE1232VH，启动 GHE1235PO 排油。主排油回路不可用则启动备用排油回路
MAX1 2取1	GHE1112/1118MN	55%	・当油位超过 MAX1，关闭充油阀 GHE1215/1225VH； ・当油位低于 MAX1，停运排油泵 GHE1235/1245PO，关闭排油阀 GHE1232/1242VH
正常运行	GHE1112/1118MN	55%	N/A
MIN1 2取1	GHE1112/1118MN	40%	・开启充油阀 GHE1215VH
MIN2 2取1	GHE1112/1118MN	35%	・触发报警 GHE1102KA； ・前沿时 30S，开启备用充油阀 GHE1225VH
MIN3 3取1	GHE1114/1115/1116SN	23.4%	・触发报警 GHE1104KA
MIN3 3取2	GHE1114/1115/1116SN	23.4%	・汽轮机跳闸； ・启动紧急排氢； ・触发报警 GHE1103KA； ・关闭 GRV 供氢电磁阀（GRV2227VY）及氢气泄漏监测电磁阀（GRV1133VY）； ・开启 GRV3115/3116/3120VY； ・延时 15 s 停运 GHE2115/2125PO

18.2　主控监视

在主控页面 GHE0001YC 上可以通过 GHE1112KM 来监视油箱液位。

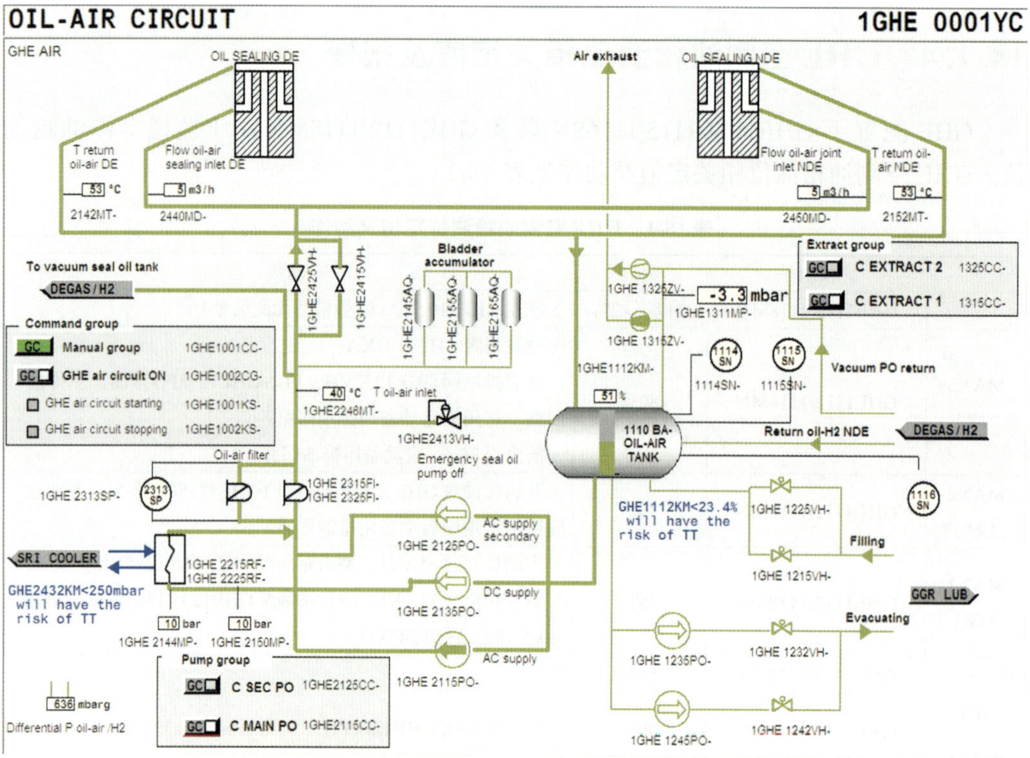

图 18-2　GHE 空侧油箱油位主控监视页面

GHE1112KM 的产生逻辑如下，以避免参与显示的仪表与触发报警的仪表不一致。

① 当 GHE1112/1118MN 任何一个＞50% 时，GHE1112KM 取自 GHE1112/1118MN 大选；

② 当 GHE1112/1118MN 均＜50% 时，GHE1112KM 取自 GHE1112/1118MN 小选。

18.3　影响因素

18.3.1　GHE 空侧油箱油位真实低

可能导致 GHE 空侧油箱油位真实低的原因如下。

（1）GHE 空侧油回路泄漏

当 GHE 空侧油回路存在泄漏，比如疏油管线内漏、误开启，油管上的接头松脱，热交换器泄漏等，GHE 空侧油箱油位将会下降。当油位下降到 40% 时，充油阀 GHE1215VH 自动开启给油箱补油。如果油位继续下降到 35%，会触发报警

GHE1102KA，延时 30 s 开启备用充油阀 GHE1225VH。如果漏点较大，超出补油能力，则油位降至 23.4% 将触发停机。

（2）GHE 空侧油补油回路故障

正常情况下，GHE 密封油会通过发电机中油档泄漏至 GGR 油箱。GHE 油箱油位降低后，充油阀 GHE1215VH 开启补油，GHE 油箱油位重新上升。但如果充油阀 GHE1215/1225VH 或者油位计 GHE1112/1118MN 出现故障，就可能导致 GHE 油箱油位不可控下降到停机定值。

机组上每四周会执行一次《T-1/2-GHE-003 空侧密封油箱充油试验》，用以验证充油功能的可用性。

台山 1 号机 GHE 空侧油箱油位变化曲线见图 18-3，1 号机油箱油位在 40%～55% 范围内变化，当油箱油位下降到 40% 时，充油阀 GHE1215VH 自动开启；当油位上升到 55% 时，充油阀自动关闭。

注：T103 循环，GHE 油箱液位不再下降，而是与 2 号机类似，在 55%～70% 范围内变化。

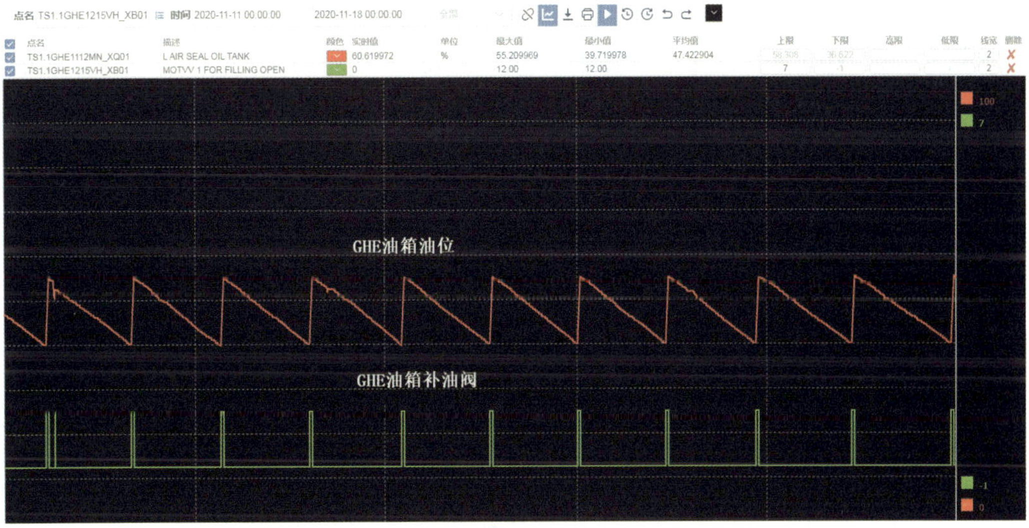

图 18-3　台山 1 号机 GHE 空侧油箱油位变化曲线

2 号机 GHE 空侧油箱油位变化曲线见图 18-4。图 18-4 变化趋势与图 18-3 明显不同，2 号机油箱油位在 55%～70% 范围内变化，当油箱油位上升到 70% 时，排油泵 GHE1235PO 自动启动排油；当油位下降到 55% 时，排油泵自动停运。

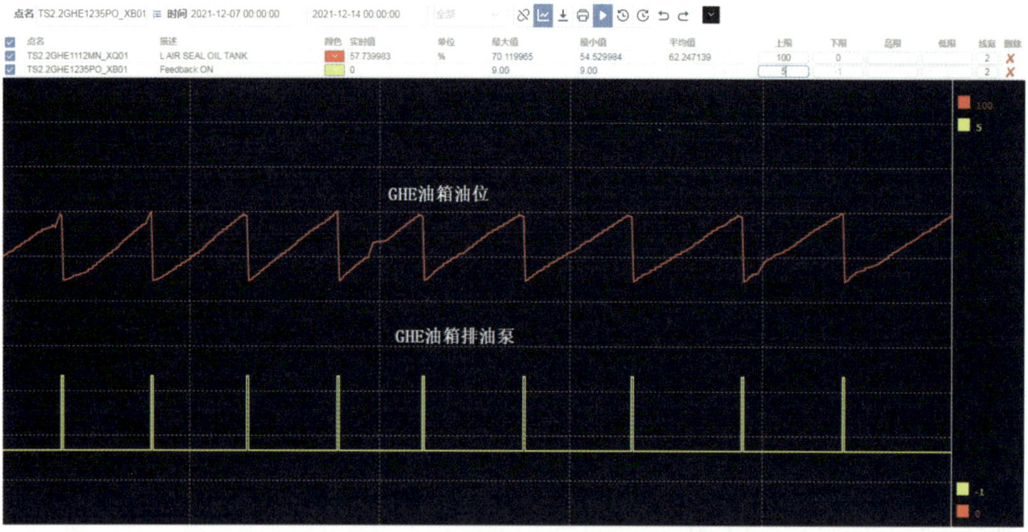

图 18-4 台山 2 号机 GHE 空侧油箱油位变化曲线

两台机组空侧油箱密封油位曲线差别明显的原因是：GHE 空侧密封油箱油位是上涨还是下降，与发电机 9 号、10 号瓦负压和空侧密封油负压大小有关，如果 GGR 侧负压较大，则 GHE 密封油通过中油挡往 GGR 侧漏，GHE 油箱油位下降；反之，如果 GHE 侧负压较大，则 GGR 油通过中油挡往 GHE 侧漏，GHE 油箱油位上涨。

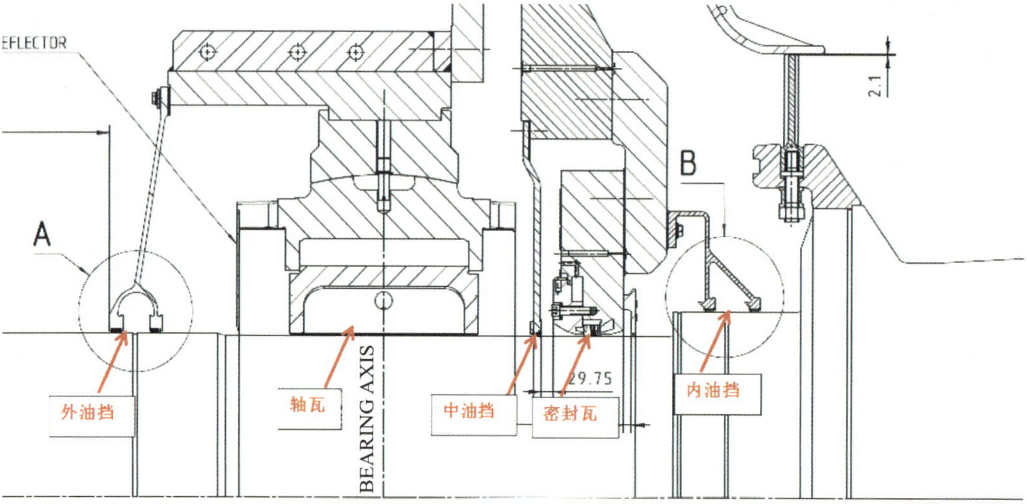

图 18-5 发电机油挡图

（3）GHE 空侧油排油回路故障

空侧油排油回路故障可能的原因有排油泵故障无法停运，但需要同时叠加排油阀故障开启。机组上每周会执行一次《T-1/2-GHE-004 空侧密封油箱排油试验》，用以验证排油功能的可用性。试验期间若主控无法远控停运排油列，则存在空侧密封箱液位低于 23.4 %导致停机的风险。针对此风险需要在试验期间安排专人在排油泵 GHE1235/1245PO 上游电源（LLM/LLL 0351）所在房间待命，一旦主控无法停泵，现场立即执行断电操作。

根据 2 号机排油曲线可知（以 2 号机 2021. 12. 21 排油泵启动数据为例），当排油泵 GHE1235PO 启动排油时，GHE 油箱油位下降速率约为 0. 7%/min。考虑单台排油泵故障启动，则从 55% 油位下降到停机值 23. 4% 所需的时间为（55—23. 4）/0. 7=45（min）（不考虑充油阀自动启动）。考虑两台泵同时故障启动排油（如 MN 下漂故障），则时间减半为 22. 5 min。

如果考虑到油位低报警 GHE1102KA（定值：35%）出现才发现，从 35% 降到 23. 4% 所需的时间分别为 16 min 和 8 min，因此留给运行人员干预的时间裕度不是很足，需要及时手动开启充油阀 GHE1215/1225VH 充油、手动关闭排油泵出口电动阀（无持续的 FAMD 命令，可打手动关闭），以及现场手动给排油泵断电、去 GHE 油室手动关闭排油泵出口电动阀等。

18. 3. 2　GHE 空侧油箱油位计故障

（1）GHE1114/1115/1116SN 故障

GHE1114/1115/1116SN 正常接的是常闭触点，正常输出为 1，当油箱油位低后触发为 0，下游取非门参与 3 取 2 停机。

如果一个油位计故障且触发无效信号，由于 GHE1114/1115/1116SN 接的是 BS_LVV 模块，当信号无效时，会保持最后一个有效值，因此不会停机，只是停机逻辑由 3 取 2 降级为 2 取 2。

如果油位计故障但未触发无效，SN 翻转，则 3 取 2 中一路触发，逻辑降级为 2 取 1，同时会触发报警 GHE1104KA。此时应该响应报警卡要求，及时通知仪控检查原因。

（2）GHE1112/1118MN 故障

GHE1112/1118MN 的主要作用是提供主控显示 GHE1112KM，发出油箱油位高/低的报警，控制充油阀 GHE1215/1225VH 的开启和关闭，控制排油回路的启动和停运。

当 GHE1112/1118MN 液位偏差＞2%，会触发 GHE1101KA（2 号机暂无此逻辑），有利于操纵员及时发现液位计异常，当 GHE1112/1118MN 任何一个油位计无效时，则会触发报警 GHE1003KA 和 GHE1101KA（2 号机暂时无法触发 GHE1101KA）。值得关注的是：对于 GHE 模拟量仪表故障，都会触发报警 GHE1003KA，但是油氢压差表 GHE2433/2434/2435MP 除外，由于这三个仪表任意一个故障均会直接导致停机逻辑由 3 取 2 降级为 2 取 1，使得保护更易动作。

考虑 GHE1112/1118MN 中任何一个上漂超过排油回路启动定值 70% 时，若初始油箱液位<55%，因另一个正常液位计<55% 会向 GHE1232VH 发出 AC 命令，而该阀门 AC 优先级高于 AO，因此 GHE1232VH 不会开启，排油回路不通，不影响 GHE1110BA。若初始油箱液位>55%，GHE1232VH 不存在 AC 命令，因此 AO 信号会导致 GHE1232VH 开启，GHE1232VH 开反馈出现后，向 GHE1235PO 发出 PtyAO 信号，启动排油（上漂>80% 后，还会启动备用排油回路），从而导致 GHE1110BA 真实液位持续降低，虽然正常液位计因实际油位下降<55% 后，会给 GHE1235/1245PO 发出 AC 信号，但由于泵的 PtyAO 信号未消失，且优先级高于 AC 信号，故 GHE1235/1245PO 不会停运，GHE1232/1242VH 的关闭命令虽然优先于开启命令，但由于其 AC 信号的产生需要与上 GHE1235/1245PO 的停运反馈，因此阀门不会关闭，导致排油无法停止。当液位<40% 后，充油阀接收到 AO 命令，但由于其同时存在 AC 命令（故障液位计>55%）且 AC 命令优先级高于 AO 命令，因此充油阀不会开启，当 GHE1110BA 液位<23.4% 后，使 GHE1114/1115/1116SN 消失，3 取 2 产生停机信号使汽轮机跳闸。

同样，当 GHE1112/1118MN 任何一个下漂到<40% 时，会开启充油阀充油，另一个正常油位计上涨至>55% 时，充油阀接收到关闭命令，由于充油阀关闭命令优先于开启命令，因此阀门会自动关闭，但由于充油阀存在持续的开启命令，当正常液位计降至回环消失时，充油阀会重新开启，由于回环仅为 0.5%，因此充油阀可能会不断开关。

另外需注意当 GHE1112/1118MN 任意一个下漂至<55%，GHE1235PO 和 GHE1232VH 将会持续存在 AC 命令，当前 1/2 号机 GHE 空侧油箱液位均为持续上涨趋势，当 GHE1110BA 液位上涨至 70%，另一个正常液位计向 GHE1232VH 发出 AO 信号，但由于 GHE1232VH- AC 命令优先级高于 AO 命令，GHE1232VH 将保持关闭，GHE1235PO 将保持停运，GHE1110BA 不会自动排油，存在溢油风险，需运行人员手动排油，该风险在 TCA 实施后也仍然存在，需要运行人员关注。

值得注意的是，当前 2 号机已将 GHE1235/1245PO 的启动信号优先级由 PTYAO 降级为 AO，并将 GHE1235PO 的命令优先级修改为“off higher prior than on”，如此在油箱液位下降至<55% 后，排油泵将会自动停运，之后排油阀自动关闭，油箱液位停止下降。但 1 号机还未实施此 TCA，仍然存在该风险，需保持监视。

另外针对该风险，当前 1/2 号机组已在 POP 盘设置标准 TT 监视油箱油位，上下限分别为 75% 和 50%，当低液位 TT 触发后，操纵员需要手动停运排油泵并关闭排油阀，避免油位进一步下降。当高液位 TT 触发后，操纵员需要手动开启排油阀，启动排油泵，降低油箱液位。

18.3.3　通讯失去冗余以及通讯中断分析

对于停机信号分为 A/B 两列，互为冗余，两列中任何一列触发都会导致停机。对于 GHE 空侧油箱油位低停机信号而言，GHE1116SN 送往 KCM5102AR（A 列），GHE1114SN 送往 KCM6102AR（B 列），GHE1115SN 送往 KCM6103AR（B 列）。A/B 列均通过交换机 X307-3 挂在各自列的 PAS 总线上，再经过交换机 X408 挂在电厂总线上，从而实现 A/B 列之间的通讯。在 KCM5102/6102AR 中分别进行 3 取 2 逻辑处理。比较特殊的是，GST1114SN 并非通过网络信号传输到 A 列，而是通过硬接线直接送到 A 列。

如图 18-6 所示，由于交换机为冗余配置，任意失去一个不影响信号的传输。

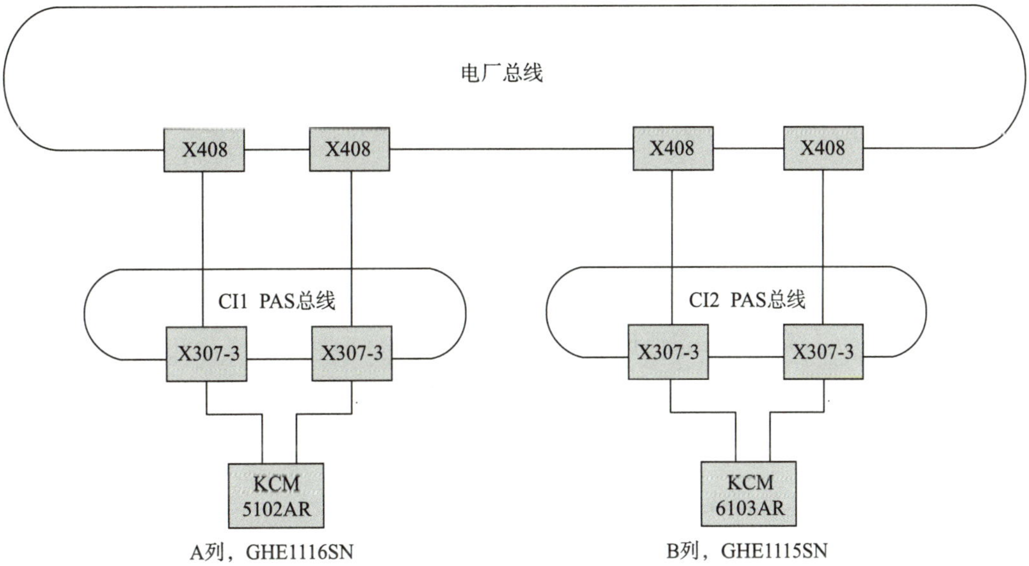

图 18-6　网络通讯简图(GHE1114SN 并非通过网络而是通过硬接线送到 A 列)

对于 GHE 空侧油箱油位低停机而言，虽然正常 SN 输出为 1，但由于其通过网络传输的信号是经过非门之后的值，也即正常传输的信号就为 0。如果电厂总线与 PAS 总线之间的通讯丧失，则所传输的逻辑信号变为 0。其 3 取 2 逻辑中输入有 1 个变为 0，不会导致停机信号误触发。同时由于其 A/B 列停机为 2 取 1 的配置，在真实出现 GHE 空侧油箱油位低时，也不会出现拒动。

第19章 GST定子冷却水头箱液位低停机

19.1 基础知识

19.1.1 保护目的

GST系统的功能是通过一个闭式的低电导率定子冷却水循环回路带走发电机定子线圈产生的热量。当探测到定子冷却水头箱液位低2时，为避免定子冷却水泵损坏，发电机定子绕组冷却不足，设计GST定子冷却水头箱液位低停机信号。

19.1.2 保护原理

当定子冷却水头箱液位开关GST1111/1112/1113SN触发时（头箱液位<25%时，3取2），延时5 s，发出汽轮发电机组跳闸信号。

19.1.3 保护逻辑

GST定子冷却水头箱液位低停机逻辑如图19-1所示。

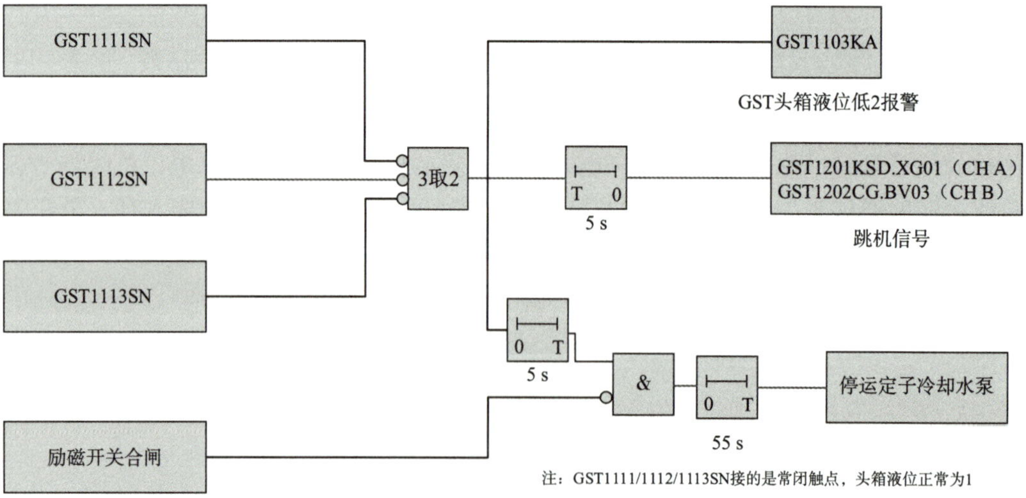

图19-1 GST头箱液位低停机逻辑简图

19.1.4　GST 定子冷却水头箱液位相关定值及报警

GST 定子冷却水头箱配置了 GST1114MN 和 GST1111/1112/1113SN 用于监视头箱液位。

GST 定子冷却水头箱液位相关定值及动作见表 19-1。

表 19-1　GST 定子冷却水头箱定值及动作

	正常运行	高 1	低 1	低 2	低 2
液位	60%	80%（MN 触发）	40%（MN 触发）	25%（SN 触发，3 取 1）	25%（SN 触发，3 取 2）
动作	N/A	触发报警 GST1101KA	· 触发报警 GST1102KA； · 闭锁 GST1202CG 置 C2； · 闭锁 GEX3005CG 置 C1（即闭锁投入励磁）	触发报警 GST1107KA	· 触发报警 GST1103KA； · 汽轮发电机组跳闸； · 励磁开关分闸后停运 GST 泵

19.2　主控监视

在主控页面 GST0001YC 上可以通过 GST1114MN 来监视定子冷却水头箱液位，如图 19-2 所示。

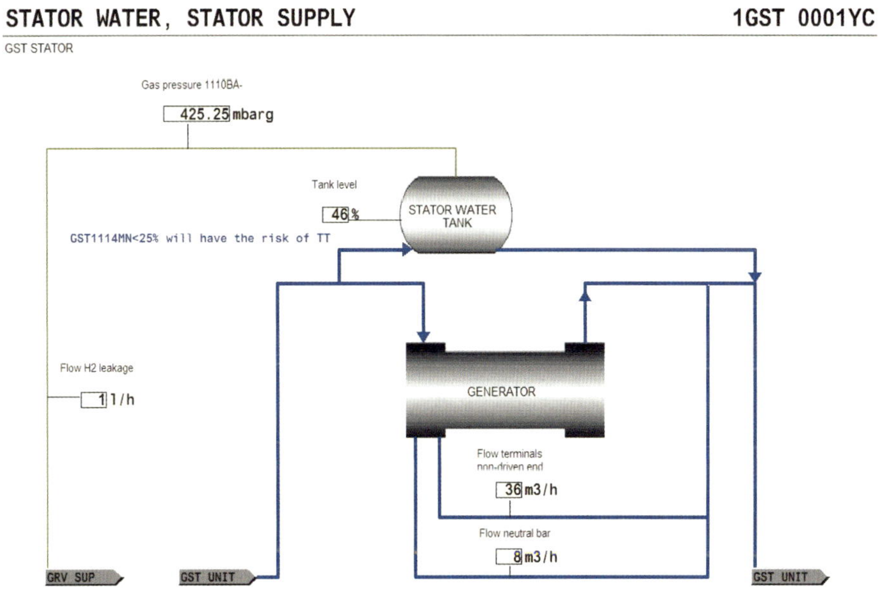

图 19-2　GST 定子冷却水头箱液位主控监视页面

19.3 影响因素

可能导致 GST 定子冷却水头箱液位真实低的原因如下。

19.3.1 GST 系统回路发生大量泄漏

当 GST 系统回路上的阀门、热交换器、泵或管道发生大量泄漏时，GST 头箱水位会快速下降，可能导致头箱液位真实低触发停机。

【案例】某机组汽轮机空载运行期间，板式热交换器 GST101/201RF 瞬间大量泄漏，触发 GST 头箱液位低低 3 取 2 逻辑，导致汽轮机跳闸。后经分析，原因为温度大幅变化时，密封胶条失效导致热交换器泄漏。

【案例】某机组化学人员 GST 定期取样，操作 GST 取样阀后阀门上游活接处呈线状漏水，GST 头箱液位从 51.82% 下降到 50.13%。运行现场人员立即进行补水至 60.2%，机械人员紧固活接后漏水消除。

机组日常运行期间应加强对 GST 头箱液位的监视，如果发现液位降低应及时进行补水操作，然后进行查漏并消除漏点。

19.3.2 GST1114MN 指示不准叠加系统微小泄漏

由于主控液位正常通过 GST1114MN 来监视，当 GST1114MN 发生故障时，如指示不准，系统出现微小泄漏无法及时发现并被补偿，可能导致头箱液位真实下降到低 2 水位，从而触发 GST 头箱液位低停机。

日常化学会对 GST 系统除盐回路进行取样操作，以测量溶氧和铁铜含量。取样频率为一个月一次。取样操作通常会造成 GST 头箱液位有所下降，根据历史数据，下降量通常都在 1% 范围以内。取样期间及取样后，主控需要密切监视 GST 头箱液位，看看其下降趋势是否与预期相符，避免取样后阀门未关严导致的泄漏。同时通过取样前后液位变化也能及时发现 GST1114MN 有故障。

目前 GST 系统取样操作为化学执行，取样开始前及取样结束后，化学程序上均要求通知主控记录 GST 头箱液位。

19.3.3 GST SN 误触发

当 GST1111/1112/1113SN 任一触发时会触发报警 GST1107KA，此时应立即加强监视另外两个 SN 以及 GST 头箱真实液位，并尽快对故障 SN 进行处理，防止再出现一个 SN 故障导致 3 取 2 停机。

【案例】某机组电功率 750 MW，GST002MN 显示 72%。01:53，GST001SN 故障触发低低信号；18:48，GST003SN 故障触发低低信号，GST001/002/003SN 3 取 2 保护逻辑动作，导致 GST 泵跳闸，汽轮机停机。经排查原因为 GST001/003SN 异常动作，其促成因素是一个 SN 故障时，主控 KIC 画面上无显示且无相关报警产生。

对比台山，在 GST0001YC 页面上也无 SN 显示。但当任一 SN 故障触发时，可以触发报警 GST1107KA，能对操纵员起到提醒作用。

19.3.4　GRV0001AR 失电导致信号误触发

【案例】主控出现 GST1103/1107KA（GST1111/1112/1113SN 触发）、GHE1103/2403KA，GHE 画面仪表均红框，GHE 三泵启动运行，主盘车停运。后经分析原因为 GRV0001AR 断电所致。

GST1111/1112/1113SN 接的是常闭触点，正常为 1，由 GRV0001AR 供电。对于 GRV0001AR，LAV（GRV1801JA）和 LAW（GRV1802JA）向其供电。正常运行过程中，要确保 GRV0001AR 的供电，当任何一路电源丧失时，要确保另一路供电的可靠性，避免同时失电导致停机。

19.3.5　通讯失去冗余以及通讯中断分析

对于停机信号分为 A/B 两列，互为冗余，两列中任何一列触发都会导致停机。对于 GST 定子冷却水头箱液位低停机信号而言，GST1111SN 送往 KCM6102AR，GST1112/1113SN 送往 KCM6103AR，这两个机柜同属 CI2。GST1111SN 的信号通过交换机 X307-3 传输到 KCM6103AR，GST1112/1113SN 的信号通过交换机 X307-3 传输到 KCM6102AR，在这两个机柜中分别进行 3 取 2 逻辑处理。

由于交换机为冗余配置，任意失去一个，不影响信号的传输，如图 19-3 所示。

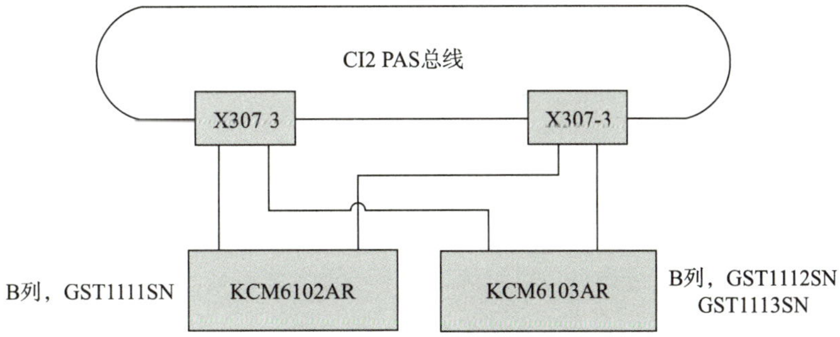

图 19-3　网络通讯简图

如果两个交换机均失去，两个机柜间的通讯丧失，则所传输的逻辑信号变为 0。对于 GST 头箱液位低停机而言，其 3 取 2 逻辑中输入有 1 个或 2 个变为 0，不会导致停机信号误触发。同时由于其 A/B 列停机为 2 取 1 的配置，在真实出现 GST 流量低时，也不会出现拒动。

第20章　GST定子冷却水流量低停机

20.1　基础知识

20.1.1　保护目的

GST 系统的功能是通过一个闭式的低电导率定子冷却水循环回路带走发电机定子线圈产生的热量。当探测到定子冷却水回路流量降低时，为避免发电机定子绕组冷却不足而过热损坏，设计 GST 定子冷却水流量低停机信号。

20.1.2　保护原理

当定子冷却水流量计 GST1276/1277/1278MD 测量的冷却水流量＜143 m^3/h 时（3 取 2），延时 5 s，发出汽轮发电机组跳闸信号。

20.1.3　保护逻辑

GST 定子冷却水流量低停机逻辑如图 20-1 所示。

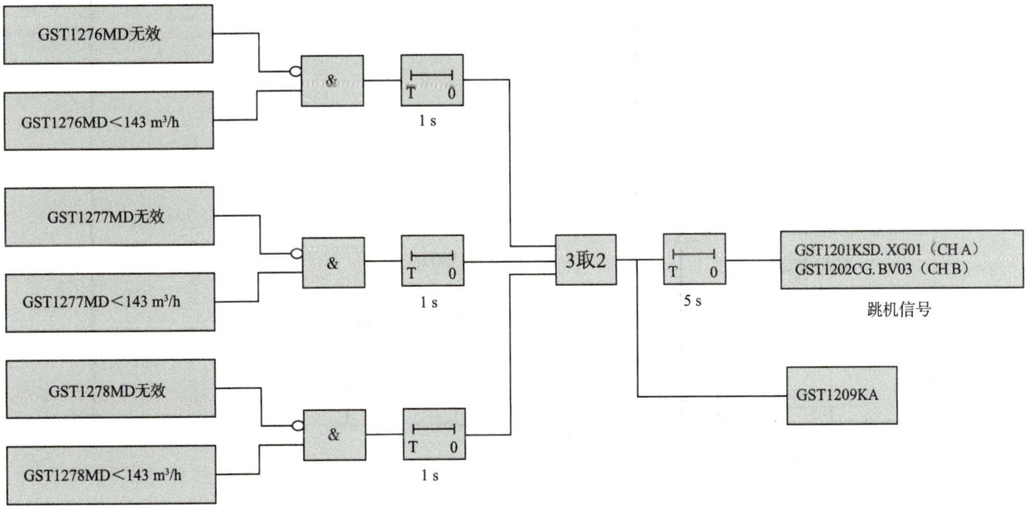

图 20-1　GST 定子冷却水流量低停机逻辑简图

20.1.4 GST 定子冷却水流量相关定值及报警

GST 定子冷却水流量相关定值及动作见表 20-1。

表 20-1 GST 定子冷却水流量定值及动作

	正常运行	高 1	低 1（2/3）	低 2（2/3）
流量	265 m³/h	313 m³/h	214 m³/h	143 m³/h
动作	N/A	触发报警 GST1210KA	・触发报警 GST1208KA； ・给两台 GST 泵发优先启动指令； ・GST1278MD 单一仪表＜214 m³/h，给两台 GST 泵发优先启动指令	・触发报警 GST1209KA； ・汽轮发电机组跳闸

20.2 主控监视

在主控页面 GST0002YC 上可以通过 GST1276KM 来监视定子冷却水流量，GST1276KM 取值是取自 GST1276/1277/1278MD 中有效流量表的平均值。

当任何一个流量表无效后，都会将此无效的表从 GST1276KM 的计算环节中剔除，同时触发 GST1277KS：F STR CW GEN DIST。

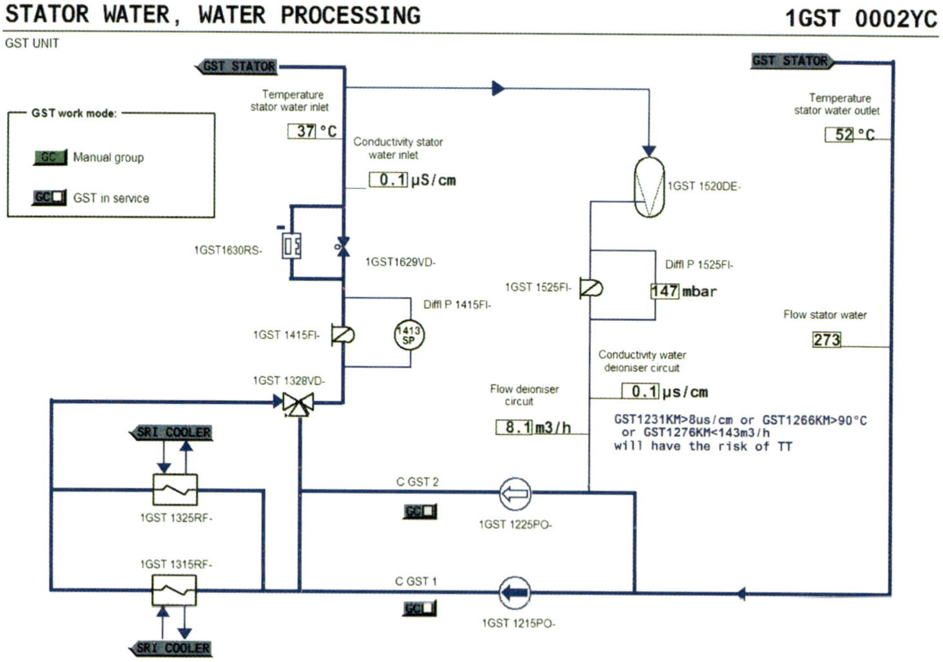

图 20-2 GST 定子冷却水流量主控监视页面

20.3　影响因素

可能导致 GST 定子冷却水流量低保护触发的原因如下。

20.3.1　系统设备外漏导致回路流量低

【案例】现场巡视发现 GST1215PO 机封轻微甩水花，随后随着继续运行机封泄漏流量逐渐增加约 60 滴/min，超出正常运行期间机封泄漏量对应切泵准则 1 滴/s（60 滴/min），随后主控切至 GST1225PO 运行并将 GST1215PO 隔离更换机封。

GST 泵机封动静密封面靠液膜来密封泵内的介质，当动静密封面状态良好时，泄漏量非常微小，当动静密封面状态改变时，允许有一定的泄漏。

如果系统外漏则可能导致 GST 头箱液位低停机信号，因此机组日常运行期间应加强对 GST 头箱液位的监视，如果发现液位降低应及时进行补水操作，然后进行查漏并消除漏点。

20.3.2　流道堵塞导致回路流量低

在 GST1415FI 或 GST1235FI 堵塞的情况下会导致回路流量低。

对于 GST1415FI 堵塞，可以通过 GST1413SP 来进行辅助判断，如果出现堵塞的情况，可以打开旁路阀 GST1417VD。如果过滤器 GST1415FI 压差真实高，会触发报警 GST 1401KA（GST 1415FI 压差＞高 1），根据报警卡要求切换到 GST 1415FI 的旁路。

对于 GST1235FI，由于其没有旁路管线，且主控和就地无法监视其压差，缺乏监控手段。

20.3.3　运行泵跳闸同时备用泵无法启动

两台泵同时出现机械故障或者电气故障，或者仪控信号触发两台泵跳闸时会出现这种情况。这种情况下，定子冷却水流量会低于停机阈值，导致触发停机信号。

20.3.4　GST 定子冷却水泵定期切换试验时泵出口逆止阀故障

日常按《T-1/2-GST-001 GST 系统备用定子水泵定期切换试验》执行，切换周期为四周。试验过程中会通过 GST1215/1225CC 来选中备用泵，从而实现在运泵与备用泵的切换。

以 GST1215PO 初始在运行，GST1225PO 备用为例，将 GST1215PO 切换到

GST1225PO 运行，其逻辑实现过程如图 20-3 所示。

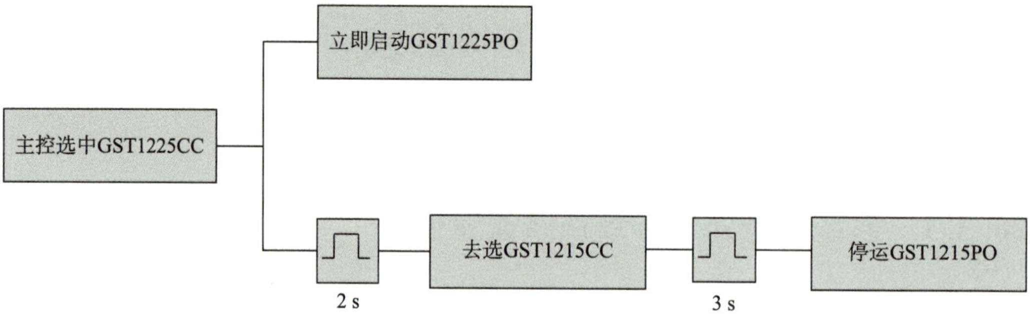

图 20-3　GST 切泵逻辑序列

由于机组上多次出现泵出口逆止阀无法正常回座的情况，那么当 GST 运行泵出口逆止阀无法回座时执行切换操作，系统会如何响应？

仍以 GST1215PO 切换到 GST1225PO 运行为例，假设在运泵 GST1215PO 出口逆止阀 GST1217VD 在泵停运后无法正常回座，通过 GST1225CC 选择备用泵 GST1225PO 启动后，GST1215PO 正常停运，GST1215PO 所在管线会对 GST1225PO 造成分流作用，可能造成回路的定子冷却水流量真实降低。

此时分为两种情况来讨论。

① 如果回路流量没有降低到低 1 定值 214 m^3/h 以下，备用泵不会自动启动，需要操纵员手动选择 GST1215CC，重新切回到 GST1215PO 运行；

② 如果分流使得回路流量降低到 214 m^3/h 以下，会自动给两台泵发出优先启动指令，停运的 GST1215PO 又会重新启动，回路流量重新恢复。此时两台泵均保持运行，需要操纵员选择 GST1215CC，使 GST1225PO 停运，回到初始配置。然后再考虑处理方案。

20.3.5　GST 定子冷却水流量表故障

如果是 GST1276/1277/1278MD 任一故障导致冷却水流量低信号触发且仪表没有无效，此时没有报警，如果两个通道触发则导致停机；如果仪表无效则对应的通道被闭锁，剩下两个仪表 2 取 2 触发停机信号。日常工作中应加强监视 GST 冷却水流量表的监视，如果出现异常则应及时闭锁，避免误触发停机信号。

流量测量仪表 GST1276/1277/1278MD 测量通过孔板 GST1275KD 的流量，且共用取样管线。如果流量计孔板或公共取样管线堵塞则将可能导致流量低停机保护信号误触发，因此机组上如果出现 GST 冷却水流量表故障时应做好共模故障的排查，避免误触发停机。

同时，从逻辑上看，机组正常运行的时候只要 GST1278MD 流量$<$214 m^3/h 就会发优先启动命令启动备用泵，而对于 GST1276/1277MD 则不会出现这种情况，后者需

要 3 取 2 才会触发此逻辑。假如 GST1278MD 出现低漂，会导致两台 GST 泵都同时启动运行，而且由于是优先启动信号，主控无法手动停运。

20.3.6　通讯失去冗余以及通讯中断分析

对于停机信号分为 A/B 两列，互为冗余，两列中任何一列触发都会导致停机。对于 GST 定子冷却水流量低停机信号而言，GST1278MD 送往 KCM5102AR（A 列），GST1276/1277MD 送往 KCM6102AR（B 列），A/B 列均通过交换机 X307-3 挂在各自列的 PAS 总线上，再经过交换机 X408 挂在电厂总线上，从而实现 A/B 列之间的通讯。

如图 20-4 所示，交换机均为冗余配置，任意失去一个不影响信号的传输。

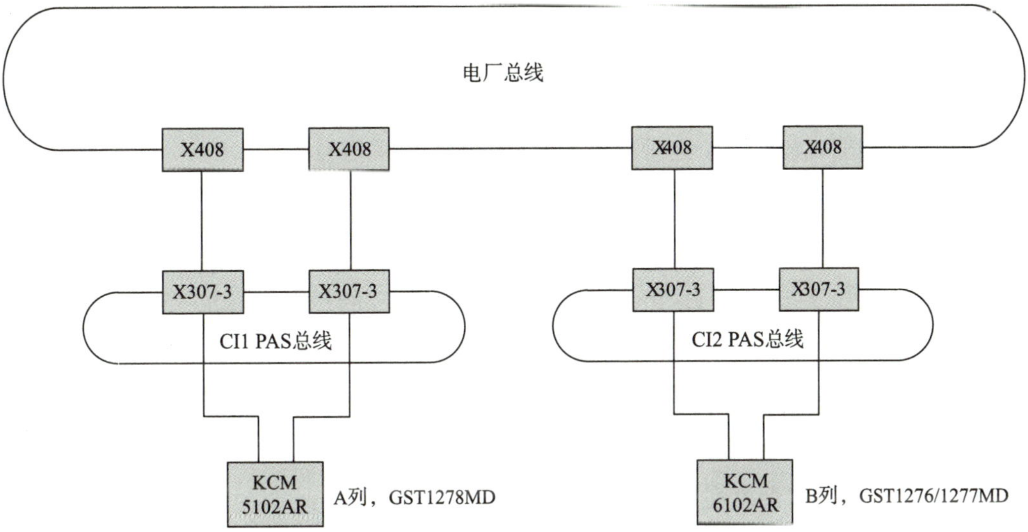

图 20-4　A/B 之间通讯简图

如果电厂总线与 PAS 总线之间的通讯丧失，则所传输的经过流量阈值后的逻辑信号变为 0，对于 GST 流量低停机而言，其 3 取 2 逻辑中输入有 1 个或 2 个变为“0”，不会导致停机信号误触发。同时由于其 A/B 列停机为 2 取 1 的配置，在真实出现 GST 流量低时，也不会出现拒动。

第21章　GST定子冷却水温度高停机

21.1　基础知识

21.1.1　保护目的

GST 系统的功能是通过一个闭式的低电导率定子冷却水循环回路带走发电机定子线圈产生的热量。当探测到定子冷却水回路温度升高时，为避免发电机定子绕组冷却不足而过热损坏，设计 GST 定子冷却水出口温度高停机信号。

21.1.2　保护原理

当定子冷却水温度表 GST1266/1267/1268MT 测量的冷却水出口温度>90 ℃时（3 取 2），延时 5 s，发出汽轮发电机组跳闸信号。

21.1.3　保护逻辑

GST 定子冷却水温度高停机逻辑如图 21-1 所示。

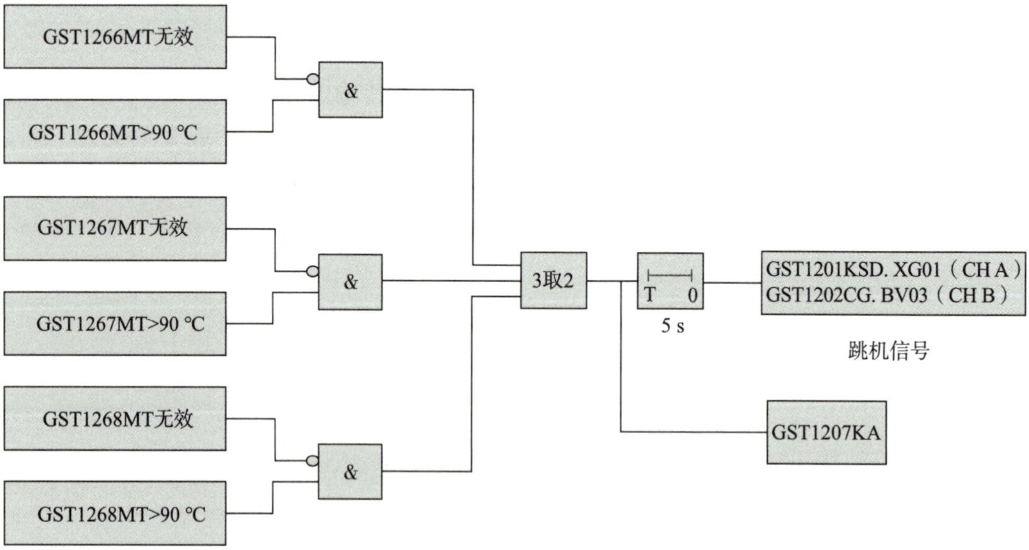

图21-1　GST定子冷却水出口温度高停机逻辑简图

21.1.4 GST 定子冷却水温度相关定值及报警

（1）GST 定子冷却水出口温度相关定值及动作见表 21-1。

表 21-1 GST 定子冷却水出口温度定值及动作

	正常运行	高 1（2/3）	高 2（2/3）
温度	70 ℃*（设计值）	85 ℃	90 ℃
动作	N/A	触发报警 GST1206KA	·触发报警 GST1207KA； ·汽轮发电机组跳闸

*注：查询机组上 GST 定子冷却水温度，机组功率在 90%～100% 区间运行时，温度在 50～57 ℃区间，随着机组功率降低，温度还会进一步降低，调峰期间功率降至 60%nP，GST 定子冷却水温度约为 40℃。

（2）GST 定子冷却水入口温度相关定值及动作见表 21-2。

表 21-2 GST 定子冷却水入口温度定值及动作

	正常运行	低 1	高 1	高 2
温度	37 ℃	30℃	38 ℃	43 ℃
动作	N/A	启动 GST1630RS（AO）	停运 GST1630RS（AC）	·触发报警 GST1234KA； ·闭锁 GEX3005CG 置 C1 位置（闭锁投入励磁）

21.1.5 GST 冷却水温度调节原理

GST 冷却水温度由 GST1238VD 来控制，GST1328VD 为 AMOT 出产的一种恒温阀，又名自力式温度调节阀，该阀门正常运行时，是全自动的，不需要电源，无须日常维护。只有在紧急干预时，才需要进行手动操作。

该阀门正反面共有 16 个并联关系的调节单元，流体通过后，温控阀自动工作，随着介质温度的升高感温包膨胀，带动滑块动作，根据原始设计控制温度要求，控制热口与冷口流量的大小，从而达到出口恒定的控制温度。

调节单元如图 21-3 所示，当指示销在“AUTO”位置时，则表示该单元在自动控制模式；当指示销在“COLD”位置时，则表示该单元在强制冷却模式，同时也就意味着该调节单元处于手动状态。

图 21-2　GST1328VD 现场布置图

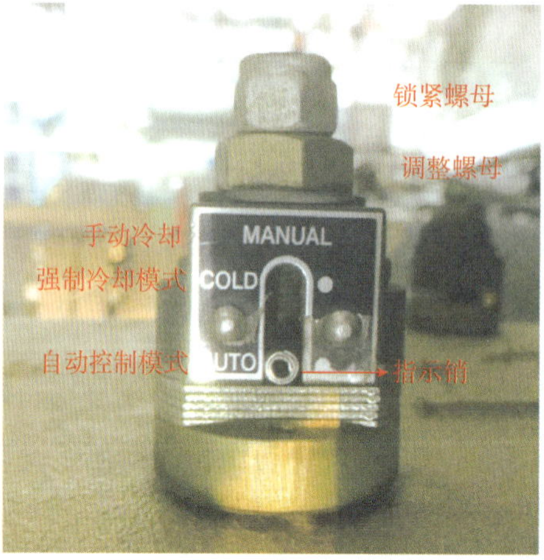

图 21-3　GST1328VD 调节单元现场布置图

21.2　主控监视

在主控页面 GST0002YC 上可以通过 GST1266KM 来监视定子冷却水出口温度，GST1266KM 取值是取自 GST1266/1267/1268MT 中有效温度表的平均值；当任何一个温度表无效后，都会将此无效的表从 GST1266KM 的计算环节中剔除。当两个及以上仪表无效后，GST1266KM 将显示红框。

同时，可以通过 GST1234MT（单一仪表）监视定子冷却水入口温度来辅助判断 GST 系统的冷却情况。

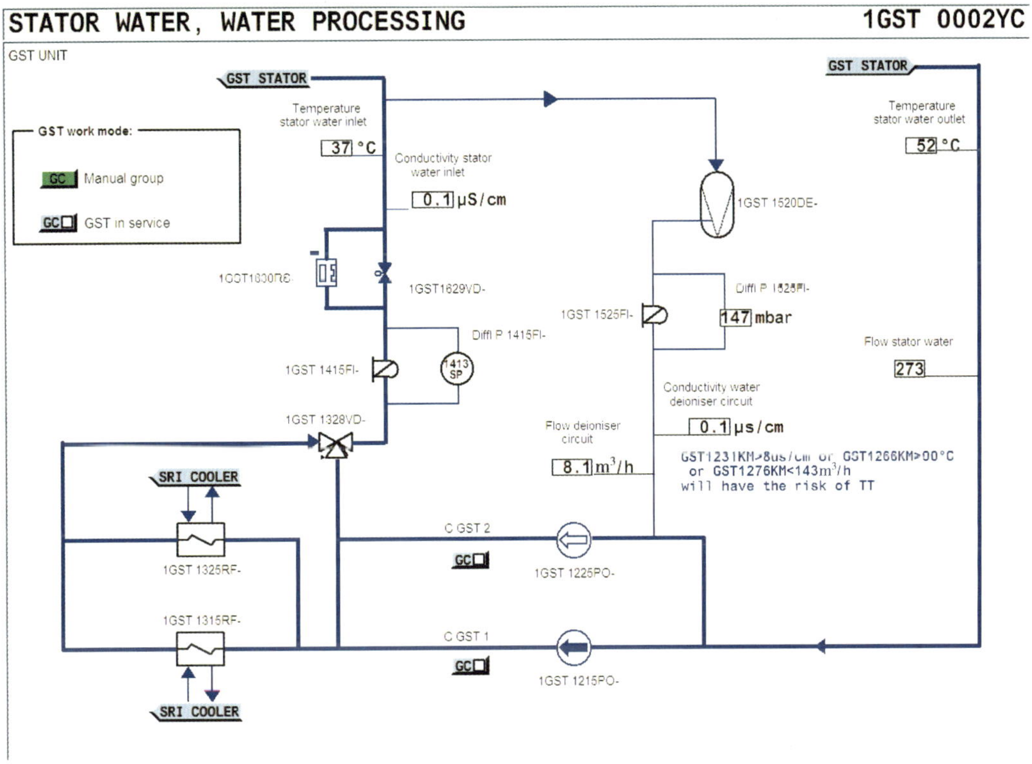

图 21-4　GST 定子冷却水温度主控监视页面

21.3　影响因素

21.3.1　GST 定子冷却水温度真实高

有 5 个原因可能导致 GST 定子冷却水温度真实高。

（1）GST 流量低导致温度高

关于 GST 流量低的原因及应对措施已在 GST 定子冷却水流量低停机中进行分析。

（2）GST1238VD 故障导致温度高

针对 GST1238VD 调节异常导致定子冷却水温度升高的情况，瞬态控制导则中包含了 TG-GST-001：GST1328VD 调节异常的应变对策，根据导则主要的内容包括以下两点。

① 通知现场执行 GST0021YL（GST1328VD 三通温度调节阀故障），依次调节各个调节单元至 MANUAL 位置，使三通阀强迫全开至冷却回路。如果干预期间定子冷却水温度仍有上涨趋势，则尽快降低汽轮机功率。

② 若定子冷却水温度 GST1266/1267/1268MT 没有回头趋势或出现 GST1206KA，如有必要，降低汽轮机功率。

进行 GST1328VD 阀门的现场手动干预操作，需要现场操纵员携带相应的扳手，调整调节单元上的锁紧螺母及调整螺母，具体操作步骤参见运行部编写的 1-C-GST-101 AMOT 恒温阀（自力式温度调节阀）操作指南。

（3）冷却器堵塞

GST 系统有 GST1315/1325RF 两个热交换器，正常情况下一个处于运行，一个处于备用状态，如果由于冷却器堵塞导致定子冷却水温度升高，运行值可执行 GST 的 F 程序 4. 7 章节“系统运行时切换冷却器”进行切换操作。

（4）SRI冷却水温度高或冷却水流量低

1）SRI冷却水温度高

SRI 冷却水的温度由 SRI 系统进行调节，正常冷却水的温度约为 30℃（SRI 的温度调节非精确调节，受外界环境温度影响较大），如果 SRI 冷却水温度升高导致定子冷却水温度升高，运行值可执行 GST 的 F 程序 4. 8“双冷却器运行”，提高 GST 系统冷却能力。

【案例】主控出现 SRI3436KA（2 级报警，SRI 温度高 1，温度>34 ℃延时 60 s），主控室按报警卡检查 SRI 用户温度及 SRI 系统运行无异常，1SRI 冷却器效率稳定且满足要求，调取历史曲线，发现 SRI3435MT 由 05:49 最低 32. 95 ℃上涨至 23:01 最高 33. 99 ℃触发报警，且 SRI3435MT 与海水温度变化趋势一致，海水温度全天变化范围为（30. 5～31. 4 ℃）。

SRI 冷却水的温度受海水的温度影响较大，因此在夏季高温天气，需要对 SRI 的用户情况特别关注，针对 GST 定子冷却水的温度，在 GST1238VD 调节下，总体上受 SRI 冷却水温度变化影响较小，经过冷却器出口基本稳定在 39 ℃左右，发电机出口冷却水温度稳定在 57 ℃左右。

投运第二列热交换器或热交换器切换需要考虑以下问题。

① 投运前，备用热交换器的出口为死管段，如果水质不合格可能导致 GST 的电导率升高，投运新的一列热交换器时要密切监视 GST 系统的电导率，及时发现电导率异

常上升的风险；

② 投运第二列热交换器后，导致其他 SRI 用户的冷却水流量下降，从而导致其他系统的设备参数上涨，根据台山两台机组的运行反馈，要尤其关注 APA 润滑油的温度，避免由于润滑油温度高导致 APA 泵跳闸。

2）SRI 系统设备故障导致回路流量低

根据专业人员的分析，安全阀 GST1912/1922VN 故障开启将导致 SRI 冷却水流量降低，但由于阀门所在管道直径 DN25，而主管道直径 DN250，故障开启不会导致 GST 温度快速上涨，如果温度上升，运行值可执行 GST 的 F 程序 4. 7 进行 GST1315/1325RF 的切换操作。同时，需要密切监视 SRI 头箱的液位及补水情况，并及时将漏点隔离。

【案例】现场巡视发现 GST1335VN（GST1315RF-SRI 侧冷却水出口隔离阀）阀位在约 45°开度（正常应该全开），专业人员判断阀门振动偏大导致蝶阀阀位发生位移。现场检查 GST1315RF 冷却器处于投运状态，主控检查定子冷却水入口温度 GST1234MT 稳定在 39. 6℃。

在事件中 GST1335VN 的开度关小，可能影响 SRI 测的冷却水流量，从而导致 GST 定子冷却水温度升高，在实际机组上如果出现定子冷却水温度升高的情况，可以要求现场就地检查冷却管线的在线情况以及是否存在泄漏。

（5）发电机过载

如果由于发电机过载导致定子冷却水温度升高，则需要密切监视发电机相关参数，根据专业人员的评估意见采取措施，比如适当降低功率，如果报警出现则根据报警卡执行降功率操作。

21. 3. 2　GST 定子冷却水温度表故障

设计上若 GST1266/1267/1268MT 3 取 2 >90 ℃，会触发停机，因此当一个 MT 发生故障时应及时闭锁故障探头，并密切监视另外两个探头的情况，避免停机信号误触发。

【案例】

主控巡视发现 GST1268MT 波动上涨，最高达到 120. 8 ℃（3 取 2 大于 90 ℃停机），其他冗余仪表 GST1266/1267MT 显示约 58 ℃。

主控巡视发现定子冷却水温度 GST1266KM 显示 35 ℃，与之前 55 ℃偏差较大。建曲线发现 GST1266MT 显示为−2. 8 ℃，GST1267/1268MT 显示分别为 54. 5/54. 3 ℃，判断 GST1266MT 故障，后续 GST1266MT 上漂超过 90℃。

根据案例可以看出，GST 的仪表多次出现上漂故障，且出现过仪表先下漂后又上漂的故障类型，因此判断一个仪表故障后应及时将对应的仪表闭锁，降低由于 MT 故障导致误触发定子冷却水温度高保护的风险。

同时，需要注意的是，针对 GST1266/1267/1268MT，如果一个通道故障达到 90℃ 以上时，不会产生工艺报警，也不会产生 KS 及仪控报警，因此主控室应加强对 GST 温度探头的监视，出现异常后及时处理，避免误触发停机。

21.3.3 通讯失去冗余以及通讯中断分析

对于停机信号分为 A/B 两列，互为冗余，两列中任何一列触发都会导致停机。对于 GST 定子冷却水温度高停机信号而言，GST1268MT 送往 KCM5102AR（A 列），GST1266MT 送往 KCM6102AR（B 列），GST1267MT 送往 KCM6103AR（B 列），A/B 列均通过交换机 X307-3 挂在各自列的 PAS 总线上，再经过交换机 X408 挂在电厂总线上，从而实现 A/B 列之间的通讯。交换机均为冗余配置，任意失去一个，不影响信号的传输，如图 21-5 所示。

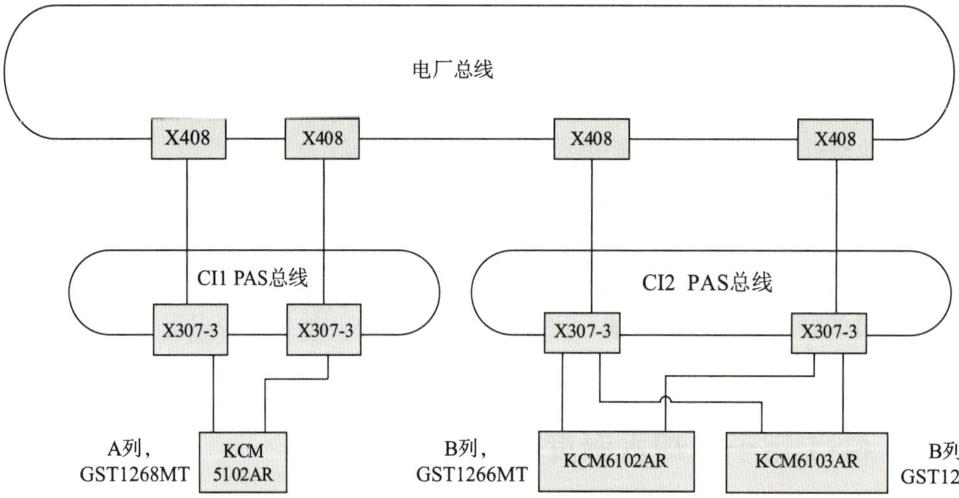

图 21-5　A/B 之间通讯简图

如果电厂总线与 PAS 总线之间的通讯丧失，则所传输的经过温度阈值后的逻辑信号变为“0”，对于 GST 温度高停机而言，其 3 取 2 逻辑中输入有 1 个或 2 个变为“0”，不会导致停机信号误触发。同时由于其 A/B 列停机为 2 取 1 的配置，在真实出现 GST 温度高时，也不会出现拒动。

第22章　GST定子冷却水电导率高停机

22.1　基础知识

22.1.1　保护目的

GST 系统的功能是通过一个闭式的低电导率定子冷却水循环回路带走发电机定子线圈产生的热量。为了保证定子线圈带电时的正常稳定运行，定子冷却水的电导率必须控制得足够低。当探测到定子冷却水电导率高 2 时，为避免发电机损坏，设计 GST 定子冷却水电导率高停机信号。

22.1.2　保护原理

当定子冷却水电导率表 GST1231/1232/1233MR 探测到电导率高 2 时（8 μS/cm，2/3），延时 5 s，发出汽轮发电机组跳闸信号。

22.1.3　保护逻辑

GST 定子冷却水电导率高停机逻辑如图 22-1 所示。

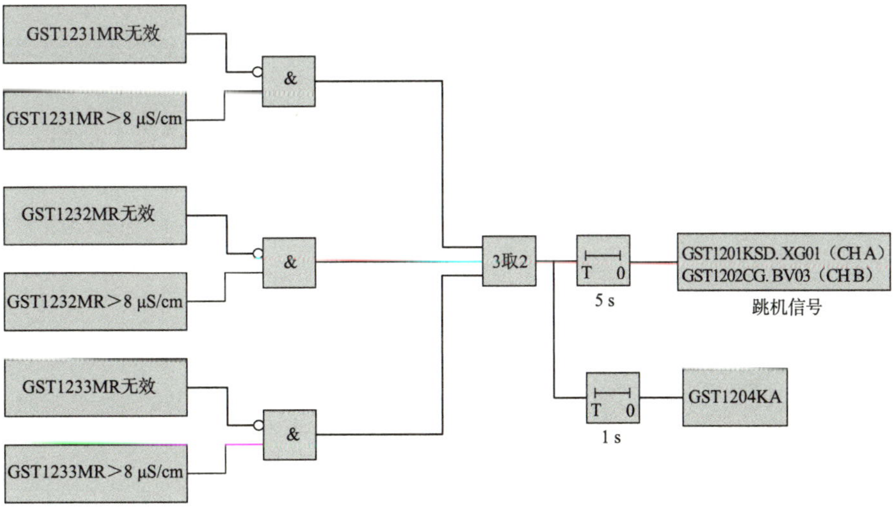

图 22-1　GST定子冷却水电导率高停机逻辑简图

22.1.4 GST定子冷却水电导率相关定值及报警

GST 定子冷却水配置了 GST1231/1232/1233MR 用于监视进入发电机的定子冷却水电导率，另外在除盐床出口还配置了 GST1526MR 用于监视除盐床出口的电导率，以便监测除盐回路的效率。

GST 发电机入口定子冷却水电导率（GST1231/1232/1233MR）相关定值及动作见表 22-1。

表 22-1　GST 发电机入口定子冷却水电导率定值及动作

	正常运行	高 1（2/3）	高 2（2/3）
电导率	0. 2 μS/cm	0. 4 μS/cm	8 μS/cm
动作	N/A	・触发报警 GST1203KA； ・闭锁 GEX3005CG 置 C1 位置（闭锁投入励磁）	・触发报警 GST1204KA； ・汽轮机跳闸

GST 除盐床出口电导率（GST1526MR）相关定值及动作见表 22-2。

表 22-2　GST 除盐床出口电导率定值及动作

	正常运行	高 1
电导率	0. 1～0. 2 μS/cm	0. 2 μS/cm
动作	N/A	触发报警 GST1503KA

22.2　主控监视

在主控页面 GST0002YC 上可以通过 GST1231KM 来监视发电机入口定子冷却水电导率，另外还可以通过 GST1526MR 来监视除盐床出口电导率，监视界面见图 22-2。

GST1231KM 取值是取自 GST1231/1232/1233MR 中有效电导率的平均值。当任何一个电导率表无效后，都会将此无效的表从 GST1231KM 的计算环节中剔除，当有两个电导率表无效时，GST1231KM 会显示红框无效。

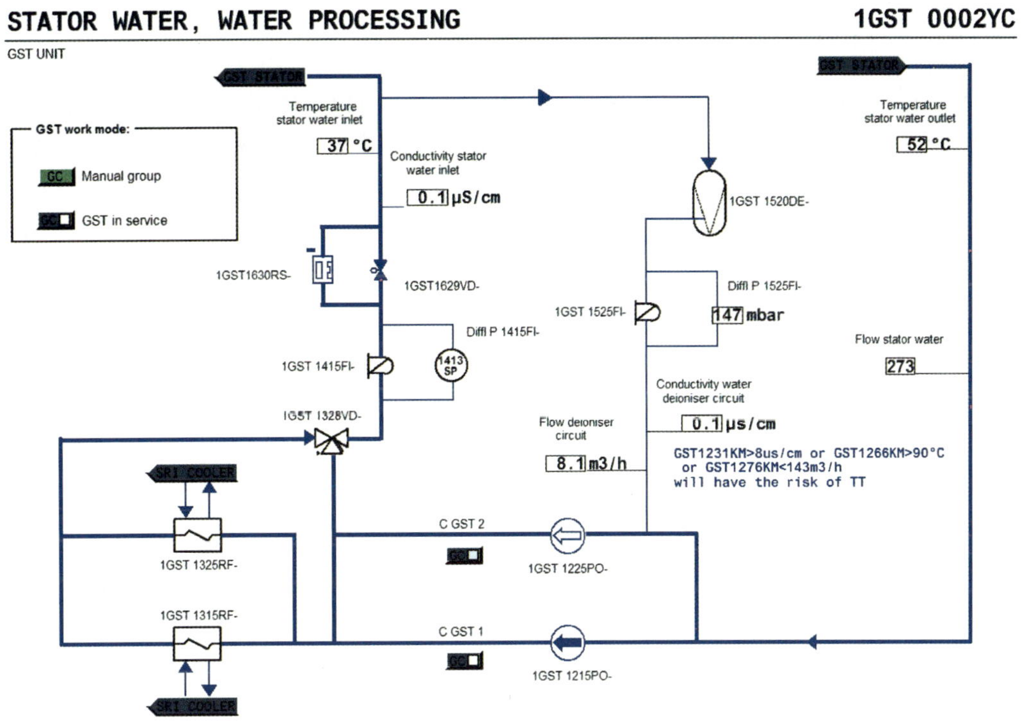

图 22-2　GST 定子冷却水电导率主控监视页面

22.3　影响因素

22.3.1　GST 定子冷却水电导率真实高

有 4 个原因可能导致 GST 定子冷却水电导率真实高。

（1）GST 补水水质异常

当 GST 头箱液位低需要进行补水操作时，如果补水水质不合格，有可能导致 GST 定子冷却水电导率异常升高。

根据 SED SDM，25℃时 SED 除盐水的电导率要求是 <1 μS/cm，正常情况下，只要 SED 水质合格，不会因为补水导致 GST 水质恶化到停机的程度（停机定值为 8 μS/cm）。但如果 SED 补水水质不合格，也存在一定的停机风险。

【案例】某机组运行人员执行 GST 补水操作后发现电导率不合格，经化学人员检查，故障原因是 SDA270VD 内漏，使得系统运行时氨液通过该阀门扩散到 SED 系统，进而导致 GST 补水电导率不合格。

（2）GST1315/1325RF 泄漏

当 GST1315/1325RF 泄漏时，SRI 水可能泄漏进入 GST 系统，造成定子冷却水电导率异常上涨。可以通过化学化验水质以及 GST 头箱液位上涨来综合判断，一旦确定为 SRI 热交换器泄漏，需要立即执行专项操作单进行 GST 热交换器切换操作。需要注意的是，无论是专项操作单（GST0008/0009YZ）还是 GST 的 F 程序中 GST0012YL，切换时均不会关闭热交换器 GST 侧的入口隔离阀，不会关闭热交换器 SRI 冷却水侧入口隔离阀和出口小流量隔离阀，遇到热交换器泄漏导致切换的情况，应根据决策将泄漏热交换器的 SRI 侧和 GST 侧进行隔离，避免进一步泄漏。

另外，正常情况下，对于 GST 备用热交换器，其定子冷却水入口隔离阀开启，出口隔离阀关闭，如果该备用热交换器有微小泄漏，SRI 水可能在热交换器处集聚，当由于某些原因需要进行热交换器切换操作时，在备用热交换器处集聚的 SRI 水可能随着出口隔离阀的开启而进行定子冷却水系统，可能导致发电机入口定子冷却水电导率高。因此，切换时应密切关注 GST 发电机入口的电导率，一旦监测到有任何异常，立即暂停切换操作。

（3）过滤器滤芯更换

在过滤器压差升高，需要进行更换时，如果过滤器未经过充分的浸泡和冲洗，有可能导致定子冷却水回路电导率异常升高。当过滤器新更换后首次投运，需要与化学沟通进行冲洗，确保合格后再投运。

【案例】某机组更换 GST101/201FI 为新滤芯后，发现 GST 水质变化，电导率升高，树脂很快失效，经过各部门的讨论分析及实验，认为在更换新滤芯后及过滤器切换前没有进行冲洗，从而导致系统电导率上升及树脂很快失效。

（4）GST 除盐回路树脂失效

当长时间运行或者系统有杂质，可能导致除盐床树脂效率下降或失效。可以通过对比发电机入口电导率以及除盐床出口电导率来进行监视。当判断除盐床树脂失效后，需要将除盐回路隔离出来，更换树脂后，依据《GST 0009YL：系统运行时投运除盐回路》重新投运。注意投运前进行冲洗。除盐回路重新投入后，密切监视除盐床出口电导率，以便及时发现可能存在的异常。

22. 3. 2 GST 定子冷却水电导率表故障

设计上若 GST1231/1232/1233MR 3 取 2>8 μS/cm，会触发停机，因此当一个 MR 发生故障时应及时闭锁故障探头，并密切监视另外两个探头的情况，避免停机信号误触发。

需要注意的是，针对 GST1231/1232/1233MR，如果一个通道故障达到 8 μS/cm 以上但未触发无效时，不会产生工艺报警，也不会产生 KS 及仪控报警，因此主控室应加强对 GST 电导率探头的监视，出现异常后及时处理，避免误触发停机。

GST1231MR 和 GST1232MR 的复制卡 KCM6301AR. DA. 09 和 KCM6301AR. DA. 10 共用供电开关，开关跳闸，信号 GST1231MR 和 GST1232MR 保持上一个有效值，停机信号将无法触发，存在拒动风险。

22.3.3　通讯失去冗余以及通讯中断分析

对于停机信号分为 A/B 两列，互为冗余，两列中任何一列触发都会导致停机。对于 GST 定子冷却水电导率高停机信号而言，GST1233MR 送往 KCM5102AR（A 列），GST1231MR 送往 KCM6102AR（B 列），GST1232MR 送往 KCM6103AR（B 列）。A/B 列均通过交换机 X307-3 挂在各自列的 PAS 总线上，再经过交换机 X408 挂在电厂总线上，从而实现 A/B 列之间的通讯。在 KCM5102/6102AR 中分别进行 2/3 逻辑处理。

如图 22-3 所示，由于交换机为冗余配置，任意失去一个不影响信号的传输。

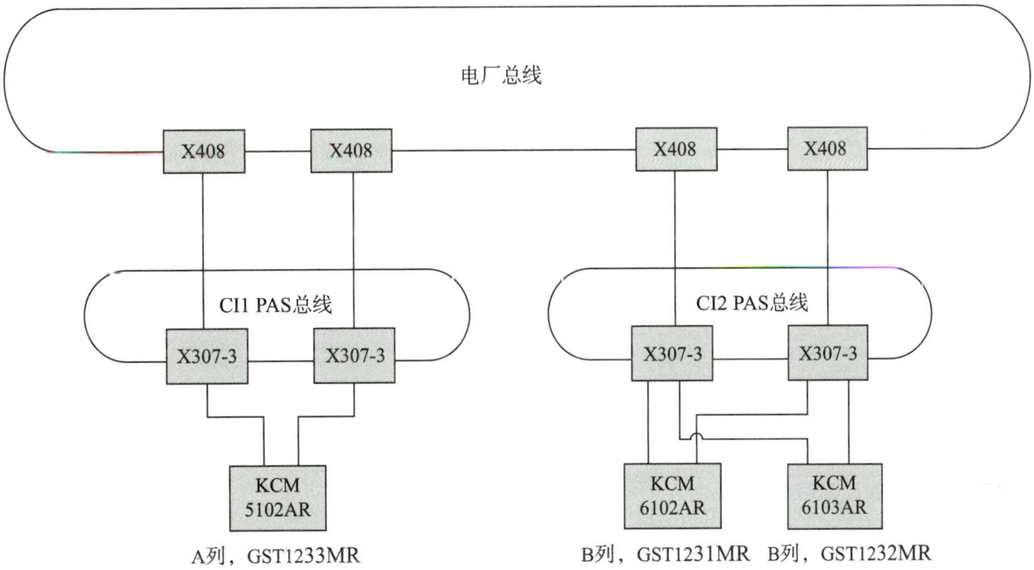

图 22-3　网络通讯简图

如果电厂总线与 PAS 总线之间的通讯丧失，则所传输的逻辑信号变为“0”。对于 GST 定子冷却水电导率高停机而言，其 3 取 2 逻辑中输入有 1 个或 2 个变为“0”，不会导致停机信号误触发。同时由于其 A/B 列停机为 2 取 1 的配置，在真实出现 GST 流量低时，也不会出现拒动。

第23章　CEX流量低停机

23.1　基础知识

23.1.1　保护目的

当没有 CEX 泵在运行或在运行 CEX 泵出口阀门关闭时，CEX 系统无法向二回路给水系统提供凝结水，从而导致二回路热力循环无法继续，因此触发汽轮发电机组跳闸信号。

23.1.2　保护原理

当没有 CEX 泵在运行或在运行 CEX 出口阀门关闭，同时 CEX 泵出口母管流量 <517 m³/h 时，发出汽轮发电机组跳闸信号。

23.1.3　保护逻辑

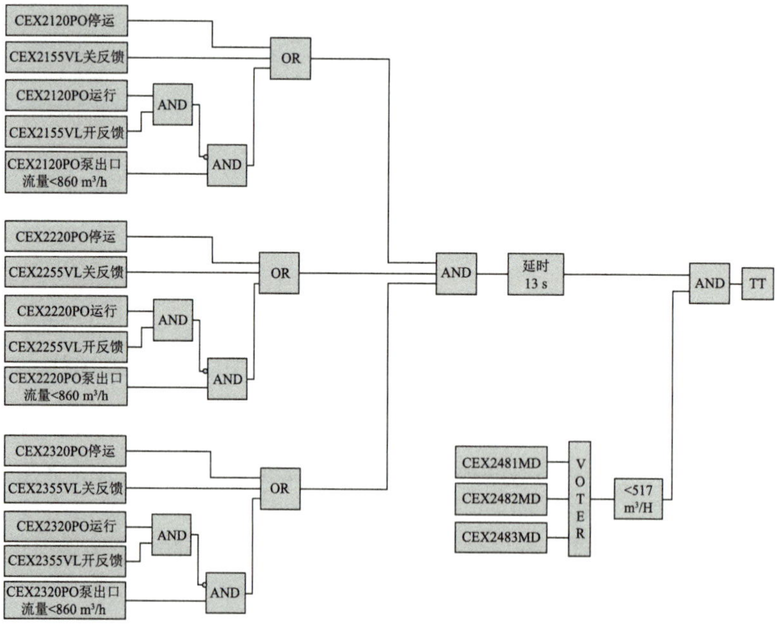

图23-1　CEX流量低停机逻辑简图

23.2　主控监视

在主控页面 CEX0001YC 上可以通过 CEX2401KM 来监视 CEX 通往 ABP 的流量，如果 CEX2481/2482/2483MD 全部都无效，则 CEX2401KM 的值切换到 CEX 泵出口的流量之和（CEX2197KM、CEX2297KM 及 CEX2397KM 三台泵流量相加）减去 APG 的 CEX 冷却水流量（APG5425/5426MD 取大值）。

CEX 泵、CEX 泵出口隔离阀 CEX2i55VL 的状态及 CEX 泵出口的流量（CEX2i97KM，CEX2i60/2i61/2i62MD 经过表决取次小值）可以在主控页面 CEX0001YC 上监视。

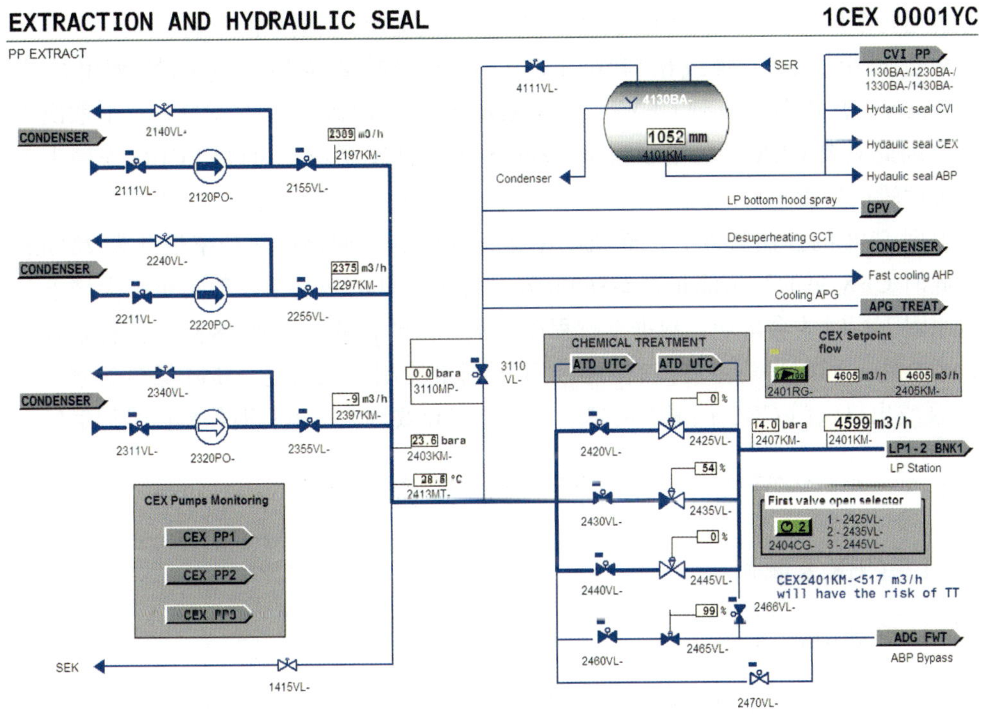

图 23-2　CEX 泵及流量主控监视页面

23.3　影响因素

23.3.1　CEX 流量表故障

CEX2481/2482/2483MD 经过表决后的输出与阈值 517 m^3/h 进行比较，如果小于阈值则触发相应的信号，单个 MD 故障不会导致该信号触发，同时由于停机信号还需要根据 CEX 泵及出口阀的状态来判断，因此 MD 的单个或共模故障均不会导致停机信号触发。

23.3.2 CEX泵运行状态或出口隔离阀状态故障

根据 CEX 流量低停机逻辑简图可知，CEX2i20PO 的 CBO、CBC 状态，其出口隔离阀 CEX2i55VL 的 CBO、CBC 状态，以及 CEX 泵出口流量 CEX2i97KM 的值来判断是否有 CEX 泵向 ABP 供水，如果失去供水则叠加 CEX 供水流量<517 m^3/h 则触发停机信号。

给水泵在运行时，不考虑 CEX 泵及出口阀门 CBC 误触发的故障模式，因此只需要分析运行泵的 CBO 信号误消失，CEX2i55VL 的 CBO 误消失的影响。

在逻辑中，CEX 泵或出口阀门 CBO 误消失需要叠加对应 CEX 泵出口流量<860 m^3/h，从而判断本列 CEX 无法向 ADG 供水。CEX 的给水流量基本上取决于热功率，因此只要 CEX 泵的给水流量>860 m^3/h，CEX 泵或出口阀门 CBO 误消失不会对下游逻辑产生影响。

根据 EPR 的控制特性，汽轮机功率运行期间，一回路的热功率最低为 22%nP 左右，此时 CEX 泵的给水流量都>860 m^3/h。这种最低的热功率一般是机组大修下行或其他原因下行时才会出现。根据下行程序要求，汽轮机降功率到 88 MW 执行解列操作后，才会将一回路平均温度控制切换到中子通量控制，从而进一步降低热功率，因此 CEX 泵或出口阀门 CBO 误消失的单一故障不会导致汽轮机运行时停机信号误触发。

23.3.3 CEX泵或阀门故障导致流量真实降低

（1）CEX泵跳闸

1）不启动备用泵

① CEX 泵在运行，出口隔离阀开启，CEX 出口母管压力（CEX2410/2411/2412MP）低于 15.7 bar.a 或两块表无效（延时 20 s 触发）；

② CEX 冷凝器液位（CEX1445/1446/1447MN）<180 mm 或两块表无效；

③ 厂辅切换的卸载信号。

以 CEX2320PO 运行为例，泵出口母管压力低跳泵的逻辑如图 23-3 所示，根据逻辑如果 KCM6104AR.B131 卡件故障，则 Y OK 信号变为“0”，导致 CEX2410MP 和 CEX2411MP 的输入都被认定是无效，此时 VOTER 的值取自 CEX2412MP。如果 CEX2412MP 故障或下漂，则将导致 CEX2320PO 跳闸，同时不会触发备用泵启动，根据机组上一台 CEX 泵运行还是两台 CEX 泵运行，可能导致触发 RB 或停机。

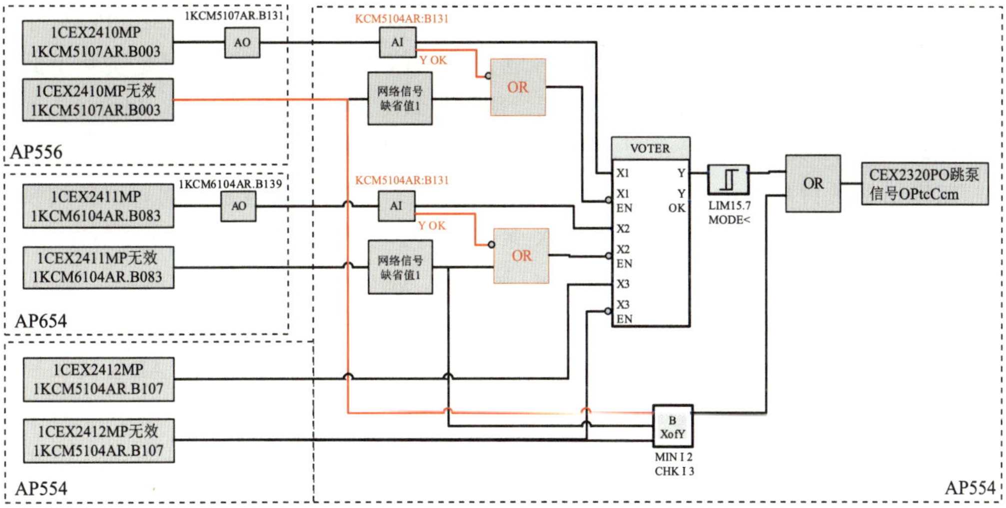

图 23-3　CEX 泵出口压力低跳 CEX2320PO 的逻辑简图

CEX 泵母管压力低或 CEX 冷凝器液位低导致 CEX 泵跳闸回路上没有 SPV 点，但是存在动态 SPV 点。当机组上出现一个 MP 或 MP 不可用，或者对应的采集卡件不可用时，此时有比较大的风险，需要密切监视其他列 MP 及 MN 的运行情况，并通过 TCA 或其他措施避免机组误触发 RB 或停机。

2）启动备用泵

① 推力轴承温度（CEX2i17/2i18/2i19MT）高 2（120 ℃）或 3 块温度表都无效；

② CEX 泵出口流量（CEX2i60/2i61/2i62MD 取次小值）<860 m^3/h 且再循环阀 CEX2i40VL 未开启（延时 20 s 触发）；

③ LGA（B/C）1111XU 和 LGA（B/C）1112XU 同时触发。

CEX 泵跳闸后发出 NRQ 信号，备用泵启动，如果备用泵启动成功则机组保持稳定运行。机组上针对备用泵的状态设置了 CEX2001KA，如果出现了该报警则表明备用泵不可用，此时如果出现了 CEX 泵跳闸，则可能导致机组 RB 或停机。

【案例】机组执行下行降功率操作，当热功率降至 11.4%nP 时，主控触发 CEX2402KA，检查发现 CEX2120PO 自动切换至 CEX2220PO 运行，约 15 min 后，热功率降至 8%nP 左右，上述报警再次触发，CEX2220PO 自动切换至 CEX2320PO 运行。检查发现 CEX2120/2220PO 跳闸直接原因是它们的出口再循环阀 CEX2140/2240VL 开启时间过长导致。

如果两台 CEX 泵运行，其中一台 CEX 泵跳闸，则启动剩下的 CEX 泵，如果初始只有一台 CEX 泵在运行，如果 CEX2120PO 在运行，其跳闸后优先启动 CEX2220PO，如果 CEX2220PO 不可用则启动 CEX2320PO。

以 CEX2120PO 在运行为例，如果 CEX2220PO 处于试验位状态，在逻辑中 CEX

泵还处于可用状态，此时如果发生 CEX2120PO 跳闸的故障，不管 CEX2220PO 处于手动还是自动状态，CEX2220PO 将收到强制自动的信号并自动启动，但是实际上此时 CEX2220PO 无法实现向下游供水的功能，从而导致 CEX 母管压力＜15. 7 bar. a，导致所有 CEX 泵跳闸及泵出口隔离阀关闭，从而触发停机信号。

如果初始两台泵在运行，备用泵处于试验位状态，一台运行泵跳闸后，备用泵在试验位启动，此时逻辑中判断两台 CEX 泵在运行，实际上只有一台 CEX 泵在运行，此时 RB 的信号无法发出，从而导致 ADG 液位低，从而可能导致停堆。

【案例】某机组处于 25%nP 功率平台，初态时 CEX 第二台泵运行，CEX 第一台泵在试验位，第三台泵处于备用状态。汽轮机预热导致 ADG 液位扰动，ADG 液位波动到低液位时第三台 CEX 泵自动启动，ADG 液位波动到高液位时第二台 CEX 泵自动停运。ADG 液位再次波动到低液位时第一台 CEX 泵试验位自动启动，ADG 再次波动到高液位时第三台 CEX 泵自动停运。最终导致仅试验位的第一台 CEX 泵运行，失去 CEX 流量，GCT 失去喷淋水而隔离，VVP 压力升高导致 SG 压力高停堆及 VDA 开启。

CEX 流量低停机信号比较特殊，机组处于并网状态时，该信号将导致停机，但是如果不及时恢复 ADG 的供水及 GCT 的喷淋水，后续反应堆将停堆，因此针对 CEX 流量低触发停机的工况，运行值需要及时采取干预行动，启动 CEX 泵向 ADG 的供水及提供 GCT 的喷淋水。

如果 CEX 流量低信号触发停机，主控室会执行停机不停堆的 I6 程序，但是在 I6 程序中并未针对 CEX 流量低停机这种特殊工况提供控制策略，因此在执行 I6 程序的同时，运行值需要根据瞬态控制导则中 CEX 泵全停的控制预案做好机组控制，避免触发反应堆停堆。

（2）CEX泵出口隔离阀故障

CEX 泵出口隔离阀 CEX2i55VL 也直接影响 CEX 向 ABP 供水，其关闭信号包括：

① CEX 泵停运且出现 CEX 泵反转的信号；

② CEX2120/2220/2320PO 全部停运（延时 10 s 触发）。

从逻辑上，该阀门在对应 CEX2i20PO 运行时闭锁自动和手动关闭信号，从而避免了主控室误操作导致影响 CEX 泵的供水。

【案例】主控按计划启动第二列 CEX 泵并停运第三列泵，发现母管未能建立压力，16 s 后重新启动第三列 CEX 泵，随后停运第二列 CEX 泵。检查发现泵出口电动隔离阀 CEX2255VL 主控显示开启，就地机械指示位置也为开启，但第二列 CEX 泵单独运行时存在出口母管压力降低现象。通过现场验证，判断 CEX2255VL 就地处于关闭状态。

CEX2i55VL 为 MOV 阀门，该阀门的 CBO 及 CBC 信号均来自电动头的反馈，如果电动头与阀杆脱开，则主控室显示的状态与就地实际状态不一致，但可以通过就地阀杆的指示来判断；如果阀杆与阀芯脱开，则主控与就地实际状态不一致且无法通过就地阀杆指示来判断。如果阀门显示开启实际处于关闭状态，则将产生类似 CEX 泵在试验位运行的风险，因此在有维修活动或机组上行在线时，需要验证该阀门已经处于开启状态，避免运行 CEX 泵跳闸后，备用泵启动无法向 ADG 供水。

如果就地误关闭了运行泵出口隔离阀 CEX2i55VL，在汽轮机功率>40%P_e的平台，将导致触发 CEX RB，在汽轮机功率<40%P_e且只有一台 CEX 泵运行的平台则将触发停机，因此日常期间需要做好防误碰和误操作的风险。

（3）CEX泵出口逆止阀故障

【案例】为配合凝结水抽取系统（CEX）阀门故障处理，操纵员启动第二台凝结水泵（CEX2220PO）。检修结束后手动停运 CEX2220PO，由于 CEX2120PO 出口逆止阀卡涩，导致 CEX 母管压力低，运行中的凝结水泵 CEX2120PO 跳闸。

在日常执行 CEX 泵切换操作时，停运 CEX 泵前要确认另外两台 CEX 泵供水流量（CEX2i97KM）和母管压力（CEX2403KM）等参数正常，避免出现供水不足的情况导致 CEX 泵压力降低，并导致运行 CEX 泵跳闸。

如果出现了 CEX 泵全停的工况，运行值需执行瞬态控制导则中 CEX 泵停运应急处理预案的内容进行机组控制。

【案例】机组处于功率运行模式（RP），当降低到 65%nP 功率平台时按程序停运 APA2120PO（APA2 号泵），由于 APA2 号泵出口逆止阀 APA2185VL 未关闭，导致 APA1、3、4 号泵需求转速持续超过 5 290 r/min，此时无备用泵可启动，汽轮机甩负荷到 475 MW，APA1、4 号泵因流量低跳闸。

事件中执行 APA 的停泵操作时，APA 泵出口逆止阀未回座，导致 APA 的给水通过故障 APA 泵反流，从而导致给水流量不足，触发了 APA 的 RB 信号。事件中 APA 的逆止阀和 CEX 的逆止阀是同一类型，因此在日常执行 CEX 泵切换操作时，停运 CEX 泵前要确认另外两台 CEX 泵供水流量（CEX2i97KM）和母管压力（CEX2403KM）等参数正常，避免出现供水不足的情况导致 CEX 泵压力降低，并进一步导致运行 CEX 泵跳闸，同时根据程序做好关闭停运泵出口隔离阀及紧急启动 CEX 泵的准备工作。

（4）CEX阀站调节故障

CEX 阀站供配置了 4 个调节阀 CEX2465/2425/2435/2445VL，机组满功率运行时 CEX2465VL 全开，剩下 3 个阀门中的一个开度约为 80%，其他两个阀门关闭，开启那个阀门则根据 CEX2404CG 进行选择。

1）仪控故障

CEX 阀站调节阀 CEX2465/2425/2435/2445VL 上游接受统一的调节信号，根据 CEX2404CG 选择的序列把对应的信号通过 FUM280、FUM230 卡后送到 CEX 的阀门的控制逻辑中，最终经过计算的单个阀门的控制信号再通过 FUM280 卡送到就地阀门用于控制阀门动作，详见图 23-4。

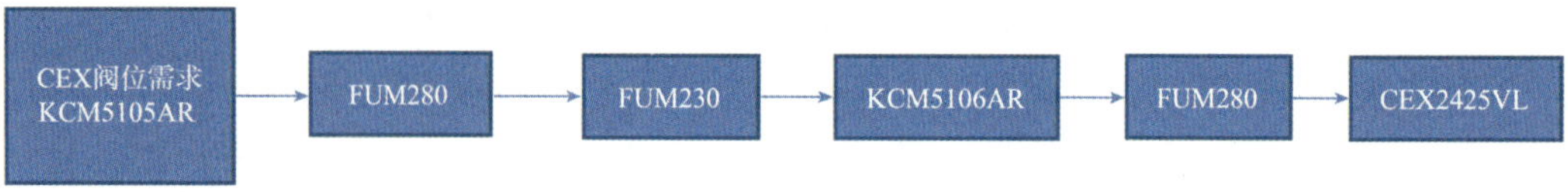

图 23-4　CEX2425VL 阀门控制链路

【案例】机组降功率过程中，主控巡盘发现 ARE1835KM（1 号 SG）突然快速上涨，随后主控手动控制 ARE1320VL 稳定 SG 液位，期间 SG 水位最高上涨至 16.0 m。专业人员检查发现 KCO1110AR FUM280 漂移，更换卡件后主控将 ARE1320VL 重新置回自动。

事件中 FUM280 卡件故障导致送到下游的信号异常，从而导致了 SG 水位控制异常。但该异常不影响阀门的手动控制，因此操纵员可以通过手动控制稳定 SG 水位。

根据 CEX 阀门控制链路，上游的 FUM280 及 FUM230 卡件故障后，将影响对应 CEX 阀门的调节，其只影响一个大阀的自动控制，且不影响阀门在主控室的手动操作。

对应下游用于 CEX 阀门控制 FUM280 板卡，单个 FUM280 失电将导致对应列的阀门关闭，该情况相当于一个 CEX 阀门误关闭，且故障的阀门无法在主控室操作。根据 CEX 阀门的控制逻辑，此时 ADG 的液位降低，出现 ADG2198KA，在流量偏差的作用下其他列的阀门将自动开大，但是自动调节存在滞后效应，可能导致 ADG 液位大幅度下降，运行人员密切监视 ADG 的液位及供水情况，必要时需要及时手动干预，避免 ADG 液位低引发的机组瞬态。

2）供电故障

CEX2465/2425/2435/2445VL 配置了电磁先导阀 CEX 2465/2425/2435/2445VLX，其中 CEX2465VLX 和 CEX2425VLX 的上游 KCM3502AR 中有一个共用的供电开关 CEX3521JA，如果该开关故障跳开则导致 CEX2465/2425VL 关闭，同时还将导致 CEX2140/2340VL 开启；CEX 2435/2445VLX 的上游 KCM2502AR 中有一个共用的供电开关 CEX2521JA，如果该开关故障跳开则导致 CEX 2435/2445VL 关闭，同时还将导致 CEX2240VL 开启。

如果机组是 CEX2120PO 和 CEX2320PO 在运行，通过 CEX2465/2425VL 向 ADG 供水，此时 CEX3521JA 开关失电，则 CEX2140/2340VL 开启，大量的供水通过再循环管线回到 CEX，导致 CEX 泵出口压力大幅降低；同时，CEX2465/2425VL 将关闭，从而 ADG 液位将大幅降低，在以上两个工况叠加下，后续开启 CEX 阀站向 ADG 供水则可能导致 CEX 压力持续降低，如果$<$15.7 bar. a，则可能导致 CEX 泵出口压力低全跳，从而触发停机信号。

3）供气故障

CEX2465/2425/2435/2445VL 为气动调节阀，由 SAR 供气，SAR 的气源经过一个手动隔离阀 SAR3290VA 后送到 CEX 的 4 个调节阀，如果该手动隔离阀被意外关闭，将导致 CEX 4 个流量调节阀关闭，从而导致 CEX 阀站失去供水流量。

（5）CEX 泵再循环阀故障

CEX 泵再循环阀 CEX2i40VL 在 CEX 泵出口流量＞1 000 m^3/h（860 m^3/h+140 m^3/h 的回环）时处于关闭状态，＜860 m^3/h 时开启。

如果 CEX 泵流量＞1000 m^3/h 该阀门异常开启，也直接影响 CEX 向 ABP 供水，从而导致母管压力下降，特别在单泵运行工况，可能导致 CEX 泵的出口压头＜15. 7 bar. a。

在 CEX 供水流量＜860 m^3/h 时，如果 15 s 内没有开启则将触发 CEX 泵跳闸，导致 CEX 泵的切换，若切换不成功则可能导致 CEX 泵全部跳闸。

【案例】主控出现 CEX2306KA（CEX2320PO 再循环阀故障），检查发现再循环阀 CEX2340VL 自动开启，CEX2320/2220PO 流量波动，CEX 出口母管压力由 21. 6 bar. a 最低降至 19. 49 bar. a，现场检查 CEX2340VL 电磁阀无异常，供气小阀全开。主控复位 CEX2340VL 状态偏差后，阀门自动关闭，相关参数恢复至初始值。

CEX2i40VL 为 PTV 类型的单稳态阀门，该类阀门需要长指令信号维持其在要求的状态。根据专业人员的反馈，其动力回路、指令回路、反馈回路的信号闪发丢失都会导致阀门开启。

（6）其他导致 CEX 泵压力降低的工况

CEX 泵出口管线上的阀门如果异常开启将导致 CEX 被分流，从而导致 CEX 出口压力下降，可能的工况包括：CEX 泵出口排污阀 CEX1415VL 开启；APG 的 CEX 冷却水切换阀 ABP4115/4116VL 同时开启；ADG2230/2240VL 自动开启等。

CEX 向 ADG 供水的分为三个模块，ADG2220VL 常开，ADG2230/2240VL 在 30% 负荷以下关闭，30% 负荷以上开启，因此在机组上行＞30% 负荷时，两个阀门同时开启导致 CEX 泵出口压头大幅下降。因此在机组上行文件包中提到：在负荷达到 30%P_e 之前，现场手动开启 ADG2230/2240VL 阀门，达到 70%～80% 开度后，主控室手动开启这些阀门（这些阀门类型为 MOV_NS，如果现场操作过，须主控对其重新操作一次，防止阀门失去控制电后重新带电时触发误动作）。

根据 ABP4115/4116VL 的控制逻辑，出现以下三个信号时 ABP4116VL 自动开启，ABP4115VL 自动关闭（反之则 ABP4115VL 开启，ABP4116VL 关闭）。

① APG5453MT ＞160 ℃；

② APG5453MT ＜90 ℃；

③ APG5453MT 不可用。

在上述切换的过程中，如果 ABP4115VL 或 ABP4116VL 出现故障，则可能出现两个阀门同时开启的情况，从而导致 CEX 泵出口被分流，CEX 泵出口压头被降低，此时应密切监视 CEX 泵的出口压头，及 CEX 阀站的调节情况。

23.3.4 通讯失去冗余以及通讯中断分析

CI1 下的 AP 与 CI2 下的 AP 通过 PLANT BUS 传输信号，如图 23-5 所示。

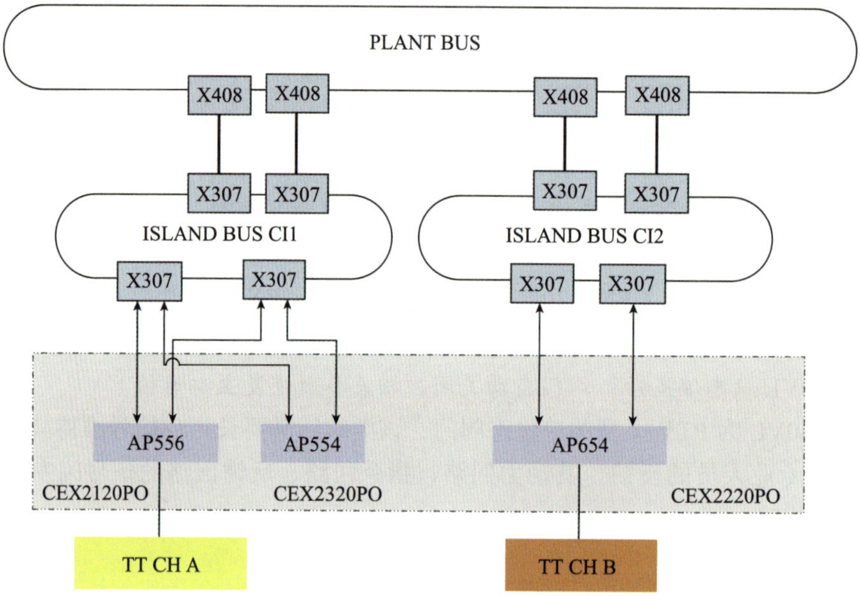

图 23-5　CEX 泵及阀门逻辑与 AP 网络通讯简图

对于停机信号分为 A/B 两列，互为冗余，两列中任何一列触发都会导致停机。对于 CEX 流量低停机信号而言，CEX248iMD 在 KCM5105AR 中与阈值比较后通过网络传输送到 KCM6105AR 和 KCM5106AR 用于产生停机信号，如果 KCM5105AR 与其他机柜失去通讯，则流量低信号的生命信号变为“0”，从而导致流量低的信号变为“0”，从而闭锁 CEX 流量低停机信号；

CEX2i20PO 及其出口隔离阀 CEX2i55VL 的 CBO 信号则经过 FZZ 转接柜后，分别送到 KCM5106AR，KCM6105AR，KCM5104AR，并将信号最终送到 KCM5106AR 和 KCM6105AR 用于产生停机信号。

对于 A 列停机信号，CEX2120PO 的相关信号在 AP556 中计算，CEX2220PO 的相关信号在 AP654 中计算，CEX2320PO 的相关信号在 AP554 中计算，然后 CEX2220PO 和 CEX2320PO 的相关信号通过网络传输到 AP556 中（CEX2120PO 的相关信号所在 AP）产生停机信号（如图 23-5 所示）。设计上如果通讯故障，则 CEX2220PO 和

CEX2320PO 的生命信号变为“0”，如果初始 CEX2220PO 和 CEX2320PO 在运行，则导致送到停机的逻辑中与门信号的一个输入变为“1”，但停机与门的另外一个输入（CEX 流量低信号）设计了保持环节，从而确保停机信号不会发出；对于 B 列停机信号，通讯故障在逻辑中增加了保持环节，使得 CEX2120PO 和 CEX2320PO 送到停机的逻辑中与门信号保持不变，从而避免了触发停机信号。

第24章　ADG液位高3及液位计故障停机

24.1　基础知识

24.1.1　保护目的

ADG 液位高 3 及液位计故障的停机保护目的是防止给水通过第 5 级抽汽进入汽轮机导致汽轮机损坏。

24.1.2　保护原理

参与 ADG 水位保护的液位计有 ADG2135/2136/2137/2139/2140MN。由 ADG2135/2136/2137 三个 MN 的测量值取次大值与 ADG2139/2140 两个 MN 取最大值，同时达到阈值（3 505 mm）则触发汽轮机停机等相关动作。

除上述逻辑外，以下两个条件同时满足也触发汽轮机停机等相关动作。

① ADG2135/2136/2137 三个 MN 中的两个无效；

② ADG2139MN 无效或 ADG2140MN 无效。

24.1.3　保护逻辑

ADG 液位相关停机保护信号逻辑如图 24-1 所示。

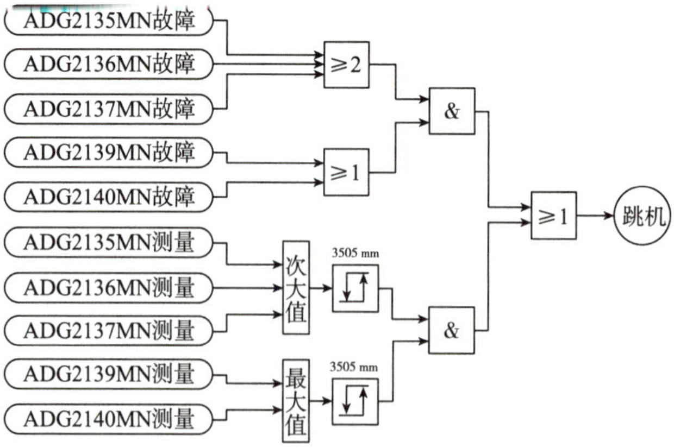

图 24-1　ADG 液位相关停机保护信号逻辑简图

24.1.4 ADG 水箱液位相关定值及报警

ADG 配置了 3 种类型的液位计。

①ADG 保护液位计 ADG2135MN、ADG2136MN 和 ADG2137MN，取样管两侧均位于同一测量筒；

② 调节液位计 ADG2131MN、ADG2132MN 和 ADG2133MN，取样管两侧均位于同一测量筒；

③ 在除氧器两端各安装有一个液位计 ADG2140MN 和 ADG2139MN，其汽侧取样口位于除氧器顶部，水侧取样口位于除氧器底部。

除氧器各个液位阈值主要考虑：

① L1 和 L2 阈值的设定是考虑 APA 和 AAD 泵维持一个最小 NPSH（L1 闭锁启动，L2 跳闸）；

② H1 阈值考虑离瞬态过程中水位所能达到的最大值，并避免触发相关保护；

③ H2 阈值时所有的进水阀门都会在 3s 内关闭，ADG 液位不应该上升到蒸汽入口；

ADG 水箱液位仪表及相关定值和动作见表 24-1。

表 24-1 ADG 水箱液位仪表及相关定值和动作

除氧器	液位计（i=1，2）	量程/mm	定值/mm	动作（i=1，2）
ADG2130BA	ADG2135/2136/2137/2139/2140MN	0~4 700	L2：700	· APA 和 AAD 跳泵； · 触发报警 ADG2102KA
			L1：1 075	· 闭锁 APA 和 AAD 泵启动； · 触发报警 ADG2101KA
			1 500～2 605	· 正常 ADG 液位调节范围
			H1：2 850	· 优先开启 ADG 2110VL； · 触发报警 ADG2103KA
			H2：3 305	· 触发报警 ADG2104KA； · 优先开启疏水阀 ADG1920VV； · 关闭第 5 级抽汽逆止阀 ADG1111VV 并闭锁第 5 级抽汽的隔离阀开启； · 关闭 ABP4115VL，开启 ABP4116VL（APG 冷却水切换到 CEX）； · 关闭从 6 号高压加热器到给水箱的疏水阀 AHP1340/2340VL； · 关闭汽水分离再热器到给水箱的疏水阀 GSS1673/2673VL；

续表

除氧器	液位计（i=1，2）	量程/mm	定值/mm	动作（i=1，2）
ADG2130BA	ADG2135/2136/2137/2139/2140MN	0~4 700	H2：3 305	· 关闭给水阀 CEX2425/2435/2445/2465VL； · 关闭 2 号、3 号和 4 号低压加热器的疏水阀 ABP 1382/2382/3382/4382/5382VL
			H3：3 505	· 汽轮机跳闸； · 优先自动关闭第 5 级抽汽隔离阀 ADG1110VV 并闭锁开启； · 关闭第 5 级抽汽逆止阀 ADG1111VV； · 优先自动开启第 5 级抽汽疏水阀 ADG1920VV； · 触发报警 ADG2105KA

ADG 水箱液位对应的体积及相对标高如图 24-2 所示。

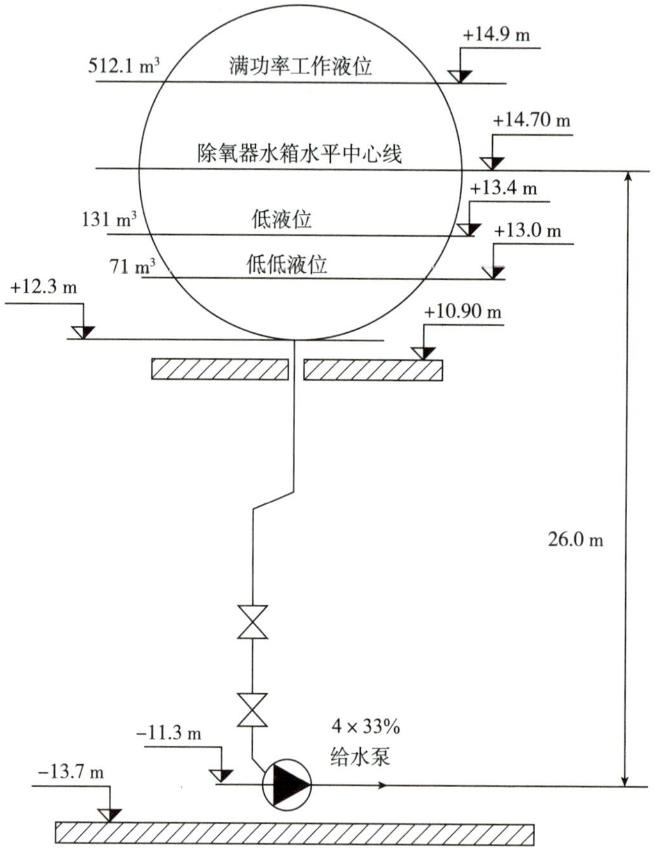

图 24-2　ADG 水箱液位对应的体积及相对标高

24.2　主控监视

ADG 液位可以在 ADG0001YC 上通过监视，但此页面没有保护液位计 ADG2135/2136/2137MN 的液位显示。控制液位计（ADG2131/2132/2133MN）的次大值通过 ADG2108KM 显示。

ADG2135/2136/2137MN 单一仪表失效后或与其他仪表偏差大（触发 ADG2199KS），此页面无任何信息；ADG2139/2140MN 失效则此页面 ADG2139/2140MN 显示红框。

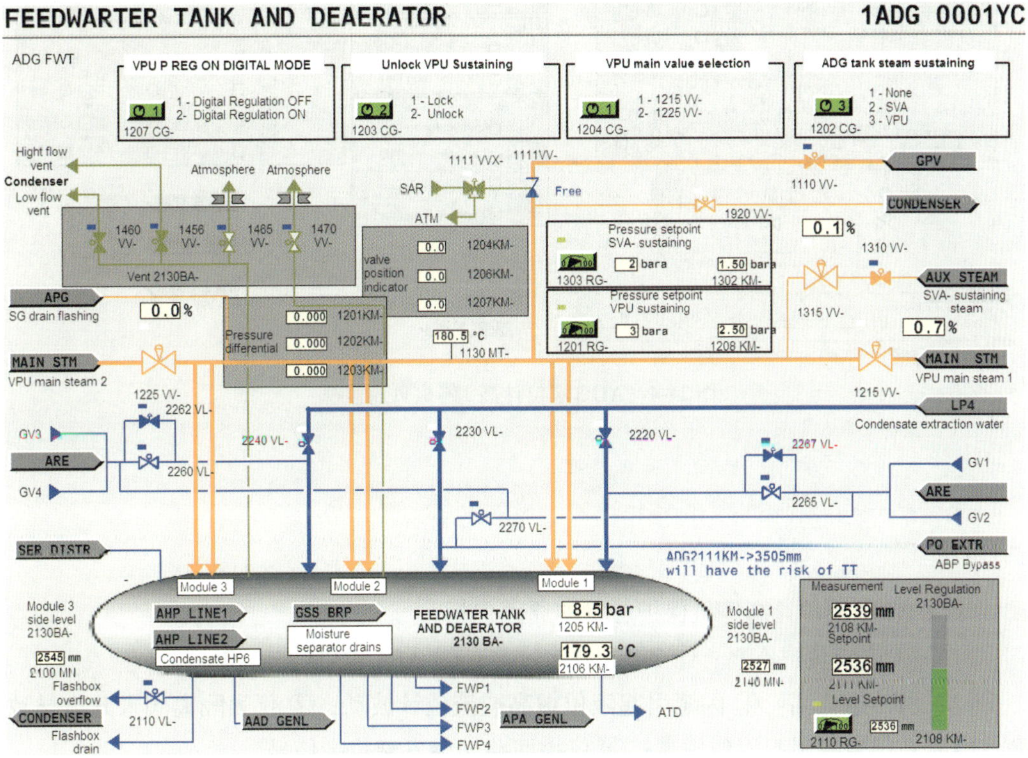

图 24-3　ADG 液位计监视页面

ADG 液位高 3 导致汽轮机跳闸，GSE0002YC 上 GSE1142KS 灯亮（首发停机原因 ADG TRIP）和 GSE1101/1102KS 灯亮（DCS 停机信号）。

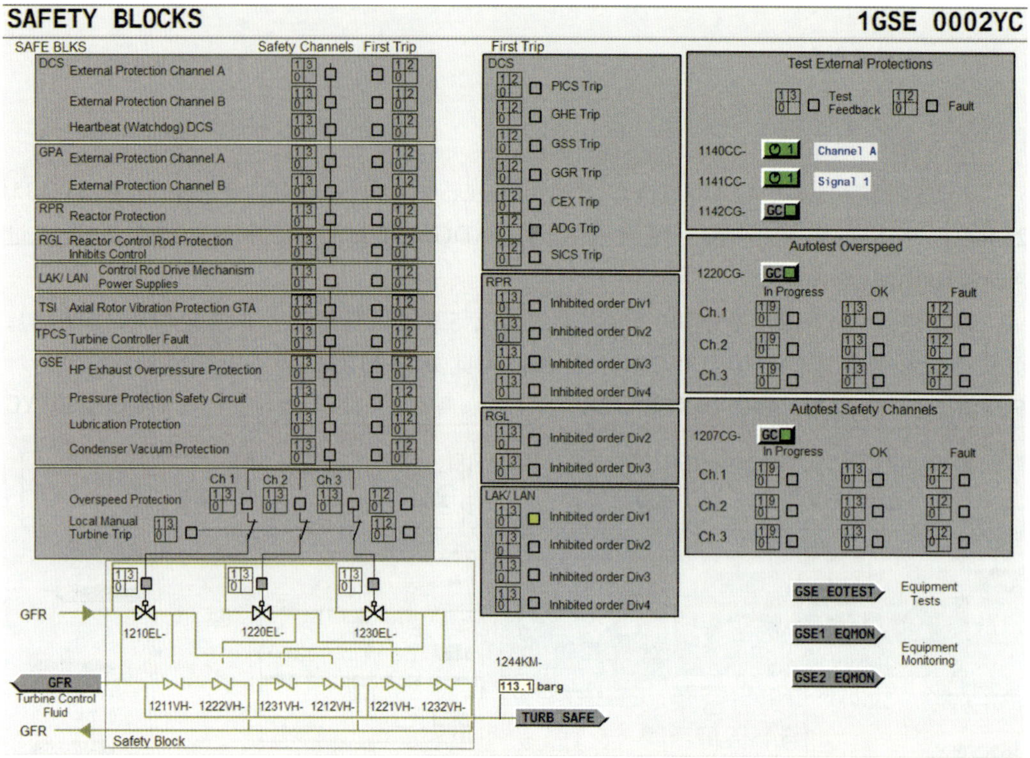

图 24-4　ADG 液位计高 3 停机页面监视

24.3　影响因素

导致 ADG 液位计高停机保护触发的原因包括：

（1）ADG 液位真实高：① ADG 进水过多；② APA/AAD 出水快速减少。

（2）液位虚假高：① 闪蒸引起液位虚高或液位计波动；② 仪表隔离阀未开启导致蒸汽冷凝在仪表罐引起液位虚高；③ 仪控回路误触发液位高信号。

24.3.1　ADG 液位真实高

（1）ADG 进水过多

根据历史经验反馈，目前尚未出现单一故障导致来水增多的情况。但根据现场运行配置，正常满功率运行期间，CEX 阀站小阀全开，一个大阀开度 80% 左右，其余两个大阀全关。在某种原因导致 CEX 阀站全开的情况下，极有可能导致 ADG 进水过多导致液位上涨。

（2）单泵或无泵运行时SRI3445MD和SRI3447MD下漂导致所有APA泵跳闸进而导致停堆

因 APA 及 AAD 均由 SRI 系统提供冷却，根据逻辑，在 SRI 无泵或单泵运行时（正常情况 SRI 保持双泵运行），若 SRI3445MD 和 SRI3447MD 小选流量<600 m³/h 则会停运 4 台 APA 泵及 AAD 泵并闭锁启动，最终将会导致反应堆停堆。若初始 SRI3445MD 或 SRI3447MD 由于故障导致输出<600 m³/h（主控此时也无任何报警，仅触发 SRI3402KS），同时叠加 1 台运行的 SRI 泵 CBO 信号丢失或一台 SRI 泵跳闸（SRI1i21/1i22/1i23/1i24/1i25/1i26/1i27MT 任一 MT 达到阈值会导致对应的 SRI 泵跳闸），将导致所有 APA 泵/AAD 泵跳闸，并最终导致反应堆停堆。

【案例】机组巡盘发现 SRI1226MT 频繁无效，读数在 95~107 ℃波动，查询 TEC4 当温度达到 145 ℃，将会导致 SRI1220PO 跳闸且备用泵不会自动启动，有汽轮机停机风险，主控通知专业人员处理并执行专项操作单将 SRI1220PO 切换到 SRI1320PO 运行。

（3）SRI3435MT单一下漂导致所有APA泵跳闸进而导致停堆

SRI 系统仅依靠单一仪表 SRI3435MT 与 17 ℃比较，经 PI 调节器后送往下游控制 SRI 热交换器的流量调节阀和热交换器的旁路阀。

如果 SRI3435MT 故障下漂，则可能导致 SRI 热交换器的流量调节阀全部关闭到 30%（正常运行期间为 100% 开度），而旁路调节阀全开，相当于总开度从 200% 降低到 60%，导致 SRI 下游的包括 APA/GST/CRF 等各个用户的冷却不足，温度上涨。

SRI3435MT<16 ℃会触发报警 SRI3435KA，但此报警需要延时 60 s 触发。经查询历史曲线，正常运行期间，APA 泵润滑油母管温度最高达到 50 ℃，达到 55 ℃就会导致 APA 跳泵。

机组夏季满功率运行期间，若 SRI3435MT 故障下漂引起 SRI 旁路阀开启、热交换器调节阀关闭到机械挡块 30% 开度，相当于 SRI 冷却能力降低 50%。因温度异常报警延时 60 s 触发，考虑到操纵员发现异常、定位故障并采取干预措施、SRI 冷却恢复的时间，极有可能导致 APA 泵润滑油母管温度快速上涨到 55 ℃进而导致所有 APA 跳泵，备用 APA 泵即使启动也将会因超流量而跳泵，最终导致反应堆停堆。SRI 温度上涨也同时会导致其他用户温度上涨，影响需要进一步分析和评价。

【案例】主控触发 APA3302KA（三号主给水泵润滑油母管温度高一），建曲线 APA3354/3355/3356MT 分别为 49. 8/50. 1/50. 0℃，检查 APA 三号泵其他参数均稳定，建立 SRI 温度/流量，SEN 海水温度曲线，APA 三台泵润滑油母管温度曲线 APA2302/3302/4302KM，发现 APA 三台泵润滑油母管温度与 SEN 海水温度波动趋势一致。判断海水温度增加导致 2SRI 系统温度增加，导致 APA 润滑油温度上涨。如果温度>55 ℃，将导致 APA 泵自动停运。

此问题的根源在于SRI温度控制采用了单一仪表，需要建立专门停机（监视SRI3435MT）并制定预案，一旦发现SRI3435MT异常应立即手动干预SRI流量调节阀。

24.3.2 ADG液位虚假高

（1）闪蒸引起液位虚高或液位计波动

由于机组负荷突变或者其他原因（如爆破盘误动、安全阀误开启等）导致ADG水箱内压力突降时，ADG水箱内水会发生闪蒸，导致水位瞬时快速升高，甚至有达到停机值的风险。在瞬态情况下，要密切关注ADG的水位变化情况，尤其是在甩负荷时。

【案例】机组停机后ADG2139/40MN瞬时漂高至4 941/4 785 mm，超过停机设定值（3 505 mm），触发GSE1142KS（ADG液位停机信号），持续大约20 s后，ADG2139MN、ADG2140MN液位恢复到与其它液位计一致，期间ADG内其他液位计ADG2131/ 32/33/35/36/37MN液位稳定）。

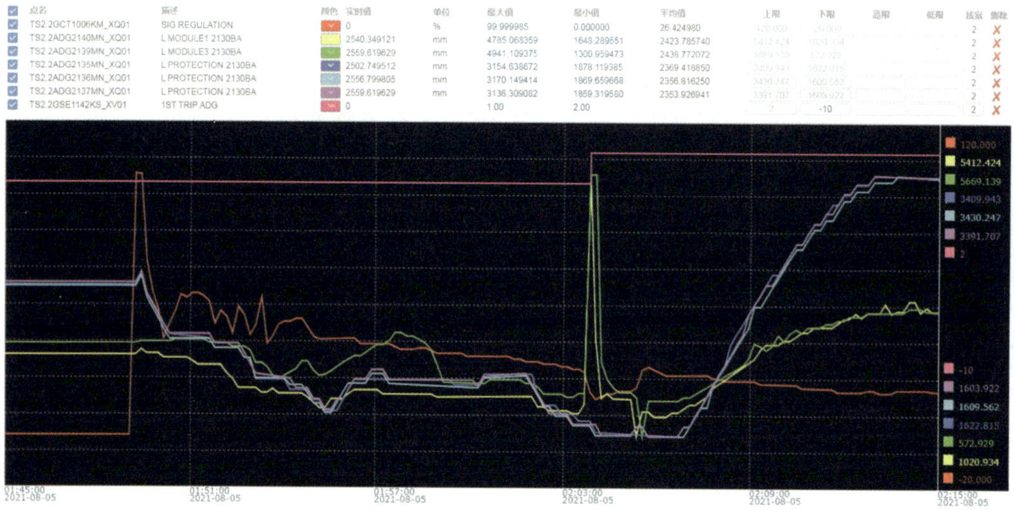

图24-5 ADG液位波动导致ADG停机信号触发

如果功率运行期间发生ADG2139/40MN同时高漂，有停机风险；若机组甩孤岛期间出现此现象将会导致孤岛运行失败，厂辅切换。

根据TEC4，ADG液位计单一MN故障，如仪表断线，FUM卡件故障等，并不会触发任何工艺报警，仅触发仪控报警。而若ADG2139/2140MN这个两个同时MN故障则会直接触发ADG液位H2信号，进而导致CEX阀站关闭等后果，有停堆风险。

对于ADG2135/2136/2137MN，若仪表间偏差>200 mm也仅仅触发ADG2199KS，无任何工艺报警。

鉴于 ADG 液位计无效可能会导致停机，功率运行期间应加强对此仪表的监视，以便及时发现故障。

24.3.3　通讯失去及网络故障影响分析

（1）仪表到 FUM 卡件的信号失效

ADG 液位计测量信号由 FUM230 进行采集，如表 24-2 所示。

表 24-2　ADG 液位计硬件布置

液位传感器	AP	机柜/卡件	卡件类型
ADG2139MN	554	KCM5104. C011	FUM230AT
ADG2140MN	554	KCM5104. C091	FUM230AT
ADG2137MN	554	KCM5104. B091	FUM230AT
ADG2135MN	556	KCM5106. B115	FUM230AT
ADG2136MN	654	KCM6104. B059	FUM230AT

若仪表与 FUM230 卡件连接断线，包括中间继电器柜（MZZ/FZZ 等）内接线故障，则直接导致仪表无效。ADG 液位计通过不同的 FUM 卡采集，单个 FUM 卡件及其信号链路只影响单个仪表，不会导致 ADG 液位高停机。

（2）FUM 卡件到 AP 的信号传输

每个液位测量仪表通过 FUM 卡件，然后经过 IM616 送往 AP 处理，若 FUM230 与 AP 之间 Profibus-DP 断线或 IM616 故障则会导致该仪表失效。

CI1 内 AP554 直接采集 ADG2137/2139/2140MN 的测量信号，AP556 直接采集 ADG2135MN 的测量信号，CI2 内 AP654 直接采集 ADG2135/2136/2137MN 的测量信号。由于共有 5 个 ADG 液位计参与保护，除直接采集的信号外，其他需要的液位测量信号通过网络获取。CI1 的 ADG 液位 H3 停机信号是在 AP556 中产生的，CI2 的 ADG 液位 H3 停机信号是在 AP654 中产生的。

单一的 FUM 卡件故障不会导致保护拒动或误动。

（3）AP 之间的信号传输

CI1 下的 AP 与 CI2 下的 AP 通过 PLANT BUS 传输信号，如图 24-6 所示。

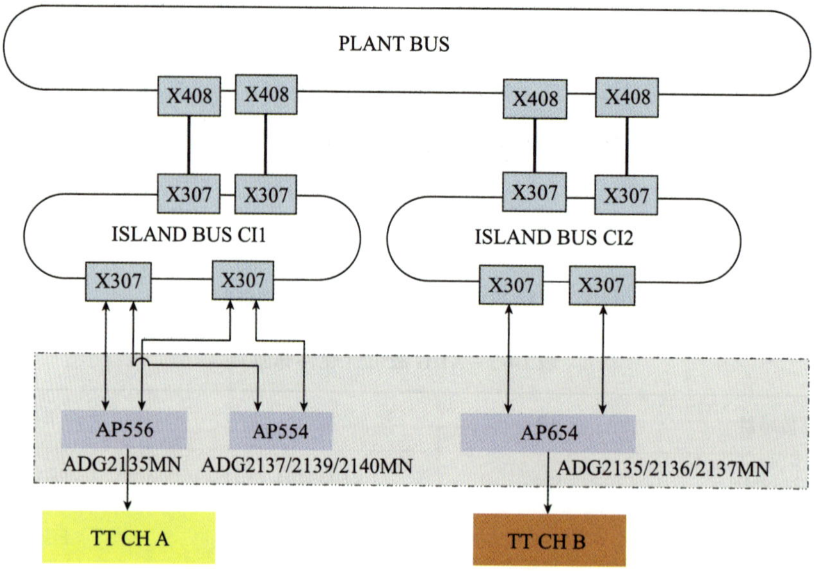

图 24-6 ADG 液位计与 AP 网络通讯简图

第25章　失去DCS CHA/B SYS HLTH CI1/2信号停机

25.1　基础知识

25.1.1　保护目的

DCS 内产生的停机信号（ADG/CEX/GST/GRV/GSS 等系统）均在 AP556 和 AP654 内产生，发往 TPCS 的停机逻辑处理模块 TMR 进行停机。保护的逻辑简图如图 25-1 所示。

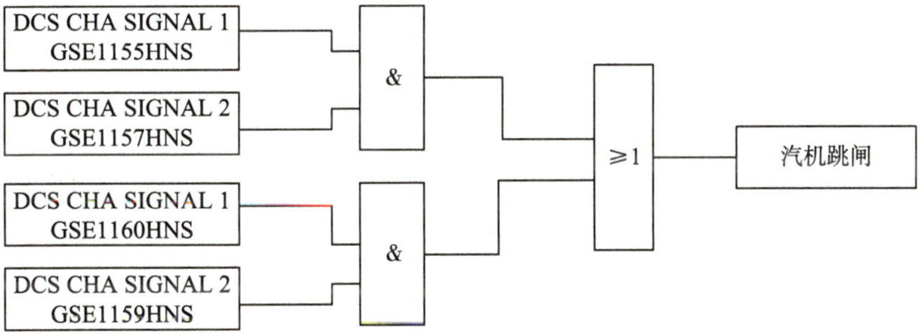

图 25-1　DCS 停机信号逻辑简图

正常 DCS 内产生的停机信号是不带电的，有停机信号产生时带电。如果 DCS 内 AP 故障或机柜失电则停机信号无法发出，有保护拒动风险。为此，设置 DCS 到 TPCS 的停机逻辑处理模块（TMR）的 DCS CHA SYS HLTH CI1 和 DCS CHB SYS HLTH CI2 信号，正常这两路信号带电，若同时失去则使汽轮机跳闸。

25.1.2　保护原理

常规岛每列（共两列）设有一个 DCS SYS HLTH 信号（正常带电），从 DCS 送往 TPCS 的汽轮机停机处理模块 TMR，如果两路信号同时失去，则触发汽轮机跳闸。

25.1.3　保护逻辑

DCS CHA SYS HLTH CI1 和 DCS CHB SYS HLTH CI2 信号停机逻辑见图 25-2。

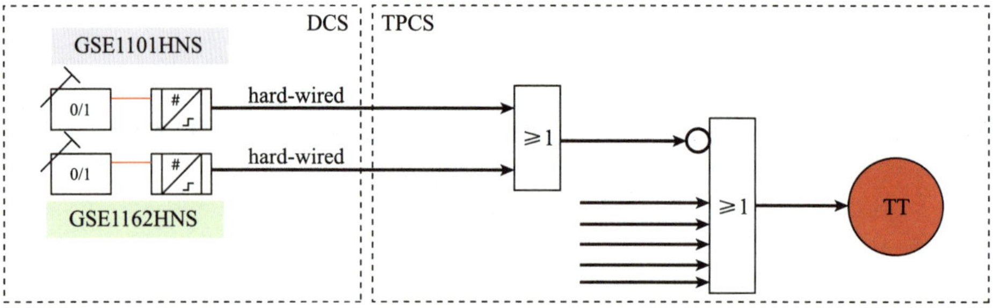

图 25-2　DCS SYS HLTH 停机信号简图

25.2　主控监视

若失去 1 路 DCS SYS HLTH 信号，则在就地 HMI 上 GSE1194KS 或 GSE1195KS 灯亮，主控室没有监视页面，也无直接提示报警。因此，日常工作中应强化对 DCS 健康信号链路的监视，从而及时发现异常，同时涉及 DCS 健康信号链路的工作时，做好风险分析，提前确认冗余列的状态，避免误触发停机。

若失去 2 路 DCS SYS HLTH 则直接导致停机，则在 GSE0002YC 上 GSE1103KS 灯亮。

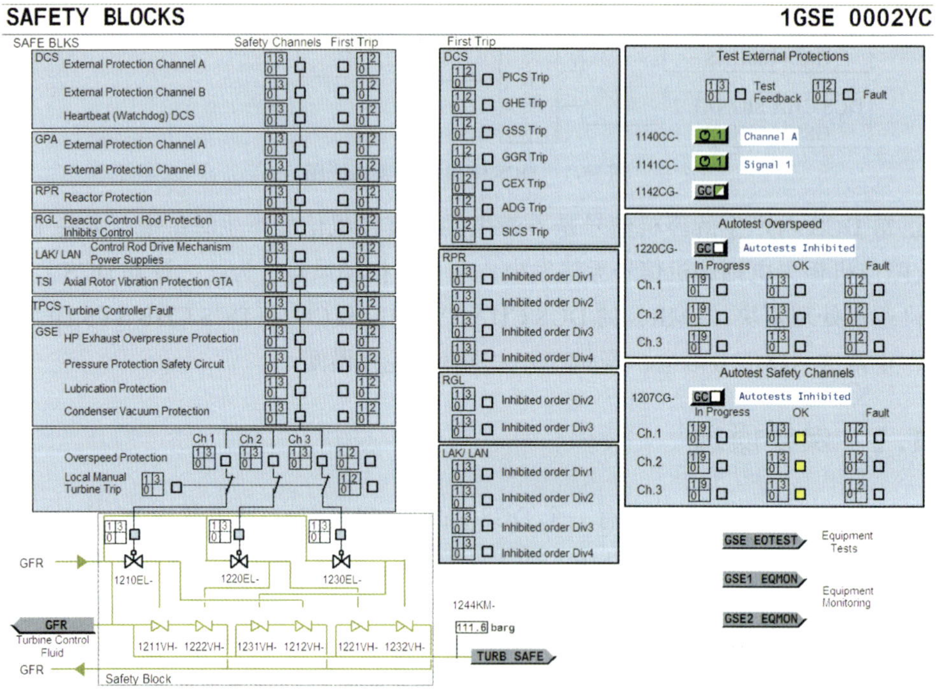

图 25-3　GSE0002YC

25.3　影响因素

失去 DCS CHA SYS HLTH CI1 和 DCS CHB SYS HLTH CI2 信号停机影响因素主要考虑 DCS SYS HLTH 信号的产生、传输及接收，以下情况可能导致 1 路 DCS SYS HLTH 信号丢失。

① 传输环节故障：DCS 中 AP 的输出板卡故障（包括 FUM 卡故障、IM616 故障等）、TPCS 和 DCS 的 AP 之间的连接线故障、TPCS 的输入板卡故障；

② 同一列两个 AP 同时失去。

1 路传输环节故障导致失去 1 路 DCS SYS HLTH 信号，就地触发 GSE1194/1195KS；两路传输环节故障导致失去两路 DCS SYS HLTH 信号，就地触发 GSE1178KS，主控触发 GSE1103KS，并导致停机。因此，当出现 AP556 或 AP654 机柜相关故障时，需要考虑该信号的触发风险并做好风险管控。

DCS 内产生的停机信号（ADG/CEX/GST/GRV/GSS 等系统）均在 AP556 和 AP654 内产生。正常运行阶段，两路 DCS SYS HLTH 信号也分别在 AP556 和 AP654 内产生。

如果 AP556 的两个 AP 或 AP654 的两个 AP 同时失去则会导致失去一路 DCS SYS HLTH 信号；若 AP556 和 AP654 均失去则导致失去两路 DCS SYS HLTH 信号触发停机。汽轮机在运行时，避免同时导致 AP556 和 AP654 不可用的工作。

DCS SYS HLTH 停机信号通过硬接线送往 P320，不涉及网络通讯。

第26章　失去TMR IMP OK信号停机

26.1　基础知识

26.1.1　保护目的

汽轮机控制保护系统内部包含开环控制模块（OLC）和停机处理模块（TMR）两个模块。当这两个模块之间的联系信号（TMR IMP 1/2/3 OK）中断时无法保证汽轮机的安全稳定运行，因此触发汽轮机停机信号。

26.1.2　保护原理

在汽轮机停机处理模块（TMR）中设置3个周期为1 s的脉冲发生器，每隔1 s发送一个1 s的脉冲送往开环处理模块（OLC），若3路信号中有2路收到的脉冲信号异常（持续5 s低电平或者高电平），则将3路TMR-OLC生命信号同时置0，触发汽轮机跳闸。

26.1.3　保护逻辑

失去TMR IMP OK信号停机逻辑简图如图26-1所示。

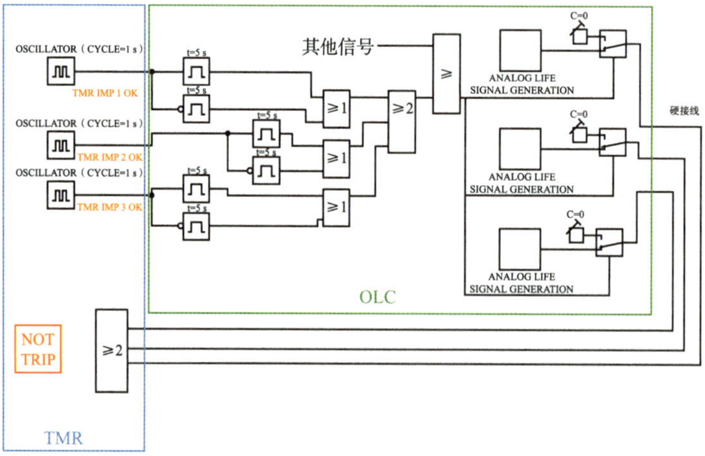

图26-1　失去TMR IMP 1/2/3 OK信号停机逻辑简图

26.2　主控监视

若失去 1 路 TMR-OLC 之间 TMR IMP OK 信号，无任何提示信息。

若失去 2 路 TMR-OLC 之间 TMR IMP OK 信号则直接停机，同时在就地触发 GSE1126KS，在 GSE0002YC 上 GSE1126KS 灯亮。

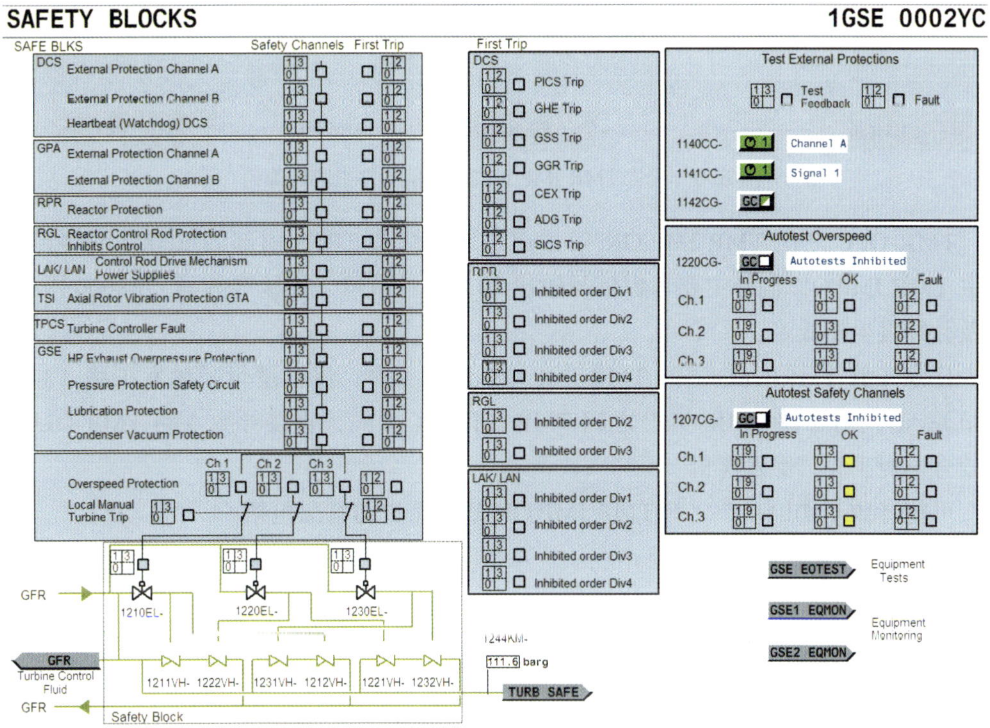

图 26-2　失去 TMR IMP 1/2/3 OK 信号停机监视页面

26.3　影响因素

在 CE3500 三重冗余配置的处理器中，函数发生器通过 1 个 T8850 卡件由 3 根独立的硬接线送往 CE1000 的 DI9371 卡件，随后经过 E8000 网络信号送往 MFC3000，MFC3000 对脉冲信息进行判断和处理后，生成“CTRL OK IMP OLC1/2/3”信号，再通过 E8000 网络送往 CE1000，然后经 3 个独立的 AO2630 卡件经过隔离卡件后送回 CE3500 的一块 T8830 卡件。系统根据对这一发送和回收信号的判断来产生停机信号。

失去 TMR IMP 1/2/3 OK 信号停机链路简图如图 26-3 所示。

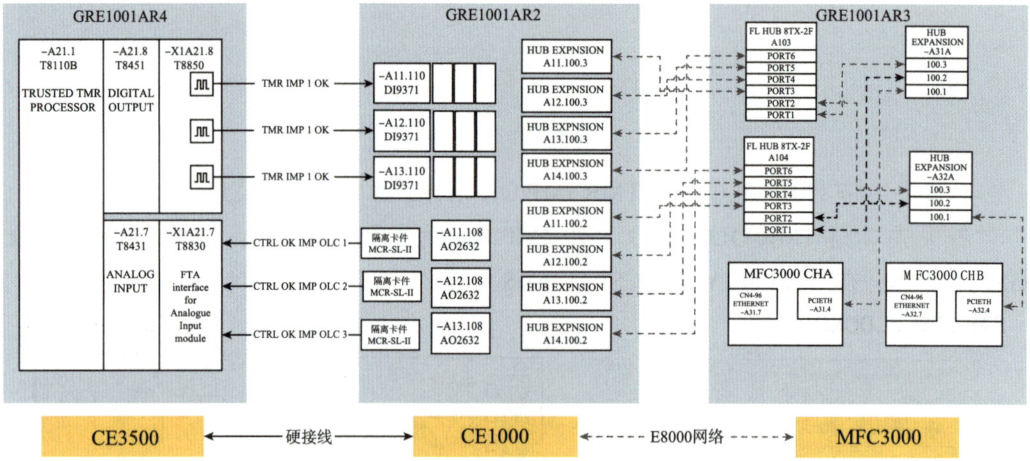

图 26-3　失去 TMR IMP 1/2/3 OK 信号停机链路简图

TMR-OLC 之间 TMR IMP OK 信号通过硬件线和 TPCS 内部的 E8000 网络传输，失去 TMR IMP OK 信号主要考虑信号输出/输入卡件故障、硬接线故障、E8000 网络故障及脉冲发生器故障。

任意 1 路 TMR-OLC 之间 TMR IMP OK 信号丢失，停机逻辑则触发 1 路（3 取 2 停机）；若同时 2 路 TMR-OLC 之间 TMR IMP OK 丢失，直接导致 3 路 TMR-OLC 生命信号同时丢失，触发停机。

可能导致 TMR-OLC 之间 TMR IMP OK 信号丢失的情况包括：

① CE3500 的 I/O 卡件故障；

② CE1000 的 I/O 卡件故障；

③ 网络端口故障；

④ CE3500 故障。

CE3500 的输出/输入卡件故障，包括 T8451/T8850/T8431/T8830 卡件，上述卡件故障直接影响 3 路 TMR IMP OK 信号，将会直接导致停机。

CE1000 的 I/O 卡件故障，包括 DI9371/AO2632 卡件，上述卡件单一故障只影响一路信号，不会导致停机，若两个卡件故障则触发停机。

根据图 26-4，TPCS 卡件故障会触发报警 GRE1121KA。

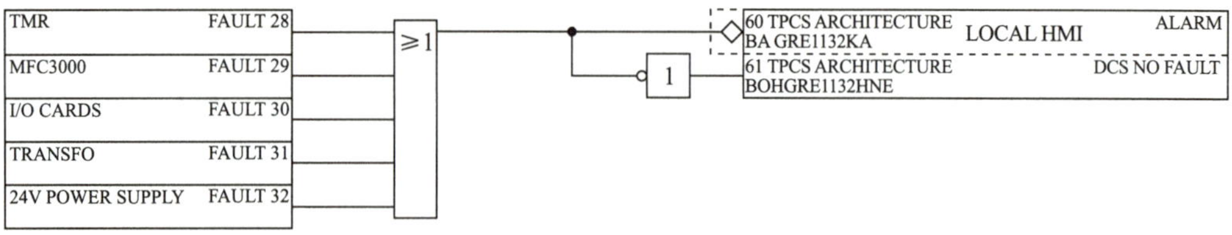

图 26-4　卡件故障触发报警简图

网络端口故障，涉及 CE1000 中的 HUB EXPANSION 卡件和 MFC3000 中的 FL HUB STX-2F 卡件、HUB EXPANSION 卡件、PCIETH 卡件，单一卡件故障导致网络中断时，会触发 MFC3000 主从切换，不会导致停机，若上述网络卡件故障导致 E8000 完全失去，则失去 3 路 TMR IMP OK 信号导致停机。

MFC3000 主从配置，单一 MFC3000 故障会自动切换，不会导致停机，两个 MFC3000 同时失去将会导致停机。

失去 TMR IMP 1/2/3 OK 信号停机链路，相关机柜包括 GRE1001AR4/AR2/AR3，均位于 HF 厂房。在这些柜子上及柜子周边开展工作时，需要关注误碰以及电磁干扰风险，防止误触发停机信号。

第 27 章　中压缸阀门故障停机

27.1　基础知识

27.1.1　保护目的

汽轮机中压缸截止阀和调节阀故障触发汽轮机跳闸的保护，属于汽轮机保护中的非基本保护。非基本保护针对那些对设备及人身安全影响相对较小的故障而设置。

27.1.2　保护原理

当汽轮机中压缸四条进汽管路中有两条（无论是截止阀还是调节阀）出现异常时，将汽轮机开环控制模块（OLC）送往停机处理模块（TMR）的生命信号置为 0，触发停机保护。

其中，判断中压缸截止阀故障的情况有：

① 中压缸截止阀阀位<95%；

② 中压缸截止阀阀位>103% 或<-3% 延时 0.2 s；

③ 中压缸截止阀阀位故障延时 0.2 s。

判断中压缸调节阀故障的情况有：

① 中压缸调节阀阀位与需求偏差>10% 延时 10 s；

② 中压缸调节阀阀位>103% 或<-3% 延时 0.2 s；

③ 中压缸调节阀阀位故障延时 0.2 s。

27.1.3　保护逻辑

中压缸阀门故障停机逻辑简图如图 27-1 所示。

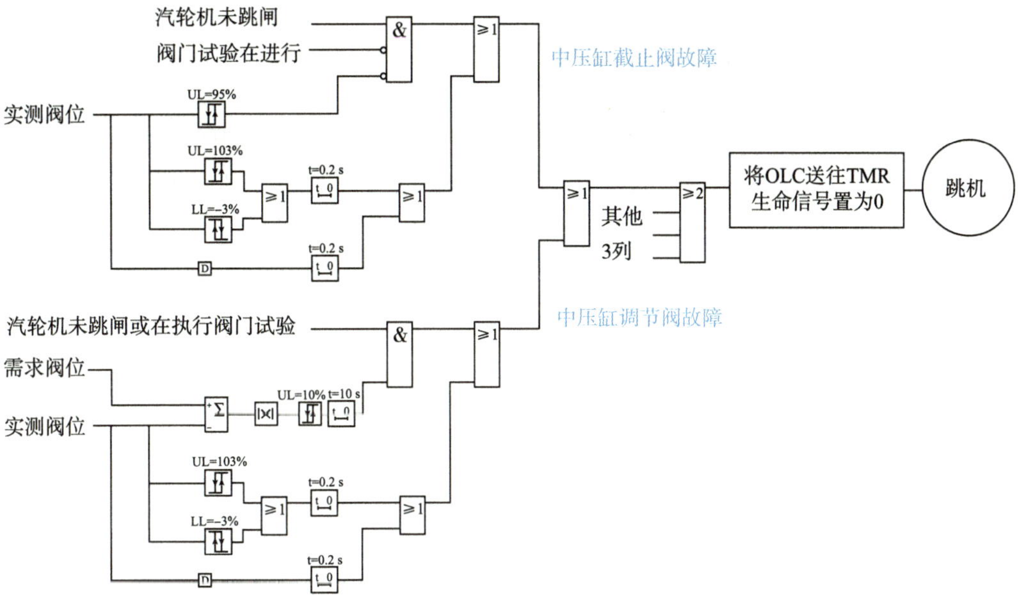

图 27-1　中压缸阀门故障停机逻辑简图

27.2　主控监视

27.2.1　中压缸阀门的状态监视

中压缸调节阀的需求阀位可以在 KNS 上通过 KDO 数据监视，也可以在 P320 上启动态进行监视。

中压缸调节阀的实测阀位可以在 GSE0001YC 监视，中压截止阀的阀位可以在 GSE0005YM 监视，如图 27-2 所示。

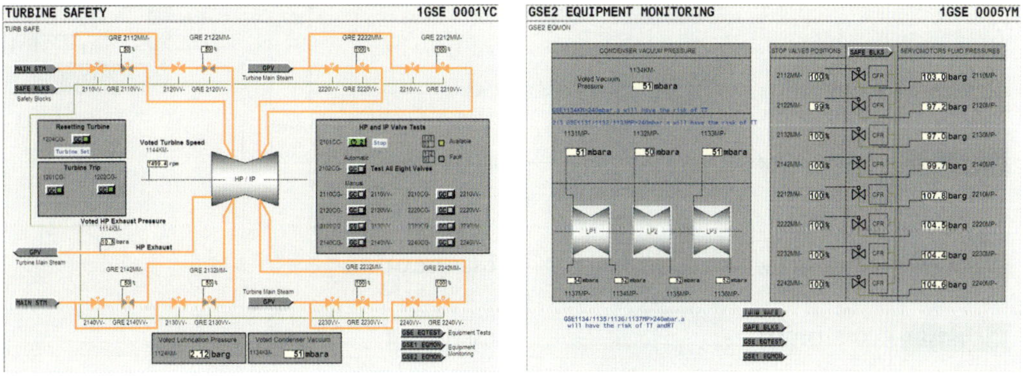

图 27-2　中压缸阀门监视页面

27.2.2 中压缸阀门故障触发的报警

单个中压缸阀门故障在 PICS 触发 GSE2250KA，若不同进汽回路的 2 个中压缸阀门故障则会触发 GSE2251KA。中压缸调节阀 GRE2210/2220/2230/2240VV 实测阀位与需求阀位偏差>5% 时，主控触发 GRE2210KA。任一中压阀门故障都会在就地 P320 触发相应的就地报警，包括阀门的状态信息也可在就地查看。

27.3 影响因素

27.3.1 中压缸阀门故障停机的信号链路

从信号传输链路上看：中压缸停机阀故障判断逻辑是在闭环控制模块（CLC）中处理的，送往开环控制模块（OLC），将 OLC 送到 TMR 的生命信号置为 0，从而触发跳机信号。生命信号在开环控制模块（OLC）通过 E8000 网络送往 I/O 模块（CE1100），然后经硬接线送往停机处理模块（TMR）。

中压缸截止阀和调节阀的阀位信号采集链路如图 27-3 所示。

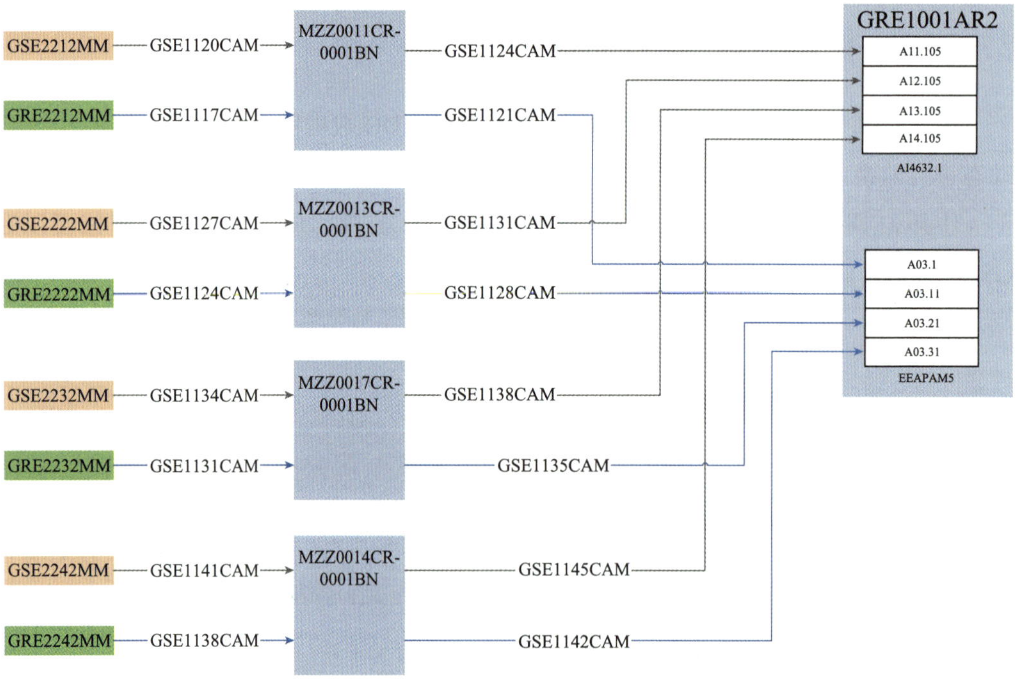

图 27-3 中压缸阀门故障停机链路简图

27.3.2 影响因素分析

根据信号链路，从以下几个方面进行分析：

① 信号产生环节；

② 信号传输环节；

③ 信号在 P320 中的采集环节。

（1）中压缸阀门故障停机信号的产生环节影响分析

中压缸阀门故障停机信号的产生环节包括以下 3 个方面：

① 中压缸调节阀需求开度；

② 中压缸调节阀阀位；

③ 中压缸截止阀的测量阀位。

中压缸调节阀需求开度的计算在 P320 中由闭环控制模块（CLC）完成，故障的可能性较低，但需要注意是，中压阀需求最大值为 105%，而实际阀门最大开度只能到 100%。

【案例】主控升功率过程中触发 GRE2210KA（中压缸调节阀阀位偏差），暂停升功率并通知专业人员检查。后分析查明，对于中压缸调节阀而言，当蒸汽需求流量达到 20% 时，其需求阀位就已达到 105%，但阀门实际开度最大只能开到 100%，也就是 20% 功率以上，中压缸调节阀实测阀位和需求阀位之间始终有 5% 的偏差。后续通过将计算偏差的需求阀位限制最大开度为 100% 解决此问题。

中压缸调节阀的阀位是由 VICKERS 卡件根据现场阀位传感器给出的，4 个中压缸调节阀主阀的就地阀位传感器分别是 GRE2212/2222/2232/2242MM。现场阀位传感器故障或 VICKERS 卡件故障均可能造成一个中压缸调节阀阀位信号失效。

而中压缸截止阀阀位则直接来自于现场阀位传感器，具体是阀位传感器为：GSE2212/2222/2232/2242MM。

中压缸阀门由油动机进行控制。每个油动机上都安装有试验电磁阀（EVS）、比例电磁阀（EVP）、控制油卸荷阀（CVP）、安全油卸荷阀（CVS）。调节阀油动机安装有比例阀，每个比例阀独立使用 1 块 Vickers 卡。Vickers 卡接收 GRE 控制器产生的阀门开度指令信号与就地阀门开度反馈信号，这两个信号的偏差经过卡件的 PI 模块、死区调整模块后送往 GRE 调节阀的比例阀。通过比例阀调整进油量进而调整阀门开度。若该信号为正偏差，则比例阀正向动作，此时进油量增大，GRE 调节阀开度增大；若该信号为负偏差，则比例阀负向动作，此时进油量减少，GRE 调节阀开度减小。若偏差为 0 时，即调节阀开度指令与就地阀门开度反馈相等，此时比例阀回到平衡位置，GRE 调节阀进油量不变，维持阀门当前开度。控制简图及其油路图如

图 27-4 和图 27-5 所示。

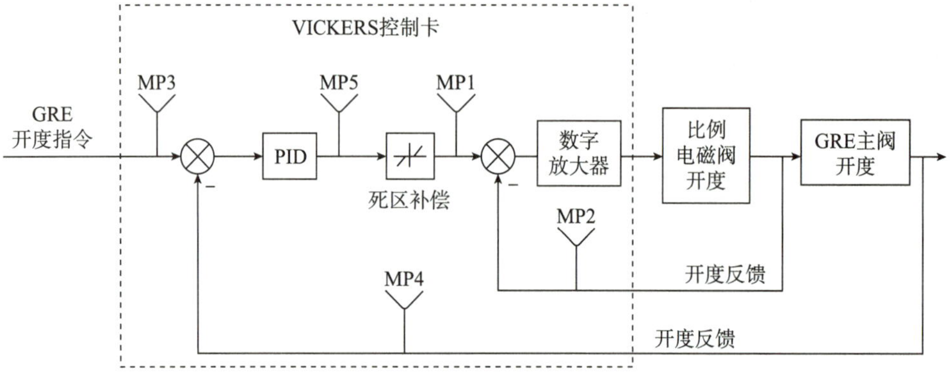

图 27-4　中压调节控制简图

MP1—比例电磁阀阀位控制信号；MP2—比例电磁阀阀芯位置反馈；MP3—GRE 控制器开度指令；MP4—GRE 主阀阀位反馈；MP5—GRE 开度与阀位偏差指令经 PID 运算后的输出

比例阀由 Vickers 厂家供货，主要由三部分组成：先导阀、主换向阀、减压阀，如图 27-5 所示，其中先导阀与主换向阀各自有 LVDT 位置反馈。未通电时，先导阀阀芯偏置。电源通电后，偏置阀芯由 LVDT 检测并反馈，先导阀阀芯回到中位。比例阀出来的先导油控制主换向阀阀芯的移动，使动力油的来油进入高压调节阀油缸实现阀杆运动。

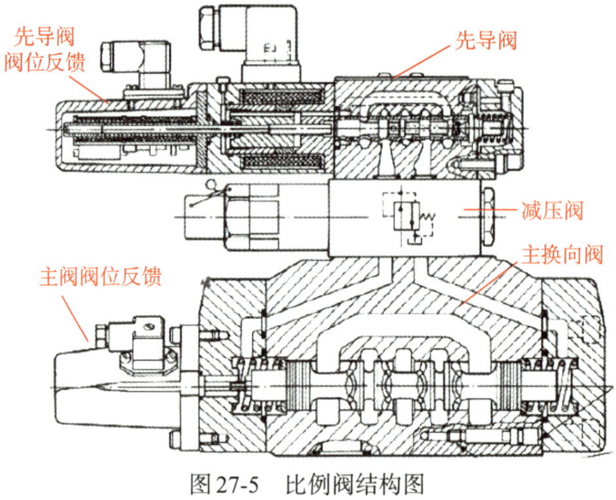

图 27-5　比例阀结构图

根据上述动作原理，比例阀的先导阀与主换向阀也有自己的阀位测量传感器（LVDT），包括主阀阀位传感器在内的任何一个位置传感器故障都可能造成中压缸阀门的误动作。而根据 PFUP 图，当 GRE 阀门指令与反馈偏差>20% 延时 3 s，通过试验电磁阀励磁 5 s 快关阀门，同时 Vickers 卡“release”置 0，该 GRE 阀门一直将保持全关状态。

根据中压缸阀门故障停机逻辑，不同的中压缸进汽回路上的截止阀或调节阀阀门 2 个故障就会导致停机。单一的调节阀或截止阀阀位异常或阀位传感器异常不会导致停机，但若故障导致本列的一个截止阀或调节阀开度变化，可能会造成汽轮机功率的波动，进而造成一回路参数波动，同时也会导致汽轮机进汽不平衡，进而导致汽轮机振动增加，温度分布变化及 GSS 相关的热工水力参数变化。

【案例】机组处于 95%nP 功率平台，汽轮机控制处于直接模式。主控室出现报警 GSE2250KA（失去 1 个中压缸入口管线），检查发现中压缸调阀 GRE2220VV 异常关闭，电功率由 1 666 MW 降低到 1 637 MW，随后恢复到 1 659 MW，P1 棒下插 1 步，一回路热功率和 AO/DNBR 等参数基本无变化，GSS 抽汽两侧出现不平衡（总量偏差大约 100 t/h），抽汽量和疏水量增加。后专业人员对 GRE2220VV 异常关闭原因进行分析，确认原因为比例阀先导阀阀位反馈元件故障引起比例阀误动。

【案例】主控触发 GRE2210KA 和 GSE2250KA，检查发现中压缸进汽阀门 GRE2230VV 异常关闭，执行瞬态控制导则《一个 GRE 或 GSE 阀门关闭控制预案》将机组降功率至 1 575 MW（89. 9% nP），并现场隔离与其串联的 GSE 隔离阀 GSE2230VV，主控和现场检查汽轮发电机组和二回路水汽油各系统运行无异常。专业人员分析原因为 GRE2238MM 先导阀阀位反馈的线缆松动。

中压缸阀门任一阀位传感器（包括调阀的比例阀的先导阀阀位传感器、主换向阀阀位传感器）故障就会导致阀门误动作。满功率运行期间，若一个中压缸阀门误关闭将会导致机组功率变化，影响汽轮机的安全稳定运行并可能影响一回路。因此，正常运行期间，需要加强对阀位信号的监视，发现异常时及时处理。

采用故障树分析方法从油路及 GRE 主阀油动机结构分析，可能有如下的原因导致 GRE 调节阀门异常动作：

· 开度指令异常；
· VICKERS 控制卡故障（调节阀）；
· 比例阀机械卡涩故障（调节阀）；
· 比例阀阀位反馈回路故障（调节阀）；
· 阀开度 LVDT 反馈异常；
· GFR 供油系统油压异常波动；
· 卸荷阀 CVS、卸荷阀 CVP、试验电磁阀误动。

根据历史经验反馈，其他电站也多次发生因阀位传感器故障导致的阀门误动案例。

【案例】某机组 GRE003VV 从满功率运行时的 58. 6% 开度突然异常关闭，7 min 后又重新开启，期间主控降低汽轮机功率 8 MW，热功率最大波动至 2 896 MW，主控监视汽轮机相关参数稳定，现场检查也未发现异常，仪控检查后分析故障原因为 GRE003VV 阀位传感器本体或控制回路异常。

【案例某机组主控触发 GRE327KA 中压缸调节阀 4 控制回路异常）GRE355KA

（阀门控制回路异常）报警，GRE014VV 的阀位反馈 GRE147MM 在 5 s 内变为全关，GPV121VL 自动开启，反应堆热功率/GFR 油压/电功率一回路温度梯均无明显变化。现场人员确认 GRE014VV 已真实关闭。异常发生后，仪控检查阀门制回路，发现 GRE147MM 反馈电流为 0 mA（正常反馈电流应为 4.5 mA），确认阀位反馈 GRE147MM 出现异常导致阀位波动。

【案例】某机组出现 RGL406KA（一回路平均温度最大值比汽轮机负荷整定参考温度低）、RGL405KA（一回路温度低 C22 预报警）、RGL521KA（一回路温度低低 C22 报警）等报警信号，机组功率反馈和一次调频均退出，电功率由 500 MW 最大升到 621 MW，核功率由 76.8% 升至 90.8%。运行人员立即以 30 MW/min 降功率至 578 MW 平台。

现场检查发现 1 号机组 4 号主调门 GRE004VV 限位杆故障脱落，导致阀位测量值反馈为零，GRE004VV 开度设定值为 17%，设定值与测量值偏差在伺服放大器上相比较，得出一个阀位偏差信号值为−2，负开正关，使 GRE004VV 持续开启至全开。

（2）中压缸阀门故障停机信号的传输环节影响分析

每列中压缸进汽回路（包括一个中压缸截止阀和一个调节阀）上的两个阀位传感器共用一个中间转接柜通过各自单独的电缆直接送往 GRE1001AR2。

信号传输环节上，单一的信号电缆故障只影响一个阀门的阀位测量环节（截止阀或调节阀），不会导致保护动作，但是不同进汽回路的两个电缆故障导致的阀位测量故障则会导致停机保护动作。

此外，每个中压缸进汽回路信号链上单独一个 MZZ 中间转接柜，单个 MZZ 转接柜故障只影响一个进汽回路的两个阀门的阀位信号，不会导致保护动作，若两个不同的中压缸阀位转接柜故障则会导致停机保护动作。

（3）中压缸阀门故障停机信号在P320的采集环节影响分析

4 个中压缸调节阀的阀位测量信号分别送往 GRE1001AR2 中的 4 个 EEAPAM5 卡件，4 个 EEAPAM5 卡件分别由 4 个独立的小空开供电。而 4 个中压缸截止阀阀位信号则由 GRE1001AR2 中的 4 个 AI4632.1 卡件获取，4 个 AI4632.1 卡件也是由 4 个独立的空开供电。每个阀位传感器都是由 P320 对应的卡件直接供电。

GRE1001AR2 的电源由 GRE1001AR1 提供，上游来自 LVL 和 LVM，每路电源经两个整流器之后同时给下游 24 V 母线供电。在 GRE1001AR1 内部每个整流器下游设置有 1 个 24 V/7.2 A 的电池。中压缸阀位对应卡件的供电示意图如图 27-6 所示。

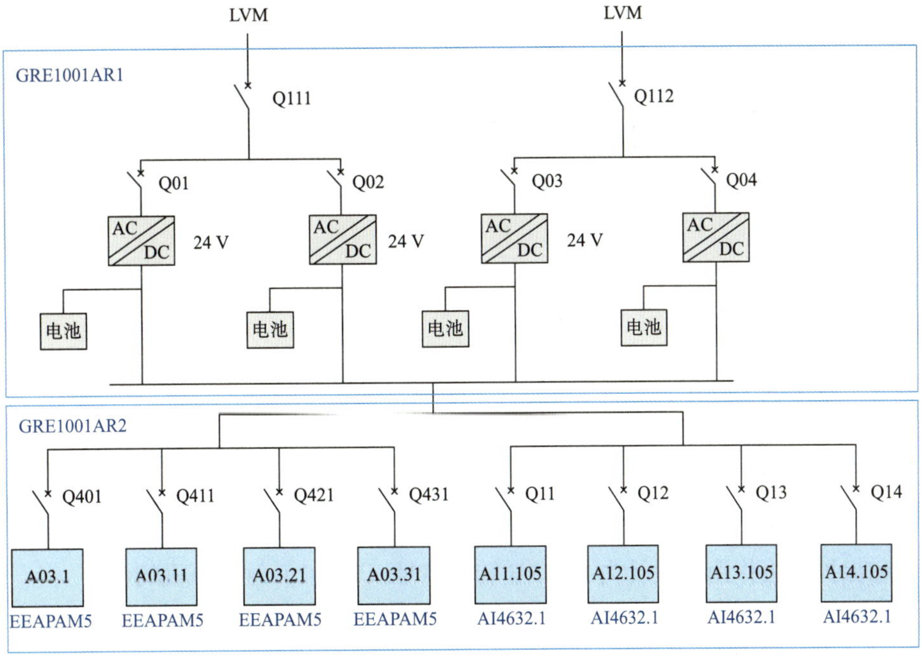

图 27-6　中压缸阀位供电关系示意图

从图 27-7 可知，GRE1001AR1 内单一空开故障跳开不会导致下游失电；GRE1001AR2 内每个空开对应一个阀位卡件，单一空开故障跳开会导致一个阀位故障，但是不会导致停机保护动作。

第28章　失去GRE转速测量信号停机

28.1　基础知识

28.1.1　保护目的

在 GRE 闭环控制模块（CLC）中，GRE 转速表 GRE1130/1131/1132MC 用于汽轮机转速和频率控制，并用于产生超速和超加速限制信号。为避免因为仪表故障导致转速控制和保护失去作用，设计失去 GRE 转速信号（3 取 2）触发停机的信号。

28.1.2　保护原理

在以下情况之一出现时，在汽轮机闭环控制模块（CLC）产生“TURBINE CONTROLLER TRIP”信号送往开环处理模块（OLC），将 3 路 TMR-OLC 生命信号同时置 0，触发汽轮机跳闸：

- 3 个 GRE 转速表（GRE1130/1131/1132MC）中有 2 个仪表失效；
- GRE 阀门需求开度>3% 延时 13 s 后，GRE 测得的汽轮机转速<12 r/min；
- 发电机未并网或转速<1 489. 95 r/min 时，若 2 个转速表与平均值偏差>3 r/min。

28.1.3　保护逻辑

失去 GRE 转速测量信号停机逻辑如图 28-1 所示。

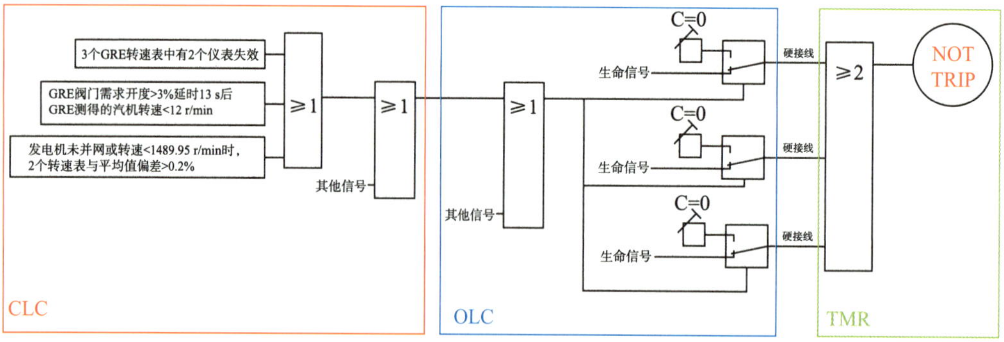

图 28-1　GRE转速测量信号停机逻辑简图

28.2　主控监视

可在 GRE0004YM 上监视 GRE 转速表的状态，参见图 28-2。

当任一仪表失效或超出平均值 3 r/min，就地 P320 控制柜上会对应产生 GRE1115/1116/1117KA，主控触发 GRE1102KA（3 取 1 转速表失效），主控 GRE0004YM 将出现 GRE1126YV 文本（SENSOR DRIFT），若仪表失效则对应仪表显示“***”；当 2 块仪表失效时，平均值 GRE1133KM 显示为“***”，主控触发 GRE1103KA（3 取 2 转速表失效）。

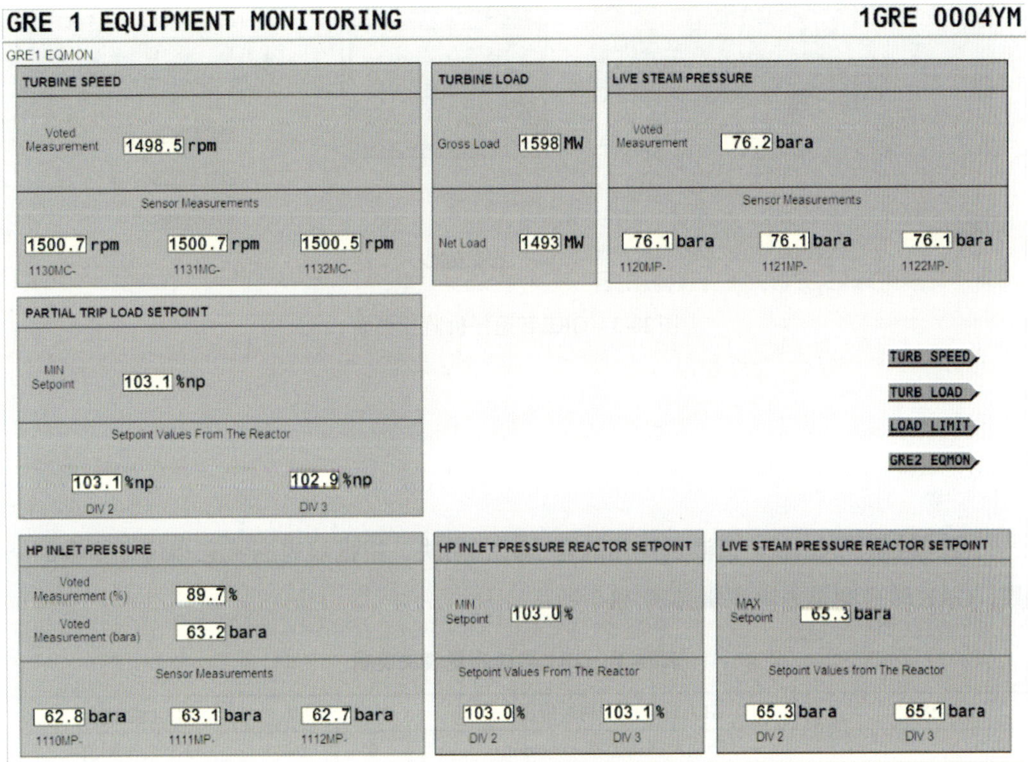

图 28-2　GRE 转速监控页面

正常运行期间无程序要求检查 GRE 转速表情况；若仪表失效主控会产生对应仪控报警：

· 任意 1 块仪表失效，主控产生 GRE1102KA（3 取 1 转速表失效）；

· 2 块仪表同时失效，主控产生 GRE1103KA（3 取 2 转速表失效），就地 HMI 触发 GRE1155KA。同时触发停机，GSE0002YC 页面上 GSE1109KS 灯亮，参见图 28-3。

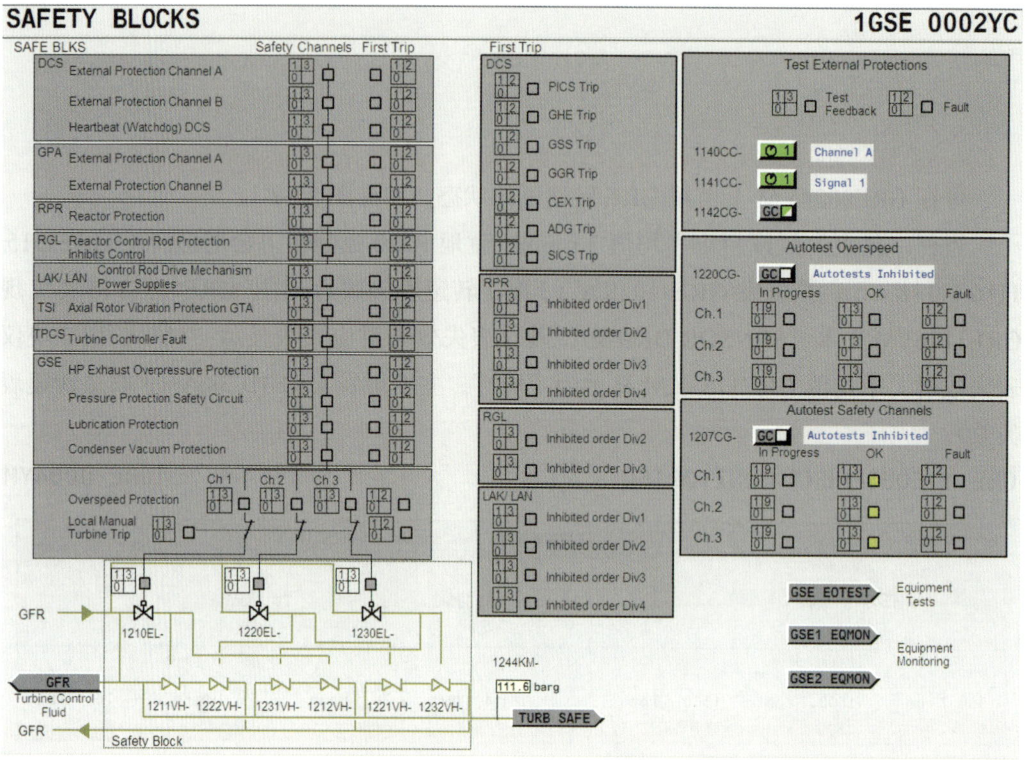

图 28-3　GRE 转速停机监控页面

28.3　影响因素

参与控制的 GRE 转速测量使用的是 2OO3 模块，根据仪表的状态和仪表测量的结果，GRE 转速测量表决逻辑如表 28-1 所示。

表 28-1　GRE 转速测量表决逻辑

仪表状态	GRE 转速仪表测量情况	DIST	FAIL	AO（输出值）
3 个仪表都有效	3 个表两两偏差都<3 r/min	0	0	3 个表平均值
	3 个表形成 3 个两两偏差，其中有 2 个两两偏差>3 r/min	1	0	3 个表平均值
	3 个表中有一个与其他 2 个的偏差都>3 r/min	1	0	2 个较为接近仪表的平均值
	3 个表两两偏差都>3 r/min	1	1	2025 r/min
1 个仪表无效	2 个有效仪表偏差<3 r/min	1	0	2 个有效仪表的平均值
	2 个有效仪表偏差>3 r/min	1	1	2025 r/min
2 个或 3 个仪表无效	2 个或 3 个仪表无效	1	1	2025 r/min

其中 DIST=1，意味着触发 GRE1102KA，FAIL=1 意味着在发电机未并网或转速低于 1 489. 95 r/min 时，触发汽轮机跳闸信号。2 个仪表故障则会触发 GRE1103KA，同时触发汽轮机跳闸。

GRE 转速表信号失效时（如断线、超量程、输入输出卡件故障等），在就地控制柜上会对应产生 GRE1115/1116/1117KA，具体影响如下：

任意 1 块 GRE 转速仪表与平均值偏差>0. 2%（3 r/min），触发报警 GRE1102KA；若该仪表失效，不会导致停机，但停机逻辑相当于变为 2 取 1，此外会闭锁通过 GSE1204CG 复位汽轮机；

任意两块 GRE 转速仪表与平均值偏差>0. 2%（3 r/min，GRE 转速精度为 0. 003%），会将参与转速控制的汽轮机转速替代为 2 025 r/min，将会导致超速/超加速限制动作（汽轮机负荷输出为当前值−150%，最终会导致停机），若同时叠加发电机未并网或平均转速低于 1 489. 95 r/min 则直接触发停机；若任意两块表失效，也直接触发停机。

转速测量信号失效主要考虑以下环节故障：

① 探头本身故障；

② MZZ0004CR 故障；

③ 传输电缆故障；

④ 转速卡 STI300 卡件故障。

28. 3. 1　GRE 转速探头本身故障

GRE 转速测量探头为 JAQUET 生产的 DSF1210. 00 SHV374Z-03924 型转速探头，配合 STI300 卡件使用，测量精度为 0. 003%。

GRE 转速测量的原理如图 28-4 所示。

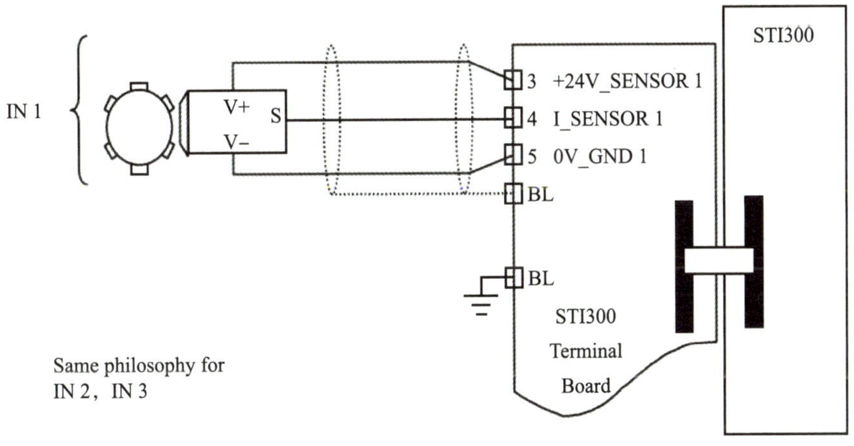

图 28-4　GRE 转速测量的原理图

每个转速探头通过的单独的电缆送往 STI300 卡件，转速测量探头也是直接由 STI300 卡件供电，单一探头本身故障只影响一路信号，不会导致停机。

【案例】巡检发现盘车阶段 GRE1130MC 与 GRE1131/1132MC 相比有±1 r/min 的跳变，且 GRE1131/1132MC 指示稳定无异常，现场对 GRE1130MC 进行 8RPM 时的模拟校验，指示稳定未见异常，经技术组讨论，保守决策更换此探头。

设计上 GRE 还有一个备用探头 GRE1133MC，该探头在逻辑中无法查到，但在现场实际已安装。因此如果其他探头出现故障时，可以使用该备用探头对故障探头进行替换。但历史上曾发现此备用探头不满足要求，如果在用探头故障需要使用备用探头时需要核实备用探头的可用性。

【案例】大修期间，发现 GRE1133MC 探头特性下降，在转速 800 r/min 时，探头监测信号为 794 r/min，后对探头采取了整体更换。

28. 3. 2　接线箱 MZZ0004CR 故障

根据信号链路，3 个 GRE 转速都经过了 MZZ0004CR。如果此 MZZ0004CR 被误隔离或被消防水淋湿，可能同时影响 3 个 GRE 转速信号，有停机的风险。

根据 P320 EOMM 中“1. 3. 2 Installation Recommendations PTP20A47062 rev D”的要求，出于安全考虑，有如下两个要求：

① 3 个转速测量通道需要使用不同的电缆；

② 不同的电缆应该采用不同的布线路径。

当前在 MZZ0004CR 中同时布设有 GRE 系统 4 个转速探头（包括一个备用探头）和 GSE 系统 4 个转速探头（包括一个备用探头）的电缆，可能与 EOMM 中的安装要求不符。

28. 3. 3　传输电缆故障

转速探头信号传输电缆断裂等可能导致转速表失效，但一根电缆影响 1 路转速信号，不会导致停机。但是发现一个转速表电缆故障后应该及时处理，并排除共模故障，避免影响 2 路转速信号。

28. 3. 4　转速卡 STI300 卡件故障

STI300 卡件属于 3 通道转速测量卡，同时接收 3 个 GRE 转速测量信号。如果卡件本身故障或供电故障将会同时影响 3 个 GRE 转侧测量，但是根据专业人员反馈，因 MFC3000 控制器为主从配置，主控制器探测到 STI300 卡件故障后会自动切换到从控制器，不会触发停机。

【案例】大修停机期间，P320 主控制器（上层控制器）频繁闪发最短 20 ms（一个扫描周期）GRE 转速卡 3 个转速探头断线报警，后自动恢复，然后过 40~60 ms 又闪发断线报警。

专业人员对 STI300 卡件触发的转速断线故障报警进行检查，更换了上层 STI300 卡件、DP 连接电缆、供电空开。最终检查确认为供电母排处端子排中间的连接片螺丝松动导致卡件供电不稳定造成报警触发，对连接片紧固后故障消失。

【案例】大修期间 STI300 卡件偶发断线故障，专业人员判断 GRE1001AR3 机柜中探头 STI300 卡件的电缆及空开存在电阻波动，随后更换了机柜处电缆及空开后无异常。

第29章　失去新蒸汽压力测量信号停机

29.1　基础知识

29.1.1　保护目的

在 GRE 闭环控制模块（CLC）中，新蒸汽压力测量仪表 GRE1120MP、GRE1121MP 和 GRE1122MP 用于产生新蒸汽压力限制信号，能够在蒸汽压力快速下降时通过关闭 GRE 阀门来限制一回路功率的上升。为避免因为仪表全部故障（如断线、超量程、卡件故障等）导致新蒸汽压力限制信号失去作用，在一回路保护动作前，长时间存在一、二回路功率偏差较大的情况，所以设计此信号触发停机。

29.1.2　保护原理

GRE1120/1121/1122MP 同时故障时，在汽轮机闭环控制模块（CLC）产生“LST pressure Failure”信号，直接送往开环处理模块（OLC），将 3 路 TMR-OLC 生命信号同时置 0，触发汽轮机跳闸。

29.1.3　保护逻辑

失去新蒸汽压力测量信号停机逻辑简图见图 29-1。

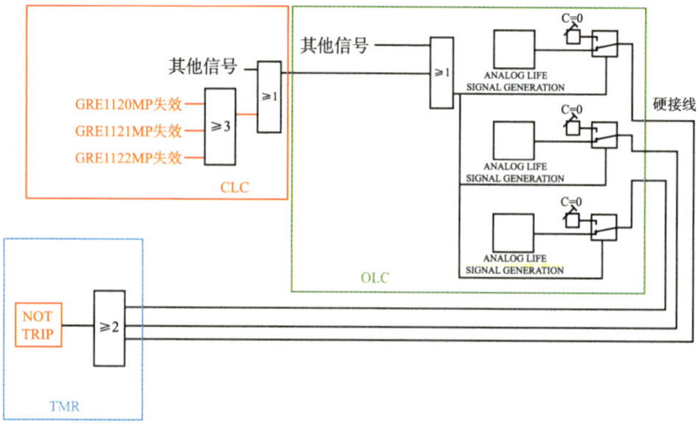

图 29-1　失去新蒸汽压力测量信号停机逻辑简图

29.2　主控监视

当仪表失效时，相应仪表（GRE1120/1121/1122MP）显示失效“***”，主控 GRE0004YM 将出现 GRE1128YV 文本（SENSOR DRIFT），参见图 29-2。

当仪表漂移但未失效时，如超出三块仪表平均值 2%，主控 GRE0004YM 将出现 GRE1128YV 文本（SENSOR DRIFT）。

当 3 块仪表全部失效时，平均值 GRE1123KM 显示失效“***”。

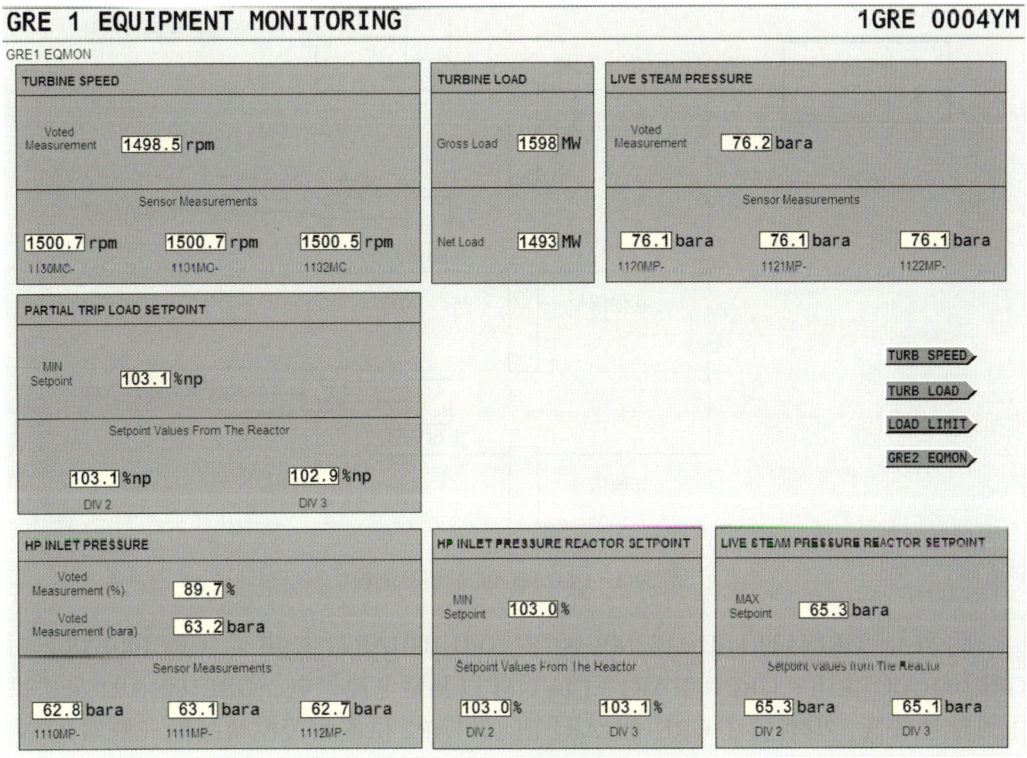

图 29-2　新蒸汽压力测量信号监视页面

29.3　影响因素

新蒸汽压力表信号失效主要考虑信号输出/输入卡件故障、接线故障等故障。

（1）任意 1 块仪表故障，无实质影响，主控无工艺报警。

（2）任意 2 块仪表故障，产生 GRE1108KA（新蒸汽压力表 3 取 2 失效）：

· 闭锁负荷变化；

· GRE1111CG 自动切换到直接模式；

· 如果初始新蒸汽压力限制生效，则退出运行。

（3）3 块仪表故障，产生 GRE1109KA（新蒸汽压力表 3 取 3 失效），直接导致 3 路 TMR-OLC 生命信号同时丢失，汽轮机跳闸。

3 个新蒸汽压力测量仪表均失效信号是从 CLC 送往 OLC 再复制成 3 路信号，如图 29-3 所示，如果 CLC 到 OLC 的“TURBINE CONTROLLER TRIP”信号如果因板卡输出等故障导致由 0 变为 1，有汽轮机非预期跳闸风险。相关检修工作需要避免意外引入外源导致信号误触发。

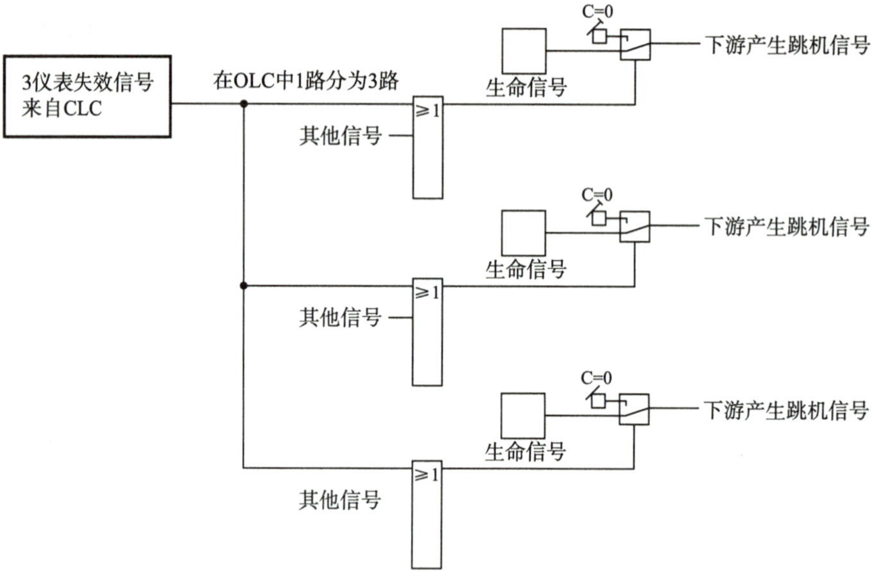

图 29-3　CLC 到 OLC 的信号流程

此外，GRE1120/1121/1122MP 均由 GRE1001AR2 供电。GRE1001AR2 由 GRE1001AR1 供电；GRE1001AR1 由 LVL/M 以及蓄电池供电。GRE1001AR1 失去供电可能性较低，但要关注 GRE1001AR1 向 1001AR2 供电相关模块故障（例如 230V/24V 整流器），以及会导致 GRE1001AR2 失电的工作。

第30章 失去GRE高压缸入口压力测量信号停机

30.1 基础知识

30.1.1 保护目的

SDM并未明确说明此保护的目的。但GRE高压缸入口测量仪表用于汽轮机高压缸入口压力限制，仪表全部故障失效时失去高压缸入口压力限制功能。

30.1.2 保护原理

在TPCS闭环控制模块（CLC）中，高压缸入口压力测量仪表GRE1110MP、GRE1111MP和GRE1112MP正常输出值在0～100 bar. a（4～20 mA），当这3个仪表同时故障或者断线时，高压缸入口压力测量全部不可用，在汽轮机闭环控制模块（CLC）产生“HPT inlet pressure Failure”信号，直接送往开环处理模块（OLC），将3路TMR-OLC生命信号同时置0，触发汽轮机跳闸。

30.1.3 保护逻辑

失去全部高压缸入口压力测量信号停机逻辑如图30-1所示。

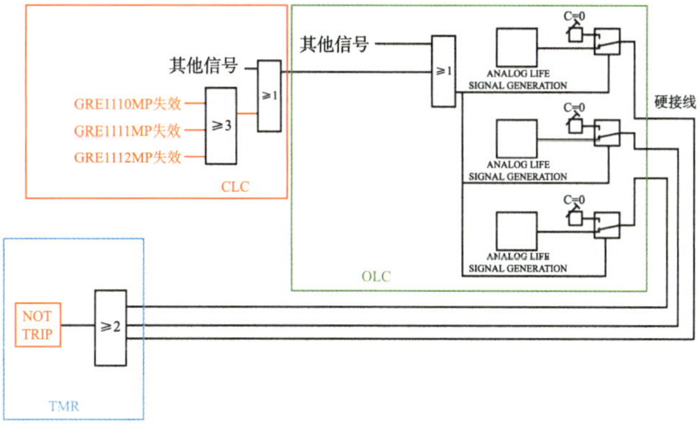

图30-1 失去全部高压缸入口压力测量信号停机逻辑简图

30.2 主控监视

GRE 高压缸入口压力可以在 GRE0004YM 上进行监视，参见图 30-2、图 30-3。

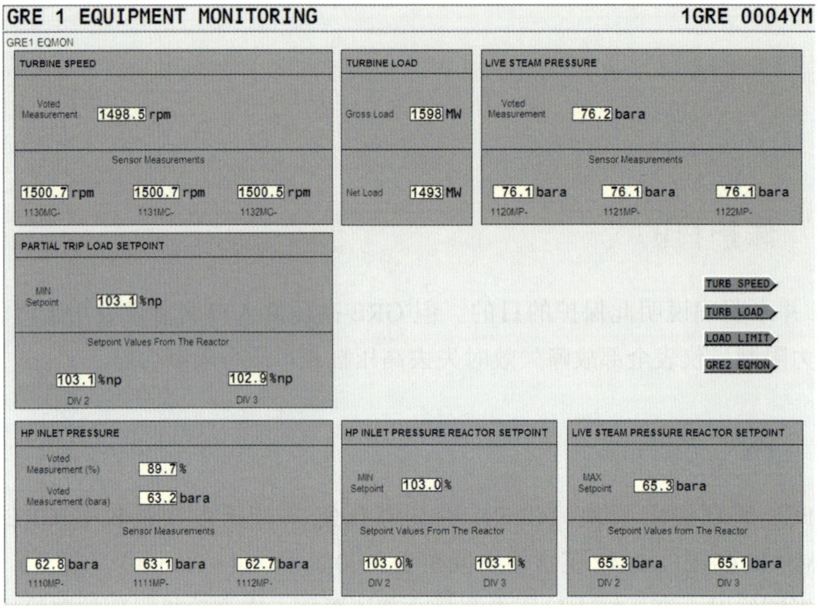

图 30-2　GRE 高压缸入口压力测量监视页面

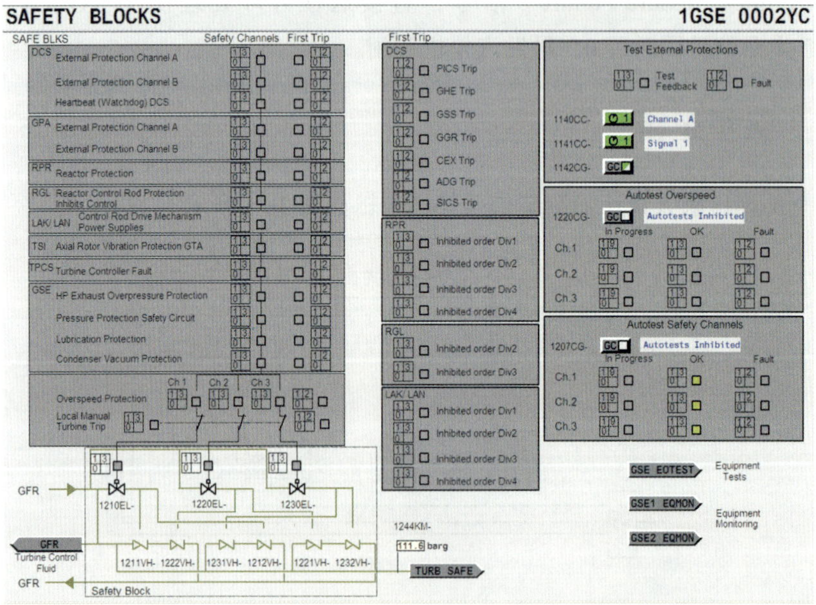

图 30-3　失去 GRE 高压缸入口压力测量停机监控页面

30.3　影响因素

GRE 高压缸入口压力表信号失效主要考虑信号输出/输入卡件故障、接线故障等故障。

（1）任意 1 块仪表故障，无直接影响；在主控室，GRE0004YM 页面，GRE1110 或 1111 或 1112KM 显示“****”，GRE1126YV 出现红色文本“SENSOR DRIFT”；在就地控制柜出现 GRE1166/1167/1168KA。

（2）任意 2 块仪表故障，主控室产生 GRE1110KA（就地 P320 出现 GRE1172KA），闭锁负荷变化；GRE1111CG 自动切换到直接模式；如果初始高压缸入口压力限制生效，则退出运行；GRE0004YM 页面，GRE1110/1111/1112KM 显示“****”，GRE1126YV 出现红色文本“SENSOR DRIFT”。在就地控制柜出现 GRE1166/1167/1168KA。

（3）3 块仪表故障，主控室产生 GRE1111KA：同时触发汽轮机跳闸。就地控制柜出现 GRE1166/1167/1168KA。

第31章　GFR保护油压力低停机

31.1　基础知识

31.1.1　保护目的

保护油压力低停机保护属于汽轮机非基本保护，保护目的是防止 GSE/GRE 阀门失去调节和保护能力。非基本保护针对那些对设备及人身安全影响相对较小的故障而设。

31.1.2　保护原理

当以下几种情况之一出现时，TPCS 中 NOT TRIP 信号失去，触发汽轮机跳闸：

① GSE1241/1242/1243MP 测得的 GFR 供油母管压力＜50 bar. g；

② GSE1241/1242/1243MP 仪表都没有无效时，两两压差都＞8 bar；

③ GSE1241/1242/1243MP 其中 1 个表无效叠加另外 2 个表偏差＞8 bar；

④ GSE1241/1242/1243MP 中有 2 个表无效。

31.1.3　保护逻辑

保护油压力低停机信号逻辑简图如图 31-1 所示。

其中，在一个仪表失效后，其替代值为 160 bar. g，选择逻辑切换为 3 个表选小，相当于剩余 2 个有效仪表选小后与阈值比较，若达到阈值则触发停机。

在所有仪表都没有失效时，3 个仪表两两偏差＞8 bar 或 1 个表无效叠加另外 2 个表偏差＞8 bar 或 2 个仪表失效直接触发停机。

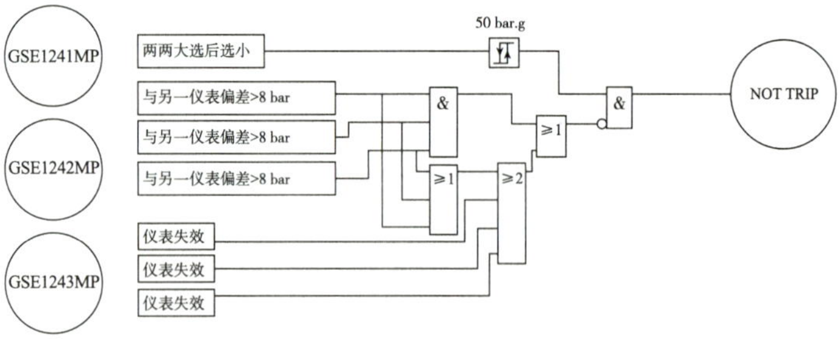

图 31-1　保护油压力低停机逻辑简图

31.2　主控监视

保护油压力可以在 GSE0004YM 上通过 GSE1241/1242/1243KM 进行监视，GSE1244KM 则代表着经过逻辑选择的参与保护的实测保护油压力。如果某一压力传感器故障，则相应 KM 显示为"******"并红框。另外，GFR 页面 GFR0002YM 上也可以监视保护油压，如图 31-2 所示。

参与保护的任一仪表与其他两个仪表之一偏差大则 GSE1148KS 触发，在 GSE0004YM 页面出现文本"Sensor Drift"。任一仪表偏差大或故障都会在就地 P320 触发 GSE1144KA，主控触发 GSE1246KA。

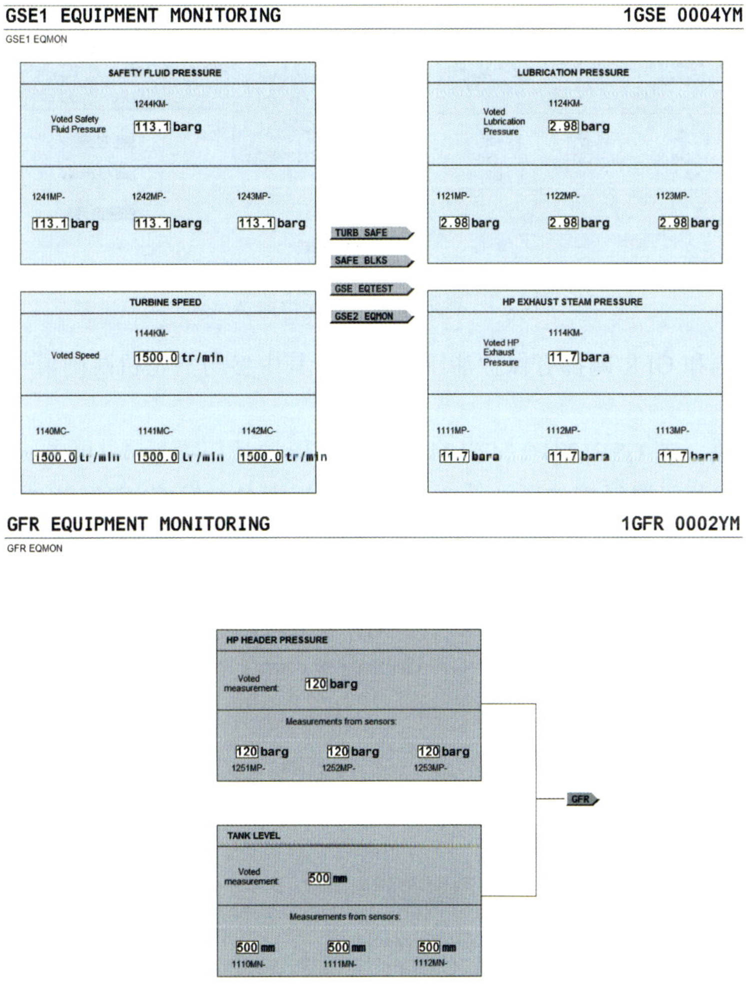

图 31-2　高压缸排汽压力监视页面

如果两个仪表故障或偏差大则主控触发 GSE1247KA，就地 P320 触发 GSE1290KA，同时触发汽轮机跳闸，在 GSE0002YC 上 GSE1111/1156KS 触发，指示首发停机原因为保护油压力低停机保护触发，如图 31-3 所示。

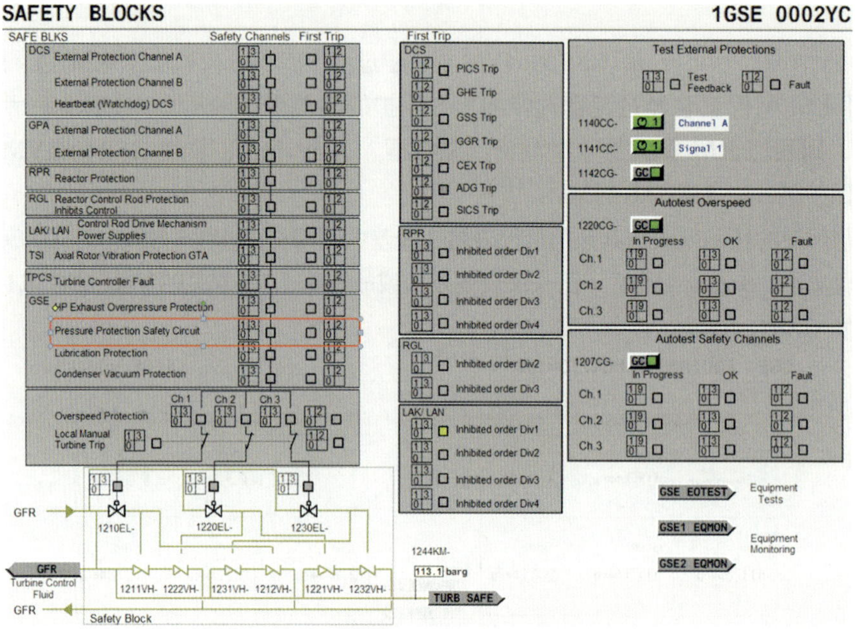

图 31-3　保护油压力低停机监视页面

在 GSE 侧和 GFR 侧都有保护油压力监测，其中参与汽轮机跳闸信号的是 GSE 侧的仪表监视的。

在 GSE 侧，若 GSE1241/1242/1243MP 实测保护油压力低 1（90 bar. g）则会触发 GSE1254KA，若实测保护油压力低 2（50 bar. g）则会触发 GSE1255KA，同时导致汽轮发电机跳闸；若两个仪表故障或偏差大则会触发 GSE1247KA，也将导致汽轮发电机跳闸。

在 GFR 侧，若 GFR1251/1252/1253MP 实测保护油压 <110 bar. g 则会触发 GFR1202KA，若实测保护油压 >135 bar. g 则会触发 GFR1203KA。

31.3　影响因素

导致保护油压力低停机触发的原因包括：

① GFR 高压油泵故障；

② 管道上的安全阀误开；

③ 蓄能器故障泄压；

④ 管路或过滤器堵塞；

⑤ 油箱油位低导致跳泵；

⑥ 高压油系统破口导致高压油泄压（如软管破裂、O 形环失效、泄压阀门误开）；

⑦ 压力表测量管线堵塞；

⑧ 法兰密封失效；

⑨ 仪控回路故障。

31. 3. 1 GFR 高压油泵故障

GFR 高压油泵属于限压式变量直轴柱塞泵，每台容量为 100%，额定流量为 100 L/min，保证回路需要的高压和维持压力所需的适合流量。GFR 系统运行时，一台高压油泵运行，另一台备用，维持供油油压为 120 bar. g。当供油母管油压下降到 110bar. g 时，备用油泵自动启动，以维持油压。在从运行泵转换到备用泵期间，系统压力由蓄能器维持。

（1）GFR 高压油泵的跳闸信号

GFR 高压油泵的跳闸信号有以下 3 种：

① 手动停运，GFR1001CG 在 INDIV 时手动停运或 GFR1001CG 在 MANU 时通过 GFR1002CG 停运；

② GFR 主油箱油位（GFR1110/1111/1112MN 次小值）＜200 mm；

③ 电气盘失电或故障（LIB/LIC）；

根据经验反馈，上述信号中，导致 GFR 高压油泵意外跳泵最常见的原因为电气故障，包括电气盘故障和供电电缆故障。

【案例】机组启动 GFR122PO 后出现红框，并出现“MatDf”和“Drive fault”仪控报警。专业人员对 GFR1220POM 电机进行检查，发现电机黄色（U 相）进线电缆与格兰洞口边缘接触且破损接地，对故障点进行绝缘处理，并在格兰洞增加绝缘垫后启动电机，电机运行正常。

电气盘本身故障也会导致下游 GFR 高压油泵失电跳闸，在台山及其他基地均出现过类似事件。GFR 高压油泵由 LIB/LIC 供电，使用的是西门子 ZMDZ 型抽屉开关。根据图 31-4 的电气二次原理图，导致西门子 ZMDZ 型抽屉开关跳闸进而导致 GFR 高压油泵跳闸的情况包括以下 6 种：

① 直流控制电源失去导致继电器-009XR 动作；

② DCS 跳闸指令触发继电器-002XR 动作跳闸（包括母线电压＜0. 8 U_n 时-1215/1216XU 发出的“load shedding”信号）；

③ 热电偶继电器-012XI 动作跳闸；

④ 熔断器-001FU1 熔断跳闸；

⑤ 就地试验盒指令-X5（-S6 闭合）动作导致跳闸；

⑥ 母线低电压甩负荷，当母线交流电压<0. 7 U_n时，延时 30 s，-121XR 继电器失磁，L-CLS 与 L-C 断开，第二负极 L-CLS 不带电，将下游所有带第二负极的负荷全部跳闸。

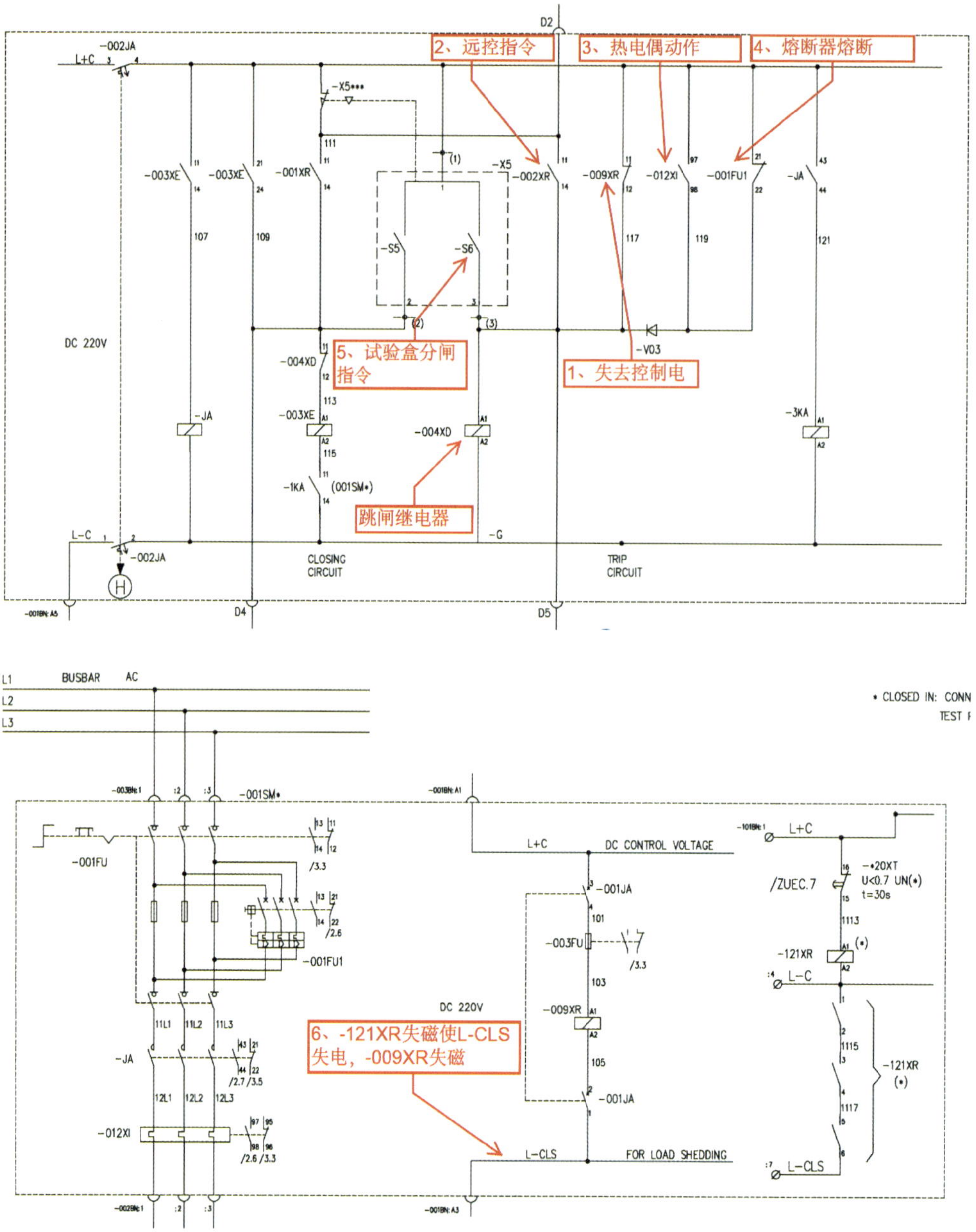

图31-4　西门子ZMDZ型抽屉开关跳闸信号

【案例】机组处于功率运行模式（RP），主控出现 GST/GFR/GSS 相关报警，经核实 GST1215PO、1GFR1210PO 和 GSS1660PO 突然同时跳闸，GST/GFR 备用泵自动启动，GSS 响应正常切至应急疏水。事后分析原因为线路虚接导致部分抽屉直流控制电源失去，引起下游负荷同时跳闸。

【案例】某机组主控闪发 GFR117KA（GFR0101/0102PO 自动切换），通过现场核实，判断为 GFR0102PO 跳闸，GFR0101PO 自动启动，GFR0103MP（1 号油站）压力正常 16.28 MPa，现场检查泵本体及电气盘均无异常。专业人员检查确认为 GFR0101PO 上游开关 LKG0405 内接触器异常导致下游负荷跳闸。

（2）GFR 主油箱温度低闭锁 GFR 高压油泵启动

根据 TEC4 逻辑，在 GFR1550MT 测得温度<34 ℃会闭锁 GFR 主油泵启动，同时触发 GFR1548KA，启动 GFR 加热器。正常运行期间，如果 GFR1550MT 故障下漂或由于温度调节回路故障导致真实 GFR 油温低，则会闭锁 GFR 主油泵启动，此时，如果出现导致运行 GFR 主油泵跳闸的情况将会导致所有的 GFR 泵停运，最终触发保护油压力低停机。

在触发 GFR1548KA 时，加强对运行油泵的监视，若证实是仪表故障导致报警误发，考虑采取 TCA 等手段避免因仪表故障导致 GFR 运行油泵成为 SPV 点。另外，如果冬季气温较低，可考虑手动调节 GFR 冷却器冷却水侧调节阀门（GFR2259VN），使油温保持在 40～45 ℃。

31.3.2 油箱油位低导致跳泵

（1）GFR 主油箱相关液位定值

GFR 主油箱容积为 1400 L，GFR 主油箱油位通过 GFR1104KM 显示，其信号来源是 GFR1110/1111/1112MN 取次小值，GFR 主油箱油位相关定值及动作如表 31-1 所示。

表 31-1 GFR 主油箱油位相关定值及动作

名称	参数 / mm	自动动作
正常油位	250～400	—
油位高 1	400	GFR1103KA
油位低 1	250	GFR1102KA
油位低 2	200	GFR1101KA 自动停运所有的高压油泵，处理油泵和加热器

GFR1110/1111/1112MN 单一仪表下漂，在与其他仪表偏差>50 mm 时在主控 GFR0002YM 上出现“Sensor Drift”文本，但是没有工艺报警；若两个 MN 下漂且未失效，则可能导致 GFR1110/1111/1112MN 次小值<200 mm，进而导致所有的 GFR 高压油泵跳闸，最终触发保护油压力低停机信号。

（2）GFR 主油箱液位下降后的紧急干预

如果功率运行期间，GFR 油箱油位异常下降，需立即对油箱进行补油并查找隔离漏点，若干预不及时，可能导致油箱油位低 2，进而导致停机。另外，在正常运行期间，需要时刻保证紧急补油操作的可实现，避免现场有导致紧急补油无法操作的情况（如被脚手架等临时设备阻挡等）。

【案例】某机组交接班时突然出现汽轮机调节油箱 GFR001BA 油位低报警信号（GFR005AA）。大约 14:00 接班会结束后，派遣现场人员前往现场确认油箱油位低的情况，并查漏。现场确认油位低，但是此时无法查明导致油位低的原因，立即发起补油申请。大约 15:30，因油箱附近存在脚手架，负责补油的专业人员补油时遇到了困难。运行值要求拆掉这个脚手架。16:56:30，出现油位低低报警，触发汽轮机停机。

功率运行期间，GFR 油箱油位低时，可根据《TG-GFR-001 GFR1110BA 液位异常下降的瞬态控制》进行控制，其主要操作为利用 GFR0005YL 给油箱补油，并查找和隔离漏点。

31. 3. 3　管道上的安全阀开启

GFR 高压油回路在泵出口及蓄能器回路都安装有安全阀。若泵出口的安全阀故障开启则会造成 GFR 母管压力低，备用油泵启动；若蓄能器回路一个安全阀开启则会造成整个母管压力低，可能导致保护油压力低汽轮机跳闸。

【案例】某机组首次装料后处于 RP 模式，汽轮机挂闸操作后触发跳闸信号。后分析认为，安全阀 GFR021VH 定值过低导致母管压力低，进而导致挂闸后安全油压力距离跳闸值（5 MPa）裕度过小，正常轻微波动后跳闸。

31. 3. 4　蓄能器故障泄压

在母管高压蓄能器（24 L×2）及各个汽轮机阀门蓄能器（50 L×8）回路设有一个常闭的泄压阀，如该阀内漏或误开可能导致整个母管压力低，可能导致保护油压力低汽轮机跳闸。

但该阀为转轮手柄的手动隔离阀，误开的可能性较低，但若蓄能器连接部件泄漏则可能导致系统泄漏。

【案例】某机组处于 670 MW 功率运行。7:12，操纵员在巡检到 EH 油压相关参数时发现油压波动异常，进一步查看 DCS 中 EH 油箱油位已缓慢下降至 520 mm，立即安排现场检查油箱油位和查漏。7:32，运行以 10 MW/min 开始降功率。7:35，确认漏油点为 GFR005AQ 高压蓄能器充气阀连接处，运行紧急关闭进油隔离阀 GFR067VH 隔离 GFR005AQ，EH 油箱油位稳定不再下降，漏油点消除，运行停止降功率。

31.3.5　管路或过滤器堵塞

GFR 供油回路经过两个并联冗余的过滤器（GFR1230/1240FI）送往供油母管，若过滤器堵塞（压差>2.4 bar）则会触发 GFR1230KA，若过滤器堵塞加剧，则在压差达到 3.4 bar 时，过滤器旁路过载单向阀 GFR1235VH 自动开启，给母管供油。

油品油质是影响过滤器的压差的重要因素。机组长期运行 GFR 抗燃油会自然老化，若已老化的抗燃油未得到及时有效的处理，杂质沉积在油箱底部，最终可能导致 GFR 滤网大规模的堵塞。此外，GFR 油温的大幅波动，因而杂质溶解度降低/油品黏度降低及新油产生的抗燃油溶剂效应也可能导致过滤器压差增大。

31.3.6　高压油系统破口或故障等导致高压油泄压

（1）系统软管破裂或 O 型环故障

GFR 系统设置有大量的软管和 O 型环，若任一软管或 O 型环失效都会造成 GFR 高压油泄漏，引起系统压力下降，同时也会导致 GFR 主油箱油位下降，若处理不及时可能造成保护油压力低而停机。

【案例】专业人员巡检发现 GSE2120/2240VV 共 2 根安全油管出现鼓包，其中 GSE2120VV 共出现 4 个鼓包，直径约 4 mm 表面伴有微渗，GSE2240VV 共出现 6 个鼓包，直径约 3 mm 表面伴有微渗。

根据经验反馈，多基地也存在 GFR 系统漏油导致机组降功率的事件。

【案例】某机组现场巡视发现 GRE004VV 的供油阀 GFR542VH 下游软管处漏油且呈线状流。操纵员由 1 124 MW 降负荷至 1 058 MW 并退出 GRE 压力模式。仪控人员逐渐强制 GRE004VV 开度为 0%后，开始更换漏油油管。油管更换后，操纵员升功率至 1 124 MW 并恢复 GRE 压力模式。

（2）高压油回路泄压阀误开启

在 GFR 高压油供油回路上，存在着多个泄压隔离阀。正常运行期间，这些阀门保持关闭状态，如果阀门出现内漏或者被人为误开启，则可能导致相应的汽轮机进汽阀关闭甚至整个母管压力降低导致停机。因此，功率运行期间，在 GFR 系统进行相关工作时，需要尤其注意防止走错间隔，造成人因失误。

【案例】某机组执行 PT GSE 001 注油试验过程中出现 RGL021AA 报警。经当核实为 GRE002VV 异常关闭造成，当班值立即稳定机组并通知相关区域内工作人员停止工作展开调查，最终锁定为 GFR123VH 被 GFR121VH 手轮固定工作负责人打开导致。

（3）GFR 高压油泵切列时逆止阀故障

根据程序，定期会执行 GFR 系统备用高压油泵切换试验，以检查 GFR 备用高压油泵的可用性，平衡高压油泵运行时间。在此试验中，若在停运原运行泵后，原运行泵出口逆止阀故障卡涩，则可能造成 GFR 供油压力下降。在 GFR 供油母管压力下降到 110bar. g 时，停运的泵会自动启动（PtyAO 信号）。

31. 3. 7　法兰密封失效等管道泄漏

GFR 高压回路，如果出现管道上的法兰密封等连接部件失效或者管道破裂，将会导致系统压力下降，有导致保护油压力低停机的风险。

【案例】某机组 GFR401VH（疏油阀）法兰大量漏油导致 GFR 系统压力快速下降，产生 GFR 控制油压低信号而触发汽轮机跳闸。事后调查发现 GFR401VH 上游法兰一侧的两颗螺栓断裂，造成法兰密封失效，高压控制油从螺栓断裂侧大量泄漏。

31. 3. 8　仪控回路故障

仪控回路故障可能导致保护油压力低信号误触发，另外仪表失效也会从逻辑上直接触发保护油压力低停机保护。

GSE1241/1242/1243MP 为 ROSEMOUNT 生产的型号为 3051TA3A2B21AB4M5P1Q4V5S5 的压力变送器，配有一个型号为 0306RT22BA11 的二次阀组（MPM）。3 个仪表直接安装在高压遮断组件上。

参与保护油压力低保护的仪表包括 GSE1241/1242/1243MP，可能导致仪表故障的情况包括以下 4 个方面：

① 保护油压力表接线故障；

② 保护油压力表零点漂移；

③ 仪表测量管线堵塞；

④ 仪表测量管线断裂。

（1）仪表引压管线堵塞或断裂导致仪表输出异常

GFR 保护油压测量经过一段引压管线接入到仪表头，在长期振动和高温等恶劣环境下，引压管线上的焊缝可能出现破裂，根据 EOMM，如果引压管线断裂或阻塞将导致仪表测量异常。

单个测量仪表都是直接连接到高压遮断组件，彼此独立，现场取样没有公共部分；若仪表引压管线堵塞或断裂则只影响单个仪表。

（2）仪表隔离阀未开启导致保护油压力测量异常

机组启动前，需要仔细核对 GSE 系统在线，尤其是 GSE 各个参与停机保护相关仪表在线情况。另外，GFR 启动后，需密切监视参与停机保护的 3 个测量仪表（GSE1241/1242/1243MP）的输出（GSE1241/1242/1243KM），如发现保护油压长时间保持不动或者与其他仪表偏差较大，需及时检查在线情况。

需要注意的是，如果汽轮机冲转后发现测量仪表在线不正确，需要先在仪控系统强制相关信号，再去恢复现场在线，避免恢复在线的过程中，触发 3 个仪表两两偏差大信号进而导致汽轮机停机。

（3）仪表零点漂移导致输出异常

如果仪表在运行过程中出现零点漂移，则可能导致仪表输出异常。根据 COMM，每 4C 对此类压力表进行一次校验。

31.3.9　通讯失去及网络故障影响分析

保护油压力低停机信号链路全部采用硬接线传输，不考虑网络故障。

可能导致 2 台 GFR 泵同时停运的情况主要考虑 GFR 主油箱液位低，GFR 主油箱液位 3 个 MN 对应的 AP 情况如表 31-2 所示。

表 31-2　GFR 主油箱液位与 AP 的对应关系

MN 编号	AP 编号
GFR1110MN	AP552
GFR1111MN	AP652
GFR1112MN	AP553

任一 MN 与其他 MN 失去网络通讯，都能保证仍然有两个 MN 参与 VOTER 表决，任一 VOTER 所在的 AP 完全失效仍然能保证相关逻辑的正常触发，不会导致 GFR 主油箱液位低而跳所有 GFR 高压油泵。

正常运行期间，若运行的 GFR 高压油泵故障，会发出备用启动信号（NRq）启动备用泵。但 GFR 高压油泵 GFR1210PO 由 CI1 的 AP552 控制，而 GFR1220PO 由 CI2 的 AP652 控制。GFR 高压油泵之间的备用启动信号需要通过网络跨列传输，如果信号持续时间较短，则可能无法及时通过备用启动信号启动备用泵。但根据逻辑，若运行泵跳闸，在母管压力＜110bar. g 时，备用泵也会自动启动。

另外，GFR1001/1002CG 位于 AP552，而 GFR1220PO 位于 AP652，在 AP552 与 AP652 完全失去通讯后，根据 TEC4 逻辑，会发出 GFR1220CC 的选中信号，启动 GFR1220PO。即，如果初态 GFR1210PO 在运行，则在 AP552 与 AP652 完全失去通讯后，会启动备用状态的 GFR1220PO，使 GFR 双泵运行；如果初态 GFR1220PO 在运行，则会再发出一个 GFR1220PO 的启动信号，对系统没有影响。

第32章　多样化停堆信号停机

32.1　基础知识

32.1.1　保护目的

在多样化停堆信号触发后，通过4取2逻辑同步触发停机。

32.1.2　保护原理

在多样化停堆信号造成LAK/LAN至少各有一个停堆断路器断开时（叠加P9产生多样化停堆信号），触发汽轮机跳闸。

32.1.3　保护逻辑

多样化停堆信号（DEC-A）导致停机的逻辑简图如图32-1所示。

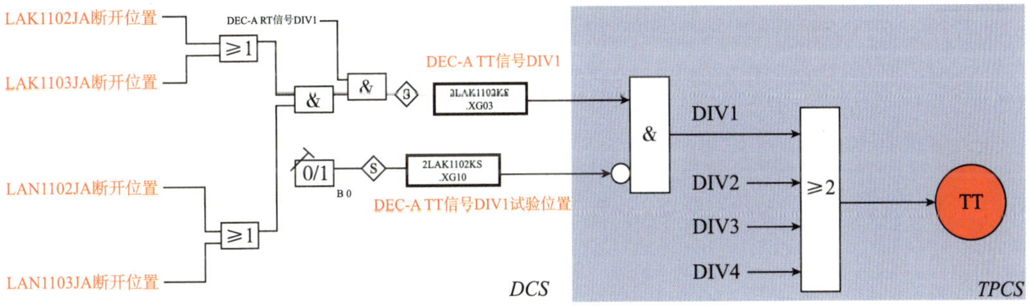

图32-1　DEC-A导致停机的逻辑简图

32.2　主控监视

任一DEC A停机信号误发，主控无显示，就地P320机柜出现GSE1105～1108KS；任一DEC-A停机信号被置于试验位（本列DEC-A停机信号无法触发），GSE0002YC上（见图32-2）GSE1126～1129KS灯亮；2路DEC-A停机信号触发，汽轮机跳闸，GSE0002YC 上 GSE1178KS 灯亮，若为首发停机原因则 GSE1179KS 灯也亮。

正常运行期间无程序要求检查 DEC-A 停机信号；若任一停堆断路器 CBC 信号误发，主控触发 LAK/N 1122/1123KA。

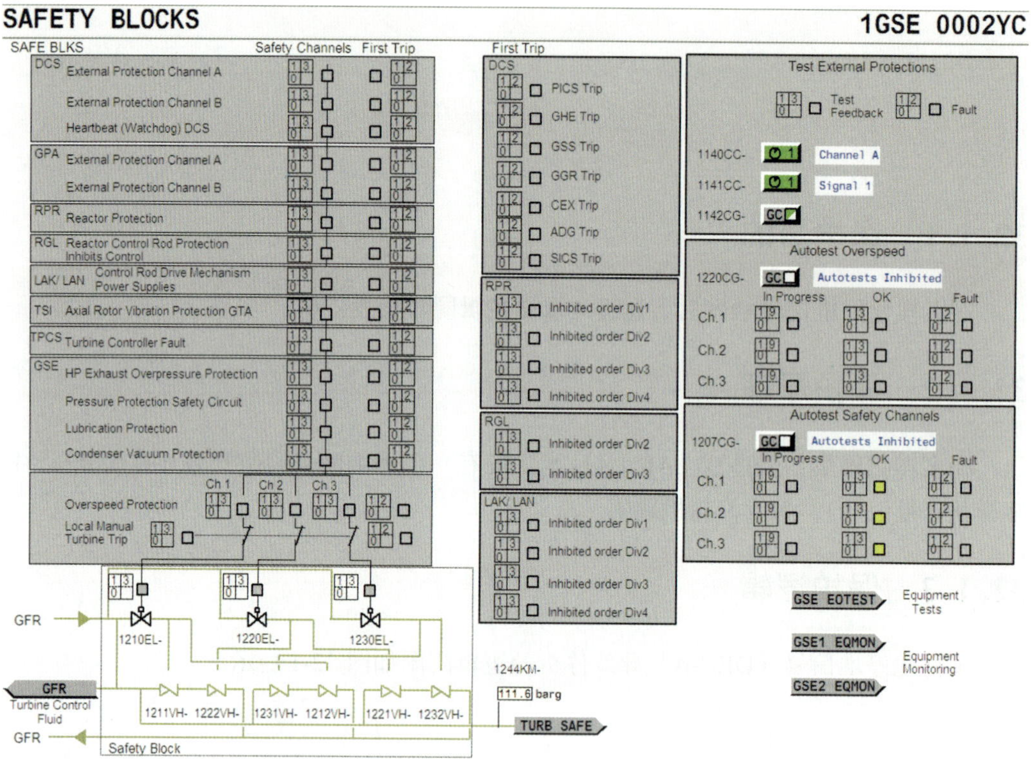

图 32-2　GSE0002YC

32.3　影响因素

从信号传输链路上看（见图 32-3），DEC-A 停机信号经过了隔离机柜后经电缆送往 TPCS 处理模块（没有经过网络交换机）。

信号触发主要考虑：

手动断开，停堆断路器误跳闸，停堆断路器 CBC 信号误发，隔离机柜故障，传输电缆故障以及相关的输入输出卡件故障。

从通讯角度来看，DEC-A 停机链路上无 SPV 点。

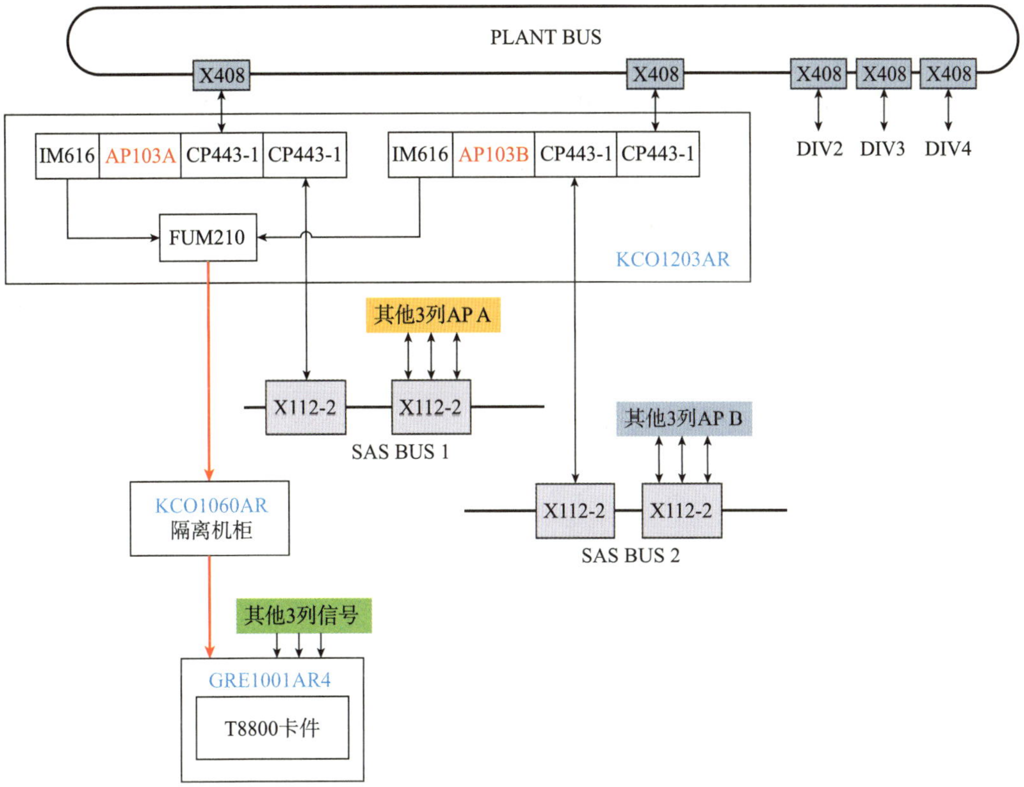

图 32-3　DEC-A 停机信号网络通讯简图

因 DEC-A 停机逻辑上采用了断路器 CBC 信号 4 取 2 生成一列 DEC-A 停机信号，4 列 DEC-A 停机信号再 4 取 2 生成停机信号，任一停堆断路器断开或 CBC 信号误发都不会导致停机，但是会导致逻辑降级。

【案例】主控触发 RGL2402KA（RGL2402CN 停堆接触器断开），现场确认 RGL2402CN 停堆接触器（共 4 个）中 CA003 断开，若叠加 RGL2402CN 内其他任一停堆接触器断开，4 取 2 逻辑将导致 RGL2402CN 所涉及的 PA 四元组的四束控制棒掉落。

事件中一个停堆接触器故障误跳闸。如果是一个停堆断路器误断开，此时 DEC-A 停机逻辑降级。如果两个 LAK 和 LAN 断路器各有一个误跳开，此时 LAK 和 LAN 停堆断路器断开（CBC 信号）触发，但此时断路器没有接收到 DEC-A 停堆信号或操纵员手动分闸指令，因此停机信号不会发出。但两个 LAK 和 LAN 断路器各有一个误跳开后控制棒供电会真实失去，从而导致控制棒落棒，反应堆停堆，因此出现反应堆已经停堆但是没有停机的工况。由于汽轮机还在运行，一回路被持续冷却，温度和压力大幅将大幅下降，从而导致 RPR 侧触发一回路压力低的停堆信号，该信号直接通过硬接线向汽轮机发出停机信号，使得汽轮机停机，从而避免一回路工况的持续恶化，但是仍有一回路压力太低导致安注触发的风险，因此，在单个停堆断路器断开时，做好此风险分析和风险管控。

信号传输路径上，所有信号通过硬接线传输，无网络交换机等设备，隔离机柜及电缆等故障都只影响 1 列 DEC-A 停机信号，若故障导致一路 DEC-A 停机信号触发则 DEC-A 停机逻辑相当于降级为 3 取 1。

KCO 机柜 DEC-A 停机信号相关卡件故障，影响一列 DEC-A 停机信号，不会导致停机，GRE 机柜 T8800 卡件故障影响 4 列 DEC-A 停机信号，可能导致保护拒动。

第33章　其他停机信号

33.1　RGL停机信号

当 RGL 系统探测到失去所有 APA 泵运行时（热功率＞40%nP，4 列 SG 给水流量次大值＜60 kg/s，延时 15 s）触发失去 APA 泵掉落所有控制棒的限制（Automatic drop of all rods on loss of main feedwater），同 RPR 系统产生停机信号的目的相同，为避免反应堆停堆后由于一/二回路功率不匹配导致一回路过冷而造成反应堆重返临界，在反应堆停堆后，会发信号使汽轮机跳闸。

该信号在 RCSL 的第二列和第三列中产生，通过硬接线发送汽轮机跳闸信号到汽轮机保护处理器，这些信号在三个 CPU 中的每一个进行“或”运算，然后再进行 3 取 2 逻辑运算，从而触发停机信号，RCSL 停机原理简图见图 33-1。

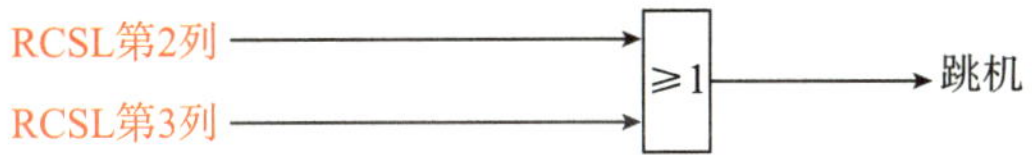

图 33-1　RCSL 停机原理简图

由于该信号会导致停堆，因此在停机信号分析部分不对上游的触发逻辑进行详细的分析，该信号在 RCSL 产生后通过两条硬接线信号送到 GSE 中触发停机，因此任意一条硬接线信号传输环节出现故障导致信号误触发将直接导致停机。

33.2　GSE汽轮机挂闸且保护装置试验未停止或复位

为了确保停机保护通道的可用性，根据设计，需要每三个月执行保护通道自动检测试验（T-1-GSE-007），试验通过将 GSE1207CG 置于 C1 位置人为模拟一个停机信号，使通道 1、通道 2 和通道 3 保护依次动作来验证 3 个保护通道的可用性。

如果在试验的过程中，停机通道存在问题，例如电磁阀开启之后没有关闭，则试验过程中产生的试验停止信号将持续保持（不会被复位掉），一个通道的阀门开启不会导致汽轮机停机，但是如果该阀门一直未关闭，则闭锁继续进行其他通道的可用性验证，避免两列电磁阀同时开启误触发停机，同时如果发生了汽轮机跳闸，汽轮机跳闸后重新启动时，如果该阀门未关闭，则无法通过 GSE1204CG 执行挂闸操作。

33.3 GSE TIGHTNESS TEST OFF

在每个燃料循环需要执行一次高压缸截止阀密封性试验（T-1-GSE-005），试验条件是汽轮机保护系统已投运且汽轮机挂闸，汽轮机盘车运行。试验完成后将GSE2150CG 置于 C1 将触发汽轮机跳闸（TIGHTNESS TEST OFF 跳闸信号）。

在试验的过程中，如果高压缸或中压缸调节阀阀位与需求偏差＞10%、阀位＞103% 或＜-3% 或阀位信号故障延时 0.2 s 则也将触发 TIGHTNESS TEST OFF 跳闸信号。

第 34 章　手动停机

34.1　基础知识

34.1.1　保护目的

当汽轮机出现部分异常运行工况时，为了确保汽轮机的安全运行，需要执行手动停机。

34.1.2　保护原理

PICS 可用时，需要手动停机时，在 GSE0001YC 上（见图 34-1）通过 GSE1201CG 或 GSE1202CG 触发汽轮机停机，只需要操作其中一个，另外一个会自动变为 C2（汽轮机跳闸 20s 后会自动发信号使其重新回到 C1 位置）。

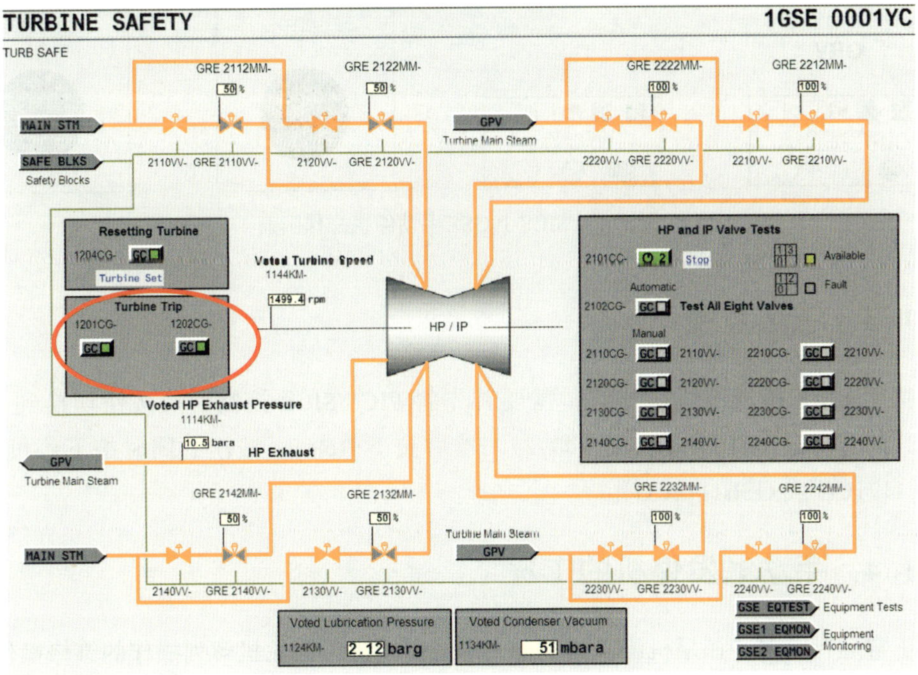

图 34-1　PICS 上 GSE 手动停机操作画面

PICS 不可用时，需要手动停机时，在 SICS 盘 KSC0127PP 上（见图 34-2）通过 GSE1171CG 或 GSE1172CG 触发汽轮机停机。

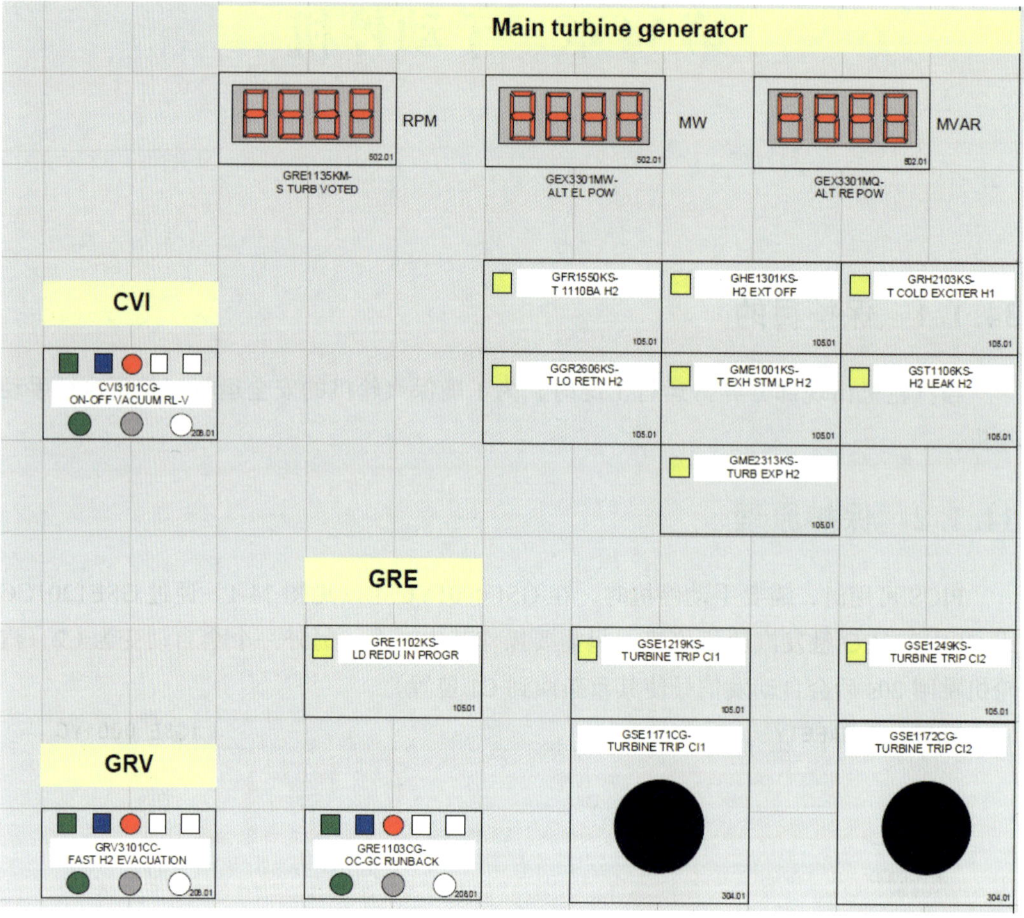

图 34-2　SICS 上 GSE 手动停机操作画面

34.1.3　主控监视

执行 SICS 手动停机操作时，需要首先将 PICS/SICS 控制切换按钮切换到 SICS（KSC7110TO/7210TO/7310TO，3 取 2），然后按下 Release 按钮的同时按下停机按钮（GSE1171CG 或 GSE1172CG）。

34.1.4　手动触发停机的工况

正常运行工况：如果机组需要进行大修或需要进行汽轮机解列操作的维修操作时，运行人员执行专项停机文件包进行停机操作，没有特殊情况时，将汽轮机功率降低到

88 MW 左右后直接通过 GSE1201CG 或 GSE1202CG 执行手动停机操作，特殊情况，例如有汽轮机空载运行需求的，则根据实际要求执行。

故障瞬态工况：根据报警卡的指引，运行人员需要执行手动停机操作。这些工况如表 34-1 所示。

表 34-1　需要手动停机的报警列表

系统	报警编号	报警名称	报警触发条件	要执行的操作（手动降功率/手动停机）
ABP	ABP1204KA	ABP1120RE 水位高	ABP1203KM＞265 mm，延时 2 s	减少汽轮机功率直到故障消失；对 ABP 1120RE 进行必要的干预（传热管断裂），手动停机
ABP	ABP2202KA	ABP2110RE 水位高	ABP2201KM＞310 mm，延时 2 s	减少汽轮机功率直到故障消失；对 ABP 2110RE 进行必要的干预（传热管断裂），手动停机
ABP	ABP2204KA	ABP2120RE 水位高	ABP2203KM＞265 mm，延时 2 s	减少汽轮机功率直到故障消失；对 ABP 2120RE 进行必要的干预（传热管断裂），手动停机
ABP	ABP3202KA	ABP3110RE 水位高	ABP3201KM＞310 mm，延时 2 s	减少汽轮机功率直到故障消失；对 ABP 3110RE 进行必要的干预（传热管断裂），手动停机
ABP	ABP3204KA	ABP3120RE 水位高	ABP3203KM＞265 mm，延时 2 s	减少汽轮机功率直到故障消失；对 ABP 3120RE 进行必要的干预（传热管断裂），手动停机
ABP	ABP4202KA	ABP4130RE 水位高 1	ABP4201KM＞200 mm，延时 2 s	减少负荷并尽快停机检修
ABP	ABP4203KA	ABP4130RE 水位高 2	ABP4201KM＞400 mm，延时 2 s	减少负荷并尽快停机检修
ABP	ABP5202KA	ABP5140RE 水位高 1	ABP5201KM＞200 mm，延时 2 s	减少负荷并尽快停机检修
ABP	ABP5203KA	ABP5140RE 水位高 2	ABP5201KM＞400 mm，延时 2 s	减少负荷并尽快停机检修
CEX	CEX1402KA	CEX1110CS 液位高 2	CEX1406KM＞1770 mm 持续 10 s	如果液位继续上涨，快速降负荷或汽轮机打闸
GEV	GEV1050KA	GSUT0 油枕故障	GEV1051SN- 1052SM-1053SP 触发	如果故障被确认，使用停机程序
GEV	GEV1110KA	GSUT0 瓦斯保护 L1	GEV 1111SZ 触发	紧急情况时（① 轻瓦斯报警真实动作；② 专业人员认为需要立即停运变压器的其他紧急情况），以机组允许的最大速率降负荷到 88 MW，执行 GSE0002YP 手动停机，并执行 I6 规程

续表

系统	报警编号	报警名称	报警触发条件	要执行的操作（手动降功率/手动停机）
GEV	GEV1120KA	GSUT4 瓦斯保护L1	GEV 1121SZ触发	紧急情况时（① 轻瓦斯报警真实动作；② 专业人员认为需要立即停运变压器的其他紧急情况），以机组允许的最大速率降负荷到88 MW，执行GSE0002YP手动停机，并执行I6规程
GEV	GEV1130KA	GSUT8 瓦斯保护L1	GEV 1131SZ触发	紧急情况时（① 轻瓦斯报警真实动作；② 专业人员认为需要立即停运变压器的其他紧急情况），以机组允许的最大速率降负荷到88 MW，执行GSE0002YP手动停机，并执行I6规程
GEV	GEV1450KA	GSUT4油枕故障	GEV1451SN- 1452SM-1453SP触发	如果故障被确认，使用停机程序
GEV	GEV1850KA	GSUT8油枕故障	GEV1851SN- 1852SM-1853SP触发	如果故障被确认，使用停机程序
GEV	GEV4350KA	ANT1油箱故障	GEV4351SN- 4352SM-4353SP触发	OPE确认需降功率或停机，应用停机程序，并且ANT切换到AST
GEV	GEV4510KA	ANT1瓦斯保护1级	GEV 4511SZ触发	紧急情况时（① 轻瓦斯报警真实动作；② 专业人员认为需要立即停运变压器的其他紧急情况），以机组允许的最大速率降负荷到88 MW，使用0GEW1101CG断开0GEW1130JA和0GEW1120JA机组进入孤岛运行（1号机），执行GSE0002YP手动停机，进入事故规程控制机组
GEV	GEV5350KA	ANT2油箱故障	GEV5351SN- 5352SM-5353SP触发	OPE确认需降功率或停机，应用停机程序，并且ANT切换到AST
GEV	GEV5510KA	ANT2瓦斯保护1级	GEV 5511SZ触发	紧急情况时（① 轻瓦斯报警真实动作；② 专业人员认为需要立即停运变压器的其他紧急情况），以机组允许的最大速率降负荷到88 MW，使用0GEW1101CG断开0GEW1130JA和0GEW1120JA机组进入孤岛运行（1号机），执行GSE0002YP手动停机，进入事故规程控制机组
GEV	GEV6010KA	GGIS隔间1-SF6压力低	GEV6011SP-<0. 45 MPa	如果报警触发前压力低1触发，故障隔间需要被隔离：断开发变组出口断路器GEV 2101JA，停运发电机
GEX	GEX3048KA	转子接地故障2级	R<2 000 Ω（GEX3048SY触发）	尽快减少发电机功率并停运机组
GEX	GEX3099KA	轴电流系统一级故障	轴电流>2 A延时2 s	如果温度上升，减少发电机出力并停运发电机

续表

系统	报警编号	报警名称	报警触发条件	要执行的操作（手动降功率/手动停机）
GFR	GFR1102KA	油箱 1GFR 1110BA 液位低 1	GFR 1110/1111/1112MN ＜ 250 mm	如果泄漏不能被隔离，尽快手动停运汽轮机
GFR	GFR1202KA	高压油回路压力低 1	GFR1251/1252/1253MP ＜110 bar. g	当汽轮机运行时，如果不能修复泄漏点导致情况恶化则手动停运汽轮机
GFR	GFR1549KA	GFR 1110BA 油温高 1	GFR1550MT＞60 ℃	如果不能阻止油温上升，通知机械评价是否需要手动停运汽轮机
GGR	GGR1101KA	润滑油油箱液位低 1	GGR 1111/1112/1113MN ＜1 040 mm 从油箱底部	如果泄漏点不能封堵，尽快手动停运汽轮机
GGR	GGR1103KA	润滑油箱液位高	GGR 1111/1112/1113MN ＞1 196 mm 从油箱底部	如果油位持续升高代表系统进水，尽快手动停运汽轮机（GSE1201/1202CG）并查找原因
GGR	GGR1902KA	发电机侧回油母管压力高 2	GGR 1911MP＞−2 mbar. g	立即行动：检查发电机轴承有无漏油现象，如果确认有漏油，则停运汽轮机
GGR	GGR2436KA	润滑油温度高 1	GGR 2435MT＞50 ℃	如果冷却器下游润滑油温度超过 60 ℃，且继续保持上涨，手动停运汽轮机
GGR	GGR2603KA	汽轮发电机组轴承前/后温差	GGR 轴承前后温差＞20 ℃	如果前后端温差达到第 2 个阈值（如果最大温度小于 115 ℃，第 2 阈值为 25 ℃，否则为 20 ℃），手动停运汽轮机
GGR	GGR2605KA	轴承金属温度高 2	轴承金属温度＞110 ℃和＞130 ℃	必要时手动停运汽轮机
GGR	GGR2606KA	回油温度高 2	GGR 26x3/2698MT＞65 ℃	必要时手动停运汽轮机
GME	GME1417KA	1 号低压缸排汽温度高 2	GME1416MT＞100 ℃，或者＞80 ℃超过 15 min	立即操作：手动停运汽轮机，执行汽轮机停运程序
GME	GME1517KA	2 号低压缸排汽温度高 2	GME1516MT＞100 ℃，或者＞80 ℃超过 15 min	立即操作：手动停运汽轮机，执行汽轮机停运程序
GME	GME1617KA	3 号低压缸排汽温度高 2	GME1616MT＞100 ℃，或者＞80 ℃超过 15 min	立即操作：手动停运汽轮机，执行汽轮机停运程序
GME	GME2215KA	高中压缸转子偏心度高	GME 2215MV＞50 μm	如果报警持续存在，停运汽轮机大轴并检查轴系惰转
GME	GME2313KA	高中压缸定子胀差高 2	GME2312KM＜−15. 5 mm 或者＞+9 mm	立即操作：通过 GSE 1201CG 手动停运汽轮机，执行汽轮机停运程序
GME	GME2315KA	3 号低压缸转了绝对膨胀高 2	GME2314MV＜−6. 7 mm 或者＞+24 mm	立即操作：通过 GSE 1201CG 手动停运汽轮机，执行汽轮机停运程序
GME	GME2325KA	转子轴向偏移测量不可用	GME 2321/2322/2323MM 不可用	如果仪表不能很快修复，手动降低汽轮机负荷并手动停运汽轮机； 如果参数超出范围，手动停运汽轮机

续表

系统	报警编号	报警名称	报警触发条件	要执行的操作（手动降功率/手动停机）
GPA	GPA1172KA	定子100%接地保护	GPA1172SY 触发	若电气人员判断为发电机100%定子接地保护真实动作，故障可能继续恶化，根据电气人员建议执行以下操作：如果发电机运行且联网，正常停机以避免定子95%接地保护导致的自动停机
GRV	GRV2101KA	H2纯度1低1	GRV2117MG＜96%	如果H2纯度保持较低值，则停运汽轮发电机组，对发电机进行泄压并重新向发电机充H2
GRV	GRV2104KA	H2纯度2低1	GRV2127MG＜96%	如果H2纯度保持较低值，则停运汽轮发电机组，对发电机进行泄压并重新向发电机充H2
GRV	GRV2402KA	发电机泄漏探测高2	L＞50%，3取2，延时10 s	如确认真实的水泄漏，应立即停机
GRV	GRV2405KA	单一发电机泄漏探测高2	L＞50%	如确认真实的水泄漏，应立即停机
GRV	GRV2502KA	非驱动端H2探测MAX2	GRV2515MG＞25%	如果H2含量维持不变，停运汽轮发电机组并执行发电机吹扫
GRV	GRV2504KA	励磁机H2探测高2	GRV2520MG＞25%	如果H2含量维持不变，停运汽轮发电机组并执行发电机吹扫
GRV	GRV2601KA	发电机H2损耗流量高1	GRV2628/2629MD＞18 Nm³/d	如有必要，停运汽轮发电机组，对发电机进行泄压并执行发电机吹扫
GRV	GRV2603KA	发电机过热报警	GRV2651MR＜50%	通知OPI手动取样，若取样化验证实发电机铁芯存在真实过热问题，尽快停机检修
GRV	GRV2604KA	铁芯监测系统报警	GRV2652SR 触发	通知OPI手动取样，若取样化验证实发电机铁芯存在真实过热问题，尽快停机检修
GRV	GRV3101KA	紧急排氢	紧急排氢工况（包括GHE发电机密封油系统紧急停运、发电机密封油油/氢压差低且无法维持、汽轮发电机组区域发生火灾）	确认汽轮发电机组停运
GSE	GSE1109KA	冷凝器真空压力高1	GSE1131/1132/1133MP＞阈值（根据功率变化）	机组满功率运行时，及时根据热功率变化情况将GRE切直接模式或降功率； **如果2 h后，报警仍然存在，需要手动停运汽轮机（新版SDM要求）**
GSS	GSS1128KA	第一级加热器温度测量不可用4/4	GSS 1123/1124/2123/2124MT不可用	如果此报警持续触发： · 如果第二级加热器未隔离，则隔离第一级加热器并计划停机维修； · 如果第二级加热器隔离且不能重新投入使用，则逐渐降低汽轮机负荷至30%额定负荷，隔离第一级加热器并计划停机维修

续表

系统	报警编号	报警名称	报警触发条件	要执行的操作（手动降功率/手动停机）
GSS	GSS1132KA	辅助止回阀 GSS1130VV 执行超时	GSS 1130VVX &（第一级隔离或~GSS 1130VV 辅助关闭信号）	如果辅助止回阀内部故障，需要停机处理
GSS	GSS1203KA	第二级加热器隔离故障	GSS 1201CG 超时或（~GSS 1210/2210VV 未关 &GSS 3110/3120VV 未关 &第二级隔离信号）>55 s	注意：第一级与第二级加热器同时隔离的工况只能维持运行 2 h，之后如果第二级加热器无法启动，则对汽轮机打闸
GSS	GSS1207KA	第一级与第二级同时隔离	汽轮机未跳闸且第一级隔离且第二级隔离	如果导致两级加热器隔离的原因持续存在，则手动对汽轮机打闸
GSS	GSS1227KA	第二级加热器左右列不对称	GSS 1221MD 和~GSS 2221MD 偏差>14. 4 t/h 持续 60 s	如果不能重新配置或在正确配置下仍然确认有不平衡： · 如果第一级未被隔离，则隔离第二级； · 如果第一级已被隔离，对汽轮机手动打闸
GSS	GSS1228KA	第二级加热器温度测量不可用 4/4	GSS 1223/1224/2223/2224MT 不可用	如果此报警持续触发： · 如果第一级加热器未隔离，则隔离第二级加热器并计划停机维修； · 如果第一级加热器隔离且不能重新投入使用，则逐渐降低汽轮机负荷至 30% 额定负荷，隔离第二级加热器并计划停机维修
GSS	GSS2132KA	辅助止回阀 GSS2130VV 执行超时	GSS 2130VVX &（第一级隔离或~GSS 2130VV 辅助关闭信号）	如果辅助止回阀内部故障，需要停机处理
GST	GST1106KA	GST H2 泄漏流量>高 1	GST1134MD>60 L/h	监视发电机参数恶化确认氢气真实泄漏流量高，则执行降功率直至停运汽轮发电机
SRI	SRI3002KA	3 台热交换器隔离	3 台热交换器隔离	若热交换器不能投入运行减少汽轮发电机运行，若有需要则停运汽轮发电机

事件事故工况下（IAC）执行以下操作。

① 如果机组处于事件工况运行，且 GCT 可用的情况下，则需要降功率到 85 MW 以下，然后执行停机操作，如果 GCT 不可用则直接降功率到 435 MW，一回路功率降低到 25%NP 以下后执行停堆操作，停堆信号触发停机，随后再通过 GSE1201CG 或 GSE1202CG 进一步确认停机；

② 如果机组处于事故工况运行，则直接降功率到 435 MW，一回路功率降低到 25%NP 以下后执行停堆操作，停堆信号触发停机，随后再通过 GSE1201CG 或 GSE1202CG 进一步确认停机；

③ 如果由于 PICS 不可用进入事件工况，或进入事件事故工况的过程中叠加了 PICS 不可用，则通过 SICS 降功率到 526. 5 MW 以下后执行停堆操作，停堆信号触发

停机，随后再通过 GSE1171CG 或 GSE1172CG 进一步确认停机。

34.2 影响因素

根据“表 34-1 需要手动停机的报警列表”，需要手动停机的工况主要包括以下异常。

① ABP 系统传热管故障导致疏水液位高或 CEX 系统故障导致冷凝器液位高，避免液位高导致汽轮机进水损坏。

② 变压器相关参数异常：包括主变或厂变瓦斯保护一级真实动作；主变或厂变的变压器油枕故障（漏油等）；GGIS 间隔六氟化硫压力低。目的是保障厂变或辅变的安全运行。

③ 发电机相关参数异常：转子接地故障或产生轴电流，定子铁芯过热。目的是保障发电机的安全运行。

④ 汽轮机相关参数异常：包括排气温度高、涨差大、轴承温度高或温差大。目的是保障发电机的安全运行。

⑤ 汽轮发电机相关辅助系统异常，包括：GFR 调节油故障（油位低、油压低、油温高）、GGR 润滑油故障（油位低、油位高、油压低、油温高、回油不畅通）、GRV（氢气纯度低、氢气泄漏高）、SRI 冷却水故障。

⑥ 其他情况：冷凝器真空异常、GSS 加热器相关故障、需要停机处理的故障工况等。

以上这些需要手动停机的工况，一般是故障还未严重到需要触发自动停机信号的情况，需要运行人员或专业人员进行故障的确认，并采取有效措施来消除或减轻故障的影响，如果故障的影响不能消除，则根据情况执行手动停机操作。但是 GME 系统手动停机的报警比较特殊，根据报警卡要求，当报警出现后需要立即执行汽轮机打闸操作，随后再确认探头的有效性。

根据对 GME 要求手动停机的报警卡分析，所有报警触发均为单一仪表，且根据报警卡需要立即执行打闸操作，随后再确认仪表的情况，这些仪表的故障将导致需要手动打闸，因此，报警的真实性判断及报警真实触发后的响应就成了关键点。针对这些需要执行手动停机的报警，均设计了预报警来提醒运行人员，并要求采取干预行动，因此运行人员需要提前熟悉，包括真实故障可能出现异常的参数，需要执行的操作，以降低报警触发时出现误判的风险，同时如果真实出现后能够及时采取措施，确保对应参数得到有效控制；正常运行时，运行人员密切监视这些仪表的运行情况，及时发现探头可能的异常，并采取相应的措施。

34.2.1　低压缸排汽温度高

低压缸排汽温度由 GME1416/1516/1616MT 进行监视，每个低压缸一个排气温度表，当任一低压缸排汽温度达到 80℃时触发高 1 报警，高 1 报警触发超过 15 min 或温度>100 ℃时则触发高 2 报警，根据高 2 报警卡的要求，操纵员需要立即执行汽轮机打闸操作，随后再要求专业人员检查相应通道是否有故障。低压缸排汽温度监视画面见图 34-3。

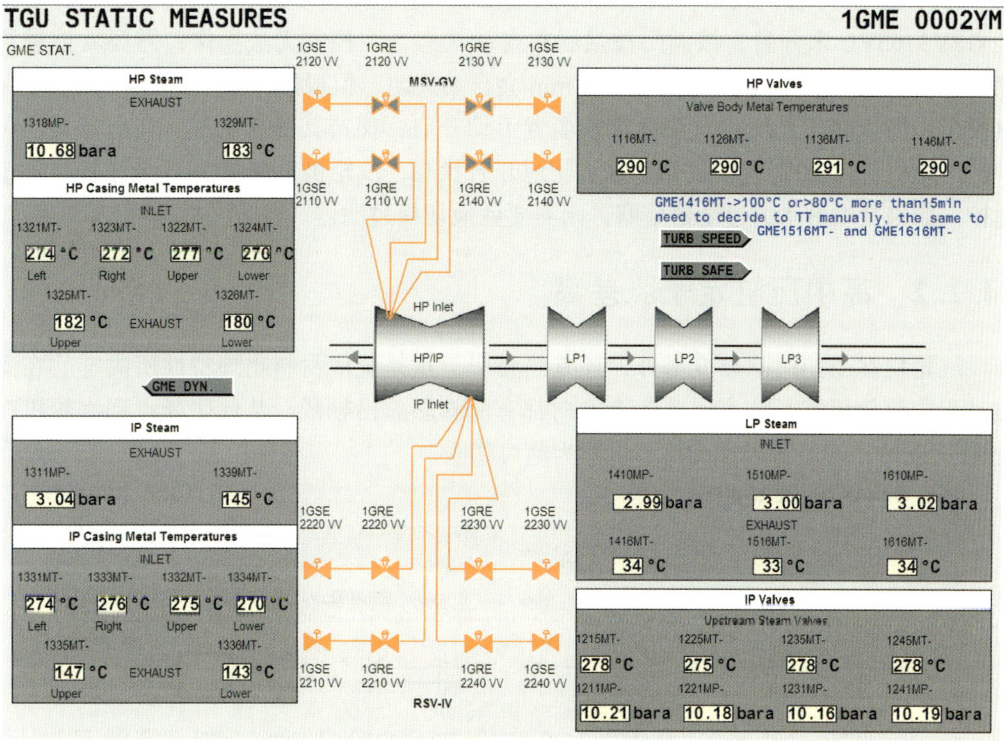

图 34-3　低压缸排汽温度监视画面

导致报警触发的工况包括如下两种原因。

（1）仪表故障导致报警触发

由于是单一仪表，仪表故障上漂导致超过高 2 阈值时，根据报警卡需要将汽轮机打闸。但是如果仪表超出上限触发无效，则根据该仪表的设置高 2 的替代值为 0。

【案例】某机组在启动并网后，由于 GGR001AA 报警卡上手动打闸停机值和 KIT 上轴承温度高报警值没有及时更改，加上汽轮机推力轴承温度 XU 定值偏低引起 GGR001AA 报警，导致运行人员错误地判断故障原因是汽轮机 11 号轴承温度高造成的，并按照报警卡的要求手动打闸停 2 号机组。

事件中推力轴承温度定值偏低，导致了 GGR001AA 报警出现，运行人员执行报警卡将汽轮机手动打闸。

（2）低压缸排汽温度真实升高

① 负荷>20% 时真空异常：通过 CVI 1501KM 检查真空度，如有必要启动另外一台 CVI 泵以提高真空度；

② 汽轮机负荷<20% 额定负荷低压缸喷淋水异常或 GCT 的喷淋水异常：例如 GPV3165VL 未开启，或低压缸喷淋水的过滤器堵塞（GPV3153MP<10 bar. g）。如果是 GPV3165VL 未开启，该阀门被强制在自动状态，主控室无法操作，需要就地进行操作。由于该阀门在汽轮机停运后 10 min 会自动关闭，但根据反馈在 CET 停运前需一直投运，所以在下行文件包中要求现场置手动开启，保持其开启状态。在上行文件包中，汽轮机负荷 20% 以下也要求置于就地开启状态，汽轮机负荷 20% 以上才将其置于远控。如果是喷淋水的过滤器堵塞，则需要就地切换过滤器。

34. 2. 2　高中压缸定子胀差高

汽轮机在受热时除热变形外，还有热膨胀，这是金属材料物理特性所决定。在受热过程中汽轮机在长、宽、高各个方向都有所膨胀。沿轴线，从膨胀死点到汽轮机汽缸/转子末端，膨胀所增加的尺寸量称为绝对膨胀。

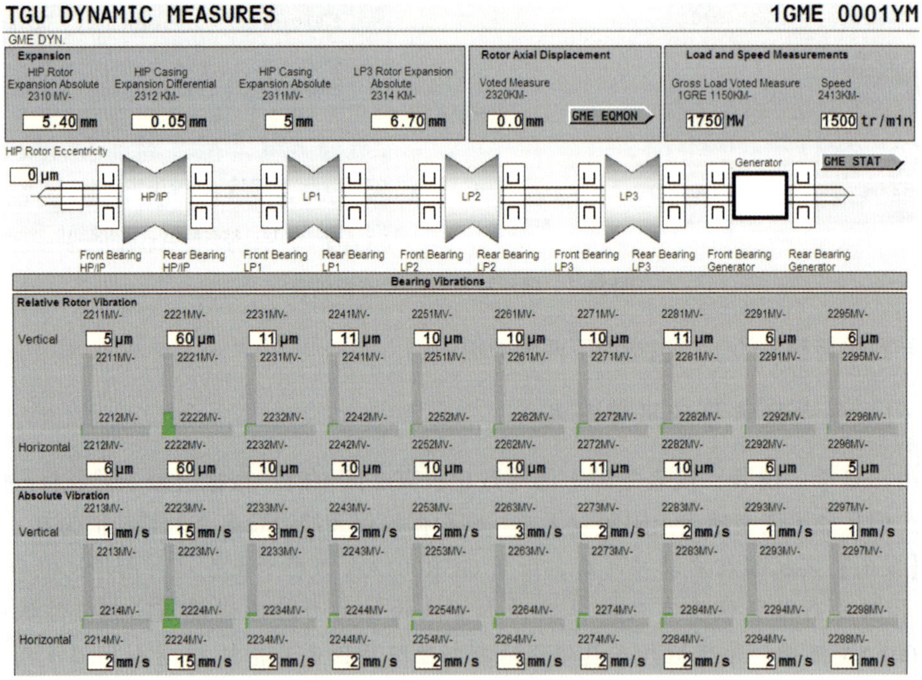

图 34-4　高中压缸涨差和低压缸转子绝对膨胀监视画面

当汽轮机启动加热或停机冷却以及负荷变化时，汽缸和转子都会产生热膨胀或冷却收缩，由于转子的受热表面积比汽缸大，且转子的质量比相对应的汽缸小，转子与汽缸之间存在膨胀差，而这差值是指转子相对于汽缸而言，故称为汽轮机胀差（相对膨胀差）。

高中压缸胀差通过高中压缸转子绝对膨胀（GME2310MV）减去高中压缸缸体绝对膨胀（GME2311MV）得到，通过 GME2312KM 可以监视。当涨差＜-14.5 mm 或＞8 mm 时触发高 1 报警，当涨差＜-15.5 mm 或＞9 mm 时则触发高 2 报警，根据高 2 报警卡的要求，操纵员需要立即执行汽轮机打闸操作，随后再要求专业人员检查相应通道是否有故障。

导致报警触发的工况包括以下三种：

（1）仪表故障导致报警触发

由于是单一仪表，仪表故障上漂导致超过高 2 阈值时，根据报警卡需要将汽轮机打闸。但是如果仪表触发无效，则根据该仪表的设置高 2 的替代值为 0。

（2）高中压缸涨差真实升高

胀差值不仅与汽缸和转子沿轴向温度分布有关，而且与金属材料、机组长度、推力轴承位置和膨胀死点位置有关。

汽轮机在热态下，转子与汽缸之间由于存在胀差，将使通流部分动静部件的轴向间隙发生变化。当胀差为负值下降时，表明动叶出口与下一级静叶入口之间的间隙减小；当出现机组负荷下降或甩负荷、主蒸汽温度与再热蒸汽温度下降、汽轮机发生水冲击现象、机组启动与停机时汽封加热装置使用不恰当等，均会使差胀出现正值，表明静叶出口与动叶之间的间隙减小。当胀差出现正值或负值超过允许值时，都将发生动静部件的轴向磨损，从而可能造成事故。因此，汽轮机在启动、停机和运行中，必须将胀差变化控制在允许范围内。监视胀差值的目的，就是在产生磨擦之前采取必要的措施来保证机组的安全。

在涨差升高触发 GME2312KA 时，根据报警要求，如果汽轮机已并网则改变一下负荷直到报警消失，然后恢复。此时需要搞清楚负荷变化对涨差的影响。根据历史数据可以看出，当汽轮机功率升高时涨差向负方向变化，当汽轮机停机解列时涨差向正方向变化。

（3）GME 通讯故障导致报警误触发

【案例】主控频繁触发 KCM0598KA（汽轮机通讯冗余丢失）、GME2101KA（传感器故障）和 GME2325KA（汽轮机轴向位移测量不可用），主控巡盘发现 GME0001YM 汽轮机动态监视页面出现大量红框（包括汽轮机振动、轴向位移、胀差），OPI 判断为

GME 的卡件故障，导致送往 T2000 过程中出现故障。主控无法监视 GME 页面汽轮机参数，包括汽轮机手动打闸参数同时主控闪发大量汽轮机参数报警（无动作），专业人员通过重启 GME3099CT 通讯卡后故障消除。

事件中，GME 轴系信号通过 GME3090/3099CT 通讯卡与 DCS 通讯，正常运行情况下一个为主卡，另外一个处于从卡状态。但该通讯卡固件代码存在缺陷，使得 GME3090/3099CT 与 RS485 通讯时出现双主卡现象，导致信号传输异常，通讯卡与 DCS 的通讯也受到影响，部分信号通讯偶尔丢失或误传数据。目前 1/2 号机组已经消除了固件代码的缺陷。

34. 2. 3　3 号低压缸转子绝对膨胀高

3 号低压缸转子绝对膨胀通过 GME2314MV 测量。当绝对膨胀＜－5. 7 mm 或＞23 mm 时触发高 1 报警，当涨差＜－6. 7 mm 或＞24 mm 时则触发高 2 报警，根据高 2 报警卡的要求，操纵员需要立即执行汽轮机打闸操作，随后再要求专业人员检查相应通道是否有故障。

导致报警触发的工况包括以下两点。

（1）仪表故障导致报警触发

由于是单一仪表，仪表故障上漂导致超过高 2 阈值时，根据报警卡需要将汽轮机打闸。但是如果仪表触发无效，则根据该仪表的设置高 2 的替代值为 0。

（2）3 号低压缸转子绝对膨胀真实升高

在低压缸转子绝对膨胀升高触发 GME2314KA 时，根据报警要求，如果汽轮机已并网则改变一下负荷直到报警消失，然后恢复。此时需要搞清楚负荷变化对低压缸转子绝对膨胀的影响。根据机组日常运行汽轮机功率变化和低压缸转子绝对膨胀的关系及历史曲线可以看出，总体趋势上来看，如果升功率，则进汽温度升高，则转子膨胀增加；如果降功率，则进汽温度降低，则转子膨胀减少，但总体来言，功率变化后低压缸转子绝对膨胀量变化较小。

【案例】某机组启机升功率期间，汽轮机低压转子膨胀值（GME1401MV）异常上涨，功率升至 1 086 MW 时达到 17. 8 mm（报警值），触发 GME403KA。投入 GSS 二级再热继续升功率期间示数超过 18. 6 mm（TOI 干预值，汽轮机打闸值为 19. 1 mm），最高上涨至 18. 69 mm，运行执行 TOI 退出二级再热。随后仪控专业人员检查发现 GME1401MV 灵敏度参数异常，调整灵敏度后 GME1401MV 示数下降 0. 84 mm 至 17. 87 mm。运行再次投入二级再热并升至满功率稳定后，GME1401MV 示数最高达到 18. 20 mm，GME403KA 仍然存在。事件中，3 号低压缸转子绝对膨胀高的探头灵敏度参数设置异常，导致 MV 示数偏大，最大值距离手动打闸值仅 0.41 mm。

34.2.4 发电机/励磁机泄漏探测高

发电机和励磁机上共设置 10 列液体泄漏监测罐，每列含有 3 个液位计 SN，用于探测发电机内 GHE 密封油、GRH 冷却水、GST 定子冷却水和励磁机 SRI 冷却水可能的泄漏。监测发电机的 9 列液体泄漏监测罐中，任意一列的 3 个液位计中的 2 个同时测得液位高触发 GRV2402KA。

GRV 系统发电机组液体泄漏监测部分流程简图如图 34-5 所示。

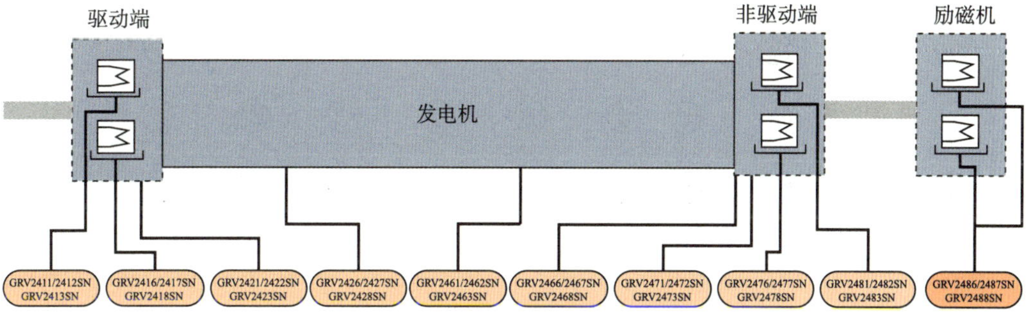

图 34-5　发电机组液体泄漏监测部分流程简图

9 个漏液监测罐内各布置有 3 个音叉式液位计 SN，每个液位计通过硬接线经中间转接柜送到 GRV0001AR 内与对应的安全栅（FTL 325P）相连。安全栅将每个液位计 SN 的信号转换后经 FUM210 卡件送往对应的 AP（包括 AP556/654/656）。

液位计 SN 与 AP 的对应关系如下：

① 尾号为 1，6 的液位计 SN（GRV2411SN，GRV2416SN，GRV2421SN，GRV2426SN，GRV2461SN，GRV2466SN，GRV2471SN，GRV2476SN，GRV2481SN）由 AP654 负责采集信号；

② 尾号为 2，7 的液位计 SN（GRV2412SN，GRV2417SN，GRV2422SN，GRV2427SN，GRV2462SN，GRV2467SN，GRV2472SN，GRV2477SN，GRV2482SN）由 AP656 负责采集信号；

③ 尾号为 3，8 的液位计 SN（GRV2413SN，GRV2418SN，GRV2423SN，GRV2428SN，GRV2463SN，GRV2468SN，GRV2473SN，GRV2478SN，GRV2483SN）由 AP556 负责采集信号。

GRV 漏液探测液位计可以在 GRV0003YC 上监视见图 34-6，SN 若触发页面上会有相应的向上的箭头指示。

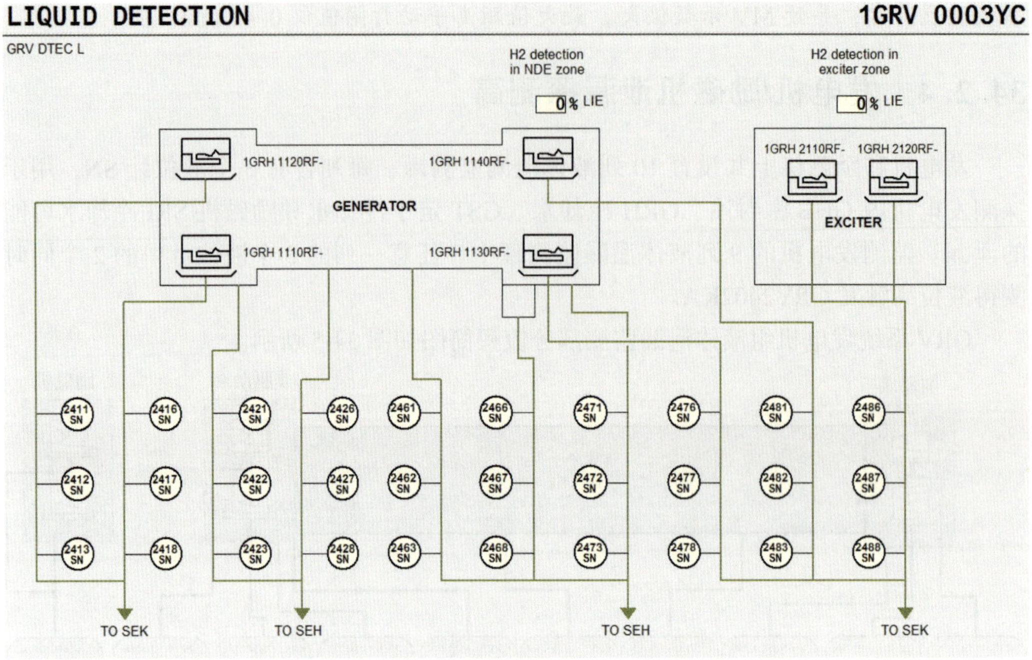

图 34-6　GRV 漏液监测液位计监视页面

导致发电机泄漏探测高 2 报警触发的原因包括：

① 液位真实高；

② 液位计 SN 故障（包括安全栅故障，液位计 SN 到安全栅及安全栅到 FUM210 的硬接线故障）。而“液位计 SN 触发”在 DCS 系统传输过程中的失效主要考虑：FUM 卡件到 AP 通讯故障；AP 间通讯故障；DCS 到 TPCS 通讯故障。

（1）液位真实高

发电机内漏液分为漏油和漏水，目前的装置无法区分漏油或漏水。包括：

① 发电机密封油泄漏（如密封环损坏等情况）；

② GRH 冷却器（GRH1110/1120/1130/1140RH）泄漏；

③ GST 定子冷却水泄漏。

如果出现 GRV 漏液的报警，执行发电机漏油漏水的相关预案。针对漏油，密封油进入发电机内是一个缓慢过程，短时不会对机组造成即时性的影响，发电机允许在漏油状态下监视运行，如无其他参数异常及报警，可以待专业现场检查核实评估后再决定是否需要采取停机操作。触发发电机漏液报警后，一般现场紧急排油后报警消失。针对漏水，则需要对 GST、GRH 等系统进行查漏并隔离漏点，如果漏水导致液位高 2 报警出现，报警卡要求立即停机。

【案例】主控出现 1GRV2401KA，1GRV2468SN 触发，就地排油后报警消失，专业人员反馈本次排油约 100 ml。

根据机组经验反馈，当 GHE 密封油系统故障时，如 GHE2144/2150MP 任何一个低于 9 bar 同时启动三台空侧油泵 GHE2115/2125/2135PO 等导致发电机密封油压增大时，可能导致发电机漏油量增大。

此外，当 GHE 氢测油压或油位调节故障时，如调节阀 GHE4515VH 故障或电磁阀 GHE4530VH 关闭，也可能会使氢测回油进入发电机，导致 GRV 漏液探测液位计 SN 动作。

【案例】主控出现 GHE4501KA（非驱动端氢侧油回路回油管线液位>MAX1），主控检查 GHE4212KM 液位 13. 17 m，GHE4511SN 触发（定值 12 m）。

一旦主控触发 GHE4501/4503KA，代表着发电机密封油回油不畅，需要立即根据报警卡 GHE4501/4503KA 响应。

（2）液位计 SN（包括音叉到安全栅的硬接线）故障

GRV 液体泄漏探测液位计为音叉式液位计，其本身故障的可能性较低。配合音叉式液位计的安全栅故障时，主控可观察到相应的报警 GRV3401KA 触发。

【案例】主控触发 GRV3104KA，建曲线发现 GRV0011TO 短时触发，现场检查发现 GRV0001AR 上存在“Level Sensor Disturbed”故障灯，专业人员检查后答复 GRV2471SN 闪发导致，此报警不会触发其他保护动作，现场在 GRV0001AR 复位后报警消失。

需要指出的是，根据现场模拟验证结果，若 GRV0001AR 中的安全栅到 DCS 中 FUM 卡件的硬接线断线，主控及就地均无任何报警和显示，相当于即使在漏液的情况下，对应的 SN 也将持续输出 0。

GRV0001AR 布置在 HM 厂房−7. 2 m，现场环境恶劣，湿度及粉尘较大。在 1 号机调试期间曾短期内出现 38 起柜内元器件故障。除 GRV 漏液监测液位计安全栅外，柜内涉及 GST 系统及 GHE 系统停机信号的相关元器件。元器件故障可能导致保护误动或拒动。